KB109476

자연은 어떻게 발명하는가

지은이 닐 슈빈Neil Shubin

세계적인 고생물학자이자 과학 커뮤니케이터. 컬럼비아대학교, 하버드대학교, 캘리포니아대학교에서 공부했고 현재 시카고대학교 생명과학과 석좌교수이자 부학장으로 재직 중이다. 2011년에 미국 국립과학아카데미 회원으로 선출되었다. 그는 2004년 북극에서 목, 팔꿈치, 손목을 가진 물고기 화석 '틱타알릭Tiktaalik'을 발굴했다. 이 화석은 진화 연구 역사상 가장 중요한 화석 중 하나로 평가받았고, 이 발견은 《가디언》 선정 '올해의 10대 과학 뉴스'로 꼽혔다. 그 과정을 담은 전작 《내 안의 물고기》는 국립과학아카데미 '올해 최고의 책'으로 선정되었다. 그 외 대표작으로 《DNA에서 우주를 만나다》가 있다.

그동안 닐 슈빈은 왕성한 집필 활동과 강의를 통해 인간과 동물의 진화사에 대한 새로운 관점과 생명 다양성의 기원을 소개해 왔다. 40억 년에 걸쳐 고대 물고기는 땅 위를 걷도록 진화했고, 파충류는 하늘을 나는 새로 변했으며, 유인원은 두 다리로 걷고 말하고 글을 쓰는 인류가 되었다. 고생물학자들은 2세기가 넘도록 이런 변화를 설명해 주는 선사 시대 화석을 찾기 위해 전 세계를 누볐다. 그리고 지난 20여 년 동안 아찔할 정도로 빠르게 발전한 유전자 기술은 가장 근본적인 의문에 답을 줄 수 있는 강력한 도구가 되었다. 찰스 다윈의 《종의 기원》 이후 수많은 과학자가 화석과 게놈을 이용해 우여곡절과 시행착오, 표절과 도용으로 가득한 자연의 발명과 진화의 비밀을 밝히기 위해 노력해 왔다. 닐 슈빈은 이 책을 통해 그 발견의 여정으로 독자들을 안내한다.

자연은 어떻게 발명하는가

시행착오, 표절, 도용으로 가득한
생명 40억 년의 **진화사**

닐 슈빈 지음 | 김명주 옮김

Some Assembly Required
: Decoding Four Billion Years of Life, from Ancient Fossils to DNA

부·키

옮긴이 김명주

성균관대학교 생물학과, 이화여자대학교 통번역대학원을 졸업했다. 주로 과학과 인문 분야 책들을 우리말로 옮기고 있다. 옮긴 책으로《생명 최초의 30억 년: 지구에 새겨진 진화의 발자취》(2007년 과학기술부 인증 우수과학도서),《세상을 바꾼 길들임의 역사》(제3회 롯데출판문화대상 번역서 부문 수상작)를 비롯해《신, 만들어진 위험》《리처드 도킨스의 영혼이 숨 쉬는 과학》《사피엔스 : 그래픽 히스토리》《호모데우스》《우리 몸 연대기》《다윈 평전》등이 있다.

자연은 어떻게 발명하는가

초판 1쇄 발행 2022년 7월 25일

지은이 닐 슈빈
옮긴이 김명주
발행인 박윤우
편집 김동준, 김유진, 김송은, 성한경, 여임동, 장미숙, 최진우
마케팅 박서연, 이건희
디자인 서혜진, 이세연
저작권 김준수, 백은영, 유은지
경영지원 이지영, 주진호

발행처 부키(주)
출판신고 2012년 9월 27일
주소 서울 서대문구 신촌로3길 15 산성빌딩 5-6층
전화 02-325-0846
팩스 02-3141-4066
이메일 webmaster@bookie.co.kr

ISBN 978-89-6051-931-2 03470

※ 잘못된 책은 구입하신 서점에서 바꿔 드립니다.

만든 사람들
편집 최진우 | **디자인** 이세연

부모님,

세이모어 슈빈과 글로리아 슈빈을 추억하며

추천의 글

최재천

이화여자대학교 에코과학부 석좌교수,
《다윈 지능》 저자

닐 슈빈은 고생물학 현장 연구에 최첨단 분자유전학 기술을 접목시킨 걸출한 진화학자이자 화려한 입담을 자랑하는 탁월한 이야기꾼이다. 나는 방황하던 대학생 시절 자크 모노의 《우연과 필연》에 이끌려 생물학의 길에 들어섰는데, 그 길의 끝에서 저녁노을 같은 이 책을 만났다. 생명은 정녕 어떤 길을 걸어 여기까지 왔으며 유전자는 어떻게 그 길을 인도했는가? 이 책은 화석 증거에서부터 크리스퍼 유전자 가위에 이르기까지 40억 년 생명의 역사를 마치 하루를 마무리하듯 차근차근 설명한다. 덕분에 이 책은 진화에 관심 있는 사람이라면 누구나 읽어야 할 필독서로 손색이 없다.

생명의 다양성은 우연히 펼쳐지지만 자연의 발명은 우연이 아니다. 진화적 혁신은 주사위를 던져 얻을 수 있는 경우의 수처럼 제한적이고 사뭇 필연적이다. 진화는 무無에서 홀연 유有가 창조되는 과정이 아니다. 발 있는 물고기 '틱타알릭'도 뭍으로 오르기 한참 전부터 이미 다리 골격을 갖추고 폐로 숨쉬기 시작했다. 이 같은 진화적 발명은 유전자가 준비한다. 유전자들은 정해진 자리에서 한 치의 오차도 없이 주문대로 단백질만 제조해 내는 기계가 아니라 주도권을 잡기 위해 치열하게 경쟁하고 이리저리 뛰어다니는 살아 움직이는 존재다. 그들은 때로 연대하거나 서로 훔치고 베끼고 용도가 다하면 새로운 작업에 배정되어 변신을 거듭한다.

현대 생물학은 한 생물의 유전체가 고립된 존재가 아니라 외부 침입자의 공격에 하릴없이 노출되어 있음을 알아냈다. 우리 인간 유전체의 10퍼센트는 바이러스가 가져다준 것이다. 그런데 전 세계 80억 인구의 7퍼센트에 달하는 5억 명 이상이 코로나19 바이러스에 감염되었다. 과연 이로 인해 인간 진화에 또 어떤 변화가 일어날까? 이 책을 읽으며 상상해 보자.

우은진

세종대학교 역사학과 교수,
《우리는 모두 2% 네안데르탈인이다》 저자

진화의 흔적을 찾는 작업은 고난의 연속이다. 이 책의 저자 닐 슈빈의 말대로 연구는 삽질의 연속이고, 매번 망할 것 같은 예감으로 시작된다. 그럼에도 불구하고 아름다운 화석 한 점을 찾기 위해, 생명의 역사를 쫓아 생명 연구의 역사를 쓰고 있는 이들이 있다. 발 있는 물고기 화석을 통해 우리 안의 물고기 흔적을 찾아낸 닐 슈빈도 바로 그런 연구자 중의 한 명이다.

인간을 업그레이드된 물고기라고 표현했던 그의 파격은 전작《내 안의 물고기》로 충분히 설득되었지만, 생명 연구의 역사는 다시 진화했다. 이제는 연구자가 진화하지 않으면 멸종을 운운할 수밖에 없는 때가 되었다. 진화의 여정 속에서 생명의 역동성을 보기 위해, 이제는 아름다운 화석 한 점이 아닌 DNA의 아름다움에 주목해야 한다. 이렇게 우리 종의 형질을 이해하기 위한 방법도 계속 진화하고 있으며 오늘날 그 최전선에 바로 DNA 연구가 있다.

이 책에는 DNA 시대를 맞기까지 생명의 역사를 읽고자 했던 연구자들의 진화사가 녹아 있다. 또한 잘못된 가설로 시작되었지만 그 가설의 영향으로 새로운 연구가 시작되고 전혀 예상치 못한 엄청난 통찰이 이루어지는 과정을 그렸다. 덕분에 진화적 관계를 이해하도록 도와주는 다양한 차원의 접근과 방법들이 그 과정 속에 있었음을 다시금 깨닫게 된다. 보고자 하니 보였던 연구자들의 진화사는 그야말로 우여곡절의 역사였다. 그들의 우여곡절이 있었기에, 원숭이에서 유인원을 지나 두 발로 걷는 인류가 나타나는 식의 생각이 진화에 대한 오해이며 왜곡이라는 사실을 알 수 있었다. 진화는 결코 한 방향으로 이루어지지 않았으며 그 자체로 우여곡절의 변화라는 사실도 말이다.

이 책에 쏟아진 찬사

닐 슈빈은 대단한 생물들, 그리고 그 생물들을 연구하는 더욱 대단한 사람들의 이야기를 통해 '자연은 어떻게 발명하는가'라는 진화의 핵심 미스터리를 풀어 나간다. 박테리아부터 뇌까지, 물고기의 폐부터 도롱뇽의 탄도탄 같은 혀까지, 폭발적인 생명 다양성을 추진한 경이로운 기원을 해독한다.
_션 B. 캐럴, 진화생물학자, 메릴랜드대학교 교수, 《우연이 만든 세계》 저자

내가 학부생일 때 그의 해부학 강의를 들은 날 이후로, 닐 슈빈은 내가 가장 좋아하는 대중 과학 저술가 중 한 명이 되었다. 그는 이 야심 차고 유익한 책에서 자신의 연구, 과학사의 영웅담, 고생물학과 유전학의 최신 발견을 버무려 진화의 최대 미스터리 중 일부를 설명한다. 이 책은 정점에 이른 과학 스토리텔러가 들려주는 매혹적인 이야기다.
_스티브 브루사테, 고생물학자, 에든버러대학교 부교수, 《완전히 새로운 공룡의 역사》 저자

이 책은 걷는 물고기와 돌연변이 파리, 시조새와 조숙한 생물학자들이 포진한 놀라운 진화의 세계로 독자들을 이끈다. 모험과 반전과 미스터리가 가득한, 거부할 수 없을 정도로 매혹적인 과학서다! **_로버트 M. 헤이즌, 지질학자, 《지구 이야기》 저자**

이 책에는 호기심 많은 과학자가 잔뜩 등장한다. 또한 진화에 대한 통찰력과 흥미로운 시각을 제시한다. 나는 이 책을 집어 들자마자 매료되었고 결코 내려놓을 수 없었다.
_롭 던, 생태학자, 노스캐롤라이나주립대학교 교수, 《집은 결코 혼자가 아니다》 저자

닐 슈빈은 놀라울 정도로 매혹적인 DNA와 화석의 세계로 우리를 안내한다. 덕분에 우리는 자연과 우리 자신에 대한 영감을 얻고 한 번 더 깊이 생각해 보게 된다. 닐 슈빈의 명확한 설명과 통찰력에 찰스 다윈도 분명 박수를 보낼 것이다.
_도널드 조핸슨, 고인류학자, 《루시, 최초의 인류》 저자

이 책은 진화의 신비를 밝힌 세계적 과학자들의 초상을 그리고 있으며 독자들에게는 자연에 대한 큰 그림을 소개한다. **_《네이처》**

진화의 역사를 친절하고 사려 깊고 매우 흥미진진하게 다룬 책. **_《사이언스》**

닐 슈빈은 타고난 이야기꾼이자 최고의 과학 커뮤니케이터다. **_《월스트리스저널》**

이 책은 마치 놀이 기구 같다. 재밌고 감동적이며 반짝반짝 빛나는 일화로 가득해서 사랑하지 않을 수 없다. **_《BBC 와일드라이프 매거진》**

지적 유희를 즐길 수 있는 탁월한 에듀테인먼트 과학책. **_《퍼블리셔스위클리》**

진화와 생물학에 관심이 있는 사람이라면 반드시 읽어야 할 책이다.
_《라이브러리저널》

저자는 특유의 열정과 명료함으로 인간과 생물의 진화를 탐구하고, 우리를 매력적인 야생의 세계로 이끈다. **_《커커스리뷰》**

이 책은 우리를 흥분시키고, 닐 슈빈은 단연코 최고의 과학 저술가 중 한 명이다.
_《북리스트》

과학적 배경지식이 없어도 누구나 충분히 읽을 수 있고, 어느 전문가라도 많은 정보를 얻을 수 있는 책. **_지식 플랫폼 '3 Quarks Daily'**

차례

프롤로그

암석을 깨며 수십 년을 보내는 동안 생명을 보는 나의 관점에 변화가 일어났다. 어떻게 봐야 하는지를 알면 과학 연구는 세계적인 보물찾기로 바뀐다. 팔 있는 물고기, 다리 달린 뱀, 똑바로 서서 걸을 수 있는 유인원 같은 고대 생명체는 생명사生命史에 찾아온 중요한 전기를 말해 준다. 전작《내 안의 물고기》에서 서술했듯이 나는 동료들과 함께 캐나다 북극권에서 계획 반 행운 반으로 틱타알릭 로제아이*Tiktaalik roseae*—목, 팔꿈치, 손목을 가진 물고기—를 발견했다. 틱타알릭은 수생 생물과 육생 생물을 잇는 존재로, 먼 옛날 우리 조상들이 물고기였던 중요한 순간을 밝혀 준다. 200년 가까이 우리는 이런 화석 발견들을 통해 진화가 어떻게 일어나는지, 몸이 어떻게 만들어지고 어떻게 생겨났는지 이해했다. 하지만 지금으로부터 약 40년 전 때마침 내가 과학자의 일을 시작하던 무렵, 고생물학은 중요한 변화의 순간을 맞았다.

《내셔널지오그래픽》 잡지와 텔레비전 다큐멘터리를 보며 자란 나는 비교적 이른 나이에 내 장래 희망이 발굴 조사에 참여해 화석을 발견하는 것임을 알았다. 꿈을 이루기 위해 결국 하버드대학교 대학원에 진학했고 1980년대 중반에 마침내 첫 번째 화석 발굴 조사를 이끌게 되었다. 당시 내게는 이국의 장소로 떠날 여유가 없었기에 매사추세츠주 케임브리지 남부의 길가에 노출된 지층을 조사했다. 어느 날 여느 때처럼 현장에서 대학으로 돌아와 보니 내 책상에 학술지 논문이 수북이 쌓여 있었다. 이 산더미 같은 논문들을 보며 나는 고생물학계에 극적인 변화가 일어나려 하고 있음을 알게 되었다.

그 논문들은 동료 대학원생이 도서관에서 찾은 것으로, 동물의 몸을 만드는 DNA가 발견되었고 파리의 머리, 날개, 더듬이 형성에 관여하는 유전자들이 밝혀졌다는 연구 성과가 실려 있었다. 이 사실만으로도 놀라웠지만 더 놀라운 사실은 동일한 유전자의 다른 버전들이 물고기, 쥐, 사람의 몸을 만드는 데도 관여한다는 점이었다. 논문에 실린 사진들에는 새로운 과학의 서광이 깃들어 있었다. 그 과학으로 동물의 몸이 배아 발생을 통해 어떻게 조립되며 수백만 년에 걸쳐 어떻게 진화했는지 밝힐 수 있을 터였다. 그동안 화석 사냥꾼들이 도맡아 온 질문에 DNA 연구가 답을 줄 것처럼 보였다. 게다가 DNA를 이해하면 내가 고대 지층에서 찾고 있던 진화의 수수께끼에, 유전 메커니즘이라는 관점에서 다가갈 수 있을 것 같았다.

과거의 화석종化石種처럼 나도 진화하지 않으면 멸종할 터였다. 과학자에게 멸종이 시대에 뒤처지는 것이라고 한다면, 이 지적 활동에 계속 참여할 방법은 유전학과 발생생물학, 그리고 DNA의 세계에 뛰어드는 것이라는 생각이 들었다. 그 산더미 같은 논문들을 읽고 나서 나는 일종의 '분할 뇌 연구실'을 운영했다. 여름에는 야외에서 화석을 찾고 나머지 시기는 동물의 배아와 DNA를 조사하는 식이었다. 양쪽 접근 방식 모두 '생명사의 큰 변화가 어떻게 일어나는가?'라는 질문에 답하는 데 도움이 된다.

최근 20년 동안 기술 발전의 속도는 아찔할 정도였다. 게놈 서열 분석기는 성능이 엄청나게 좋아져서, 과거에 10년이 넘는 시간과 수십억 달러의 비용이 들었던 인간 게놈 프로젝트를 이제는 1000달러도 안 되는 돈으로 반나절이면 완료할 수 있다. 염기 서열 분석은 한 가지 예에 불과하다. 요즘의 계산 성능과 영상 기술을 이용하면 동물의 배아 내부를 들여다볼 수 있는 것은 물론, 세포 안에서 분자들이 움직이는 모습도 관찰할 수 있다. DNA 관련 기술도 놀라울 정도로 발전해서 개구리와 원숭이를 비롯한 여러 동물을 쉽게 복제할 수 있고, 인간 유전자나 파리 유전자를 넣은 유전자 조작 쥐도 만들 수 있다. 동물의 DNA를 원하는 대로 편집하는 것도 가능하다. 현재 우리는 거의 모든 동식물에서 몸을 만드는 유전 코드를 제거하고 다시 쓸 수 있다. 우리는 어떤 유전자 조합이 개구리를 송어, 침팬지, 인간과 다르게 만드는지 DNA 수준에서 물을 수 있다.

이런 혁명 덕분에 우리는 지금 주목할 만한 순간에 와 있다. 지층과 화석에 DNA 기술을 접목하면, 다윈과 그의 동시대인들이 붙들고 씨름했던 고전적 질문들 중 일부에 접근할 수 있다. DNA 연구를 통해 협력, 용도 변경(전용), 경쟁, 도용, 전쟁으로 얼룩진 수십억 년의 생명사가 드러날 것이다. 그런 사건들은 바로 DNA라는 무대에서 일어난다. 동물의 각 세포 안에 있는 게놈은 자기 일을 하는 동안 바이러스의 끊임없는 침입과 구성 요소들 간의 내전을 겪으며 휘저어졌다. 그 교란의 결과 새로운 기관과 조직이 탄생했고 나아가 발명이 일어나 세계를 변화시켰다.

생명이 출현한 지구는 미생물의 낙원으로 변했고 그 상태가 수십 억 년 동안 지속되었다. 그러다 약 10억 년 전, 단세포 미생물에서 몸을 지닌 생명체가 탄생했다. 그 수억 년 뒤 해파리부터 사람에 이르는 모든 것의 조상이 탄생했다. 이후 동물들은 헤엄칠 수 있고, 날 수 있고, 생각할 수 있도록 진화했고 이때 각각의 발명을 토대로 다음 발명을 생산했다. 새는 날개와 깃털을 이용해 하늘을 난다. 육지에 사는 동물들은 폐와 사지를 지니고 있다. 발명의 목록은 계속 이어진다. 단순한 조상에서 시작된 동물은 이제 바다 밑바닥, 척박한 사막, 가장 높은 산꼭대기에서도 번성하고 심지어 달 위를 걷는 데까지 진화했다.

생명사에 큰 변화가 일어나면 동물의 생활 방식과 몸 조직이 완전히 달라진다. 물고기에서 육상 생물로의 진화, 새의 탄생, 그리고 몸 자체의 시작은 생명사에 일어난 혁명들 중 극히 일부에 불과하다. 그리고 그런 혁명들을 조사하는 과학은 놀라움으로 가득하다. 깃털이 동물의 비행을 돕기 위해 생겼다거나 폐와 다리가 동물들이 육지에서 걷는 것을 돕기 위해 생겼다고 생각한다면—여러분만 그렇게 생각하는 게 아니지만—완전히 틀렸다.

이 연구 분야가 발전하면 우리 존재에 관한 몇 가지 근본적인 물음의 답을 찾는 데 도움이 될 것이다. 이 행성에 우리가 존재하는 건 우연의 결과일까? 아니면 인간을 탄생시킨 생명사에는 어떤 필연성이 있었을까?

진화사는 길고도 기묘한 경이의 여행이며 그 여정은 시행착오, 우연과 필연, 우회, 혁명과 발명으로 수놓아져 있다. 그 길과 연구자가 그것을 알기 위해 걸어온 여정이 내가 이 책에서 하려는 이야기다.

1장

기능의 변화

옛것을 이용해 새것을 만들다

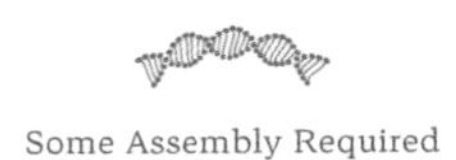

Some Assembly Required

연구자는 인생을 걸 만한 연구 주제를 연구실이나 발굴 현장에서 찾는다. 하지만 나는 강의실 스크린에 비춰진 한 장의 슬라이드에서 찾았다.

대학원에 들어온 지 얼마 되지 않았을 때 나는 생명사의 역대급 발명들에 관한 노교수님의 강의를 듣게 되었다. 그것은 진화에 얽힌 커다란 수수께끼들을 소개팅처럼 잠깐씩 만나 보는 속성 강의였다. 매주 토론 주제로 새로운 진화 사례가 올라왔다. 강의 초반에 교수님은 한 장의 간단한 그림을 보여 주었다. 그것은 물고기에서 육생 동물로 이행하는 과정을, 1986년 당시의 견해를 바탕으로 그린 그림이었다. 그림의 맨 위에 물고기가 있고 맨 밑에는 초기 양서류 화석이 있었다. 그리고 물고기에서 양서류를 향해 화살표가 그어져 있었다. 내 눈길을 사로잡은 건 물고기가 아니라 화살표였다. 나는 그 그림을 보며 머리를 긁적였다.

1 / 기능의 변화: 옛것을 이용해 새것을 만들다

땅 위를 걷는 물고기라…… 어떻게 그런 일이 일어날 수 있지? 그야말로 내 간판을 걸 만한 1급 과학 수수께끼처럼 보였다. 첫눈에 반한 사랑이었다. 이렇게 해서 나는 이 사건이 어떻게 일어났는지 밝히기 위해 40년 동안 양쪽 극지와 여러 대륙으로 화석을 찾아다니게 되었다.

그러나 친척과 친구들에게 내 연구를 설명하려고 하면 대개 곤혹스러운 표정이나 형식적인 질문에 맞닥뜨리기 일쑤였다. 물고기가 땅에 사는 동물로 변모하려면 새로운 종류의 골격을 갖추어야 한다. 즉, 헤엄치기 위한 지느러미 대신 걷기 위한 팔다리가 있는 골격이 필요하다. 게다가 아가미 대신 폐를 이용하는 새로운 호흡 방법도 생겨야 한다. 또한 섭식과 번식도 바뀌어야 한다. 물에서 먹이를 먹고 알을 낳는 일은 육지에서와는 완전히 다르다. 사실상 몸의 모든 시스템이 동시에 바뀌어야 한다. 그 동물이 숨을 쉴 수도, 먹을 수도, 번식할 수도 없다면 육지를 걸을 수 있는 팔다리가 무슨 소용이겠는가? 육지 생활은 단 하나의 발명이 아니라 서로 상호 작용하는 수백 가지의 발명을 요한다. 비행과 이족 보행의 기원에서부터 몸과 생명 그 자체의 기원에 이르기까지, 생명사에 무수히 많은 큰 변화가 똑같은 난관에 봉착한다. 내 연구는 시작부터 망할 것처럼 보였다.

이 딜레마의 해법은 극작가 릴리언 헬먼Lillian Hellman이 남긴 유명한 말 속에 있다. 그녀는 자신의 삶—1950년대에 비미국활동위원회의 블랙리스트에 오른 일부터 극빈 생활에 이르기까지—을 회상하면서 이렇게 말했다. "무슨 일이든 시작되었다고 여겨지는 시점에 실제로 시작된 것은 아무것도 없습니다." 이 말은 당사자는 의도하지 않았지만 생명사 연구의 가장 강력한 사고방식 중 하나를 묘사한다. 그 사고방식을 이용하면 지구에 사는 모든 생물의 거의 모든 기관, 조직, DNA 정보의 기원을 설명할 수 있다.

이 생물학적 사고방식은 과학 역사상 가장 자멸적인 인물 중 한 명이 한 일의 여파로 싹텄다. 그는 많은 이가 대체로 그러듯 틀림으로써 생물학 분야를 바꾸었다.

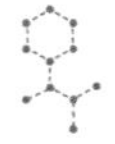

게놈에 대해 최근 밝혀진 사실들의 의미를 이해하기 위해서는 탐구의 역사를 조금 거슬러 올라갈 필요가 있다. 빅토리아 시대 영국은 불후의 사상과 지식을 생산해 낸 창조의 도가니였다. 유전자의 존재조차 몰랐던 시대의 개념이 DNA가 생명사에 어떤 역할을 했는지 이해하는 데 필요하다니, 어쩐지 낭만적인 느낌이 든다.

세인트 조지 잭슨 마이바트St. George Jackson Mivart(1827~1900)는 런던의 독실한 복음주의자 집안에서 태어났다. 집사였던 그의 아버지는 런던에서 가장 큰 호텔 중 한 곳을 소유할 정도로 성공한 사람이었다. 마이바트는 그런 아버지 덕분에 신사라는 사

세인트 조지 잭슨 마이바트. 그는 진화 논쟁에서 사면초가에 놓였다.

회적 지위를 얻고 자신이 원하는 진로를 선택할 수 있었다. 동시대를 살았던 찰스 다윈처럼 마이바트는 자연에 대한 열정을 타고났다. 어릴 때 그는 곤충, 식물, 광물을 수집하면서 자세한 기록을 남기고 때로는 나름의 분류 체계를 생각해 내기도 했다. 마이바트에게 자연사는 운명처럼 보였다.

그런데 여기서 그의 인생을 지배한 주제인 '권위와의 투쟁'이 그를 가로막았다. 마이바트는 사춘기에 접어들면서 집안의 국교회 신앙이 점점 불편해지기 시작했다. 그러다가 로마 가톨릭교로 개종하여 부모를 당황케 했다. 열여섯 살짜리 소년치고 대담한 이 행동은 뜻밖의 여파를 불러왔다. 가톨릭으로 개종한 탓에 옥스퍼드나 케임브리지 대학에 들어갈 수 없게 된 것이다. 당시 영국의 대학들은 가톨릭교도의 입학을 허용하지 않았기 때문이다. 대학에서 자연사를 배울 수 없게 된 마이바트는 유일하게 남은 선택지인, 종교를 문제 삼지 않는 런던 법학원에서 법을 배우는 길을 택했다. 이렇게 해서 마이바트는 변호사가 되었다.

마이바트가 실제로 변호사로 일했는지는 확실치 않지만 자연사에 대한 열정은 그대로였던 것 같다. 그는 신사라는 자신의 신분을 활용하여 과학계 상류 사회에 진입한 뒤 당대의 주요 인물들과 친분을 쌓았다. 그중 특히 주목할 만한 인물이 토머스 헨리 헉슬리Thomas Henry Huxley(1825~1895)였는데, 그는 곧 공식 석상에서 다윈의 생각을 열렬히 옹호하며 다윈의 변호인으로 이름을 떨치게 된다. 헉슬리 역시 뛰어난 비교해부학자여서 열정적인 제자들을 불러 모았다. 마이바트는 이 위인과 친해져서 그의 연구실에서 일했으며 심지어 헉슬리의 집안 모임에도 참석했다. 헉슬리의 지도 아래 마이바트는 주로 사실의 기술이었으나 독창성이 높은 영장류 비교해부학 논문들을 저술했다. 영장류 골격에 대한 그의 상세한 기술은 지금도 읽을 수 있다. 1859년에 다윈이 《종의 기원On the Origin of Species》 초판을 출판할 무렵 마이바트는 스스로를 다윈의 새로운 개념의 지지자로 여겼는데, 이는 아마 헉슬리에게 감화되었기 때문일 것이다.

하지만 소년 시절 국교회 신앙을 받아들이지 못했던 것과 마찬가지로 마이바트는 다윈의 개념에 강한 의구심을 품기 시작했고, 점진적 변화를 주장하는 다윈의 이론에 대해 학문적 반론을 펼쳤다. 처음에 그는 대중 앞에서 자신의 생각을 미온적으로 말하다가 점점 더 강력하게 주장하기 시작했다. 그러면서 자신의 비판적 시각을 뒷받침하는 증거들을 정리해 《종의 기원》에 대한 반론을 한 권의 책으로 엮었다. 자연학계의 오랜 지인들 중 아직 친구가 남아 있었더라도 다윈의 책 제목에서 한 단어만 바꾼 《종의 기원에 관하여On the Genesis of Species》를 출판할 시점에는 한 명도 남김없이 잃었을 것이다.

이후 마이바트는 가톨릭교회에도 비판을 가하기 시작했다. 그는 교회 정기 간행물에 기고하여 무잉태 출산과 무류성 교의가 다윈의 개념만큼이나 믿기 어렵다고 비판했다. 《종의 기원에 관하여》를 출판하면서 사실상 과학계에서 파문된 마이바트는 죽기 6주 전인 1900년, 이번에는 교리에 관한 이런 기고 때문에 가톨릭교회에서도 공식 파문되었다.

다윈을 향한 마이바트의 비판을 읽으면 빅토리아 시대 영국에서 이루어진 지적 칼싸움을 엿볼 수 있고, 다윈의 이론을 이해하려 할 때 많은 사람에게 걸림돌로 작용하는 것이 무엇인지도 명확하게 알 수 있다. 마이바트는 스스로를 삼인칭으로 칭하며, 자신에게 편견이 없음을 호소하는 듯한 말투로 이렇게 반론을 시작했다. "그가 처음부터 다윈의 매력적인 이론을 거부하려 했던 것은 아니다."

마이바트는 자신의 주장을 펼치기 위해, 하나의 긴 장場에 다윈의 치명적인 결함이라고 생각하는 것을 정리하고 제목을 “유용한 구조의 초기 단계를 설명하는 데 자연 선택이 도움이 되지 않는 이유”라고 붙였다. 참으로 장황한 제목이지만, 사실 여기에 매우 중요한 논점이 압축되어 있다. 다윈은 진화란 한 종에서 무수한 중간 단계를 거쳐 다른 종이 되는 과정이라고 생각했다. 진화가 일어나기 위해서는 이러한 중간 단계들 각각이 환경에 잘 적응되어 있어야 하며 개체의 생존 능력을 높이는 것이어야 한다. 마이바트가 생각하기에는 그런 중간 단계들은 대개 존재할 수 없는 것 같았다. 예를 들어 비행의 기원을 생각해 보자. 날개가 진화할 때 초기 단계의 구조가 대체 무엇에 쓰일 수 있었을까? 고생물학자 고故 스티븐 제이 굴드는 이 문제를 ‘2퍼센트 날개의 문제’라고 불렀다. 새의 조상에게 초기 단계의 작은 날개가 있었다 한들 아무 소용이 없었을 거라는 말이다. 어느 단계쯤 가면 활공할 수 있을 정도의 크기는 되었을지 몰라도, 작은 날개로는 어떤 종류의 날갯짓 비행도 할 수 없을 것이다.

마이바트는 중간 단계가 존재할 수 없을 것 같은 사례를 차례로 제시했다. 넙치류는 두 눈이 몸의 한쪽에 치우쳐 있고, 기린은 긴 목을 가지고 있고, 몇몇 고래는 수염을 가지고 있으며, 다양한 곤충은 나무껍질을 흉내 낸다. 하지만 눈이 약간만 치우치거나, 목이 조금만 길어지거나, 곤충의 체색體色이 아주 미묘하게 변했다면 그것을 도대체 어디에 쓸 수 있었을까? 고래 입에 수염이 하나뿐이라면 그 거대한 몸집을 지탱할 만큼 먹이를 얻을 수 있을까? 어떤 종이 변화를 통해 다른 종이 되기까지는 무수한 막다른 골목이 도사리고 있는 것처럼 보였다.

마이바트는 진화상의 큰 변화가 일어나기 위해서는 한 기관의 변화만이 아니라 몸 전체에 걸쳐 일군의 형질들이 한꺼번에 변해야 한다는 견해를 최초로 주장한 과학자 중 한 명이었다. 육지를 걷기 위한 다리가 진화한들 공기 호흡을 하는 폐가 없다면 그런 다리가 무슨 소용이 있을까? 또 다른 예로 새의 비행의 기원을 생각해 보라. 날갯짓 비행이 진화하려면 날개, 깃털, 속이 빈 뼈, 높은 대사율 등 일군의 발명이 필요하다. 뼈가 코끼리처럼 무겁거나 대사가 도롱뇽처럼 느리다면 날개가 진화한들 아무 소용이 없을 것이다. 큰 변화가 일어나기 위해서 몸 전체가 변해야 하고 게다가 많은 형질이 동시에 변해야 한다면, 어떻게 큰 진화적 변화가 점진적으로 일어날 수 있단 말인가?

마이바트의 생각은 150년 전에 제기된 뒤로 진화 비평의 시금석으로 쓰였다. 하지만 그 비판은 다윈의 위대한 생각 중 하나를 이끌어 내는 촉매로 작용하기도 했다.

다윈은 마이바트의 지적을 진지하게 새겨들을 만한 비판이라고 생각했다. 《종의 기원》의 초판은 1859년에 나왔고 마이바트의 책은 1871년에 나왔다. 다윈은 1872년에 《종의 기원》의 여섯 번째 판이자 결정판을 펴내면서 비평가들, 그중에서도 특히 마이바트를 의식하며 그들의 비판에 응답하기 위해 새로운 장을 추가했다.

빅토리아 시대의 논쟁 관례에 따라 다윈은 이런 말로 운을 뗐다. "저명한 동물학자 세인트 조지 마이바트 씨는 월리스 씨와 내가 발표한 자연 선택설에 대해 나 자신을 포함해 여러 사람이 그동안 제기한 이론異論들을 빠짐없이 모아 그것들을 예리하고 설득력 있게 제시했다." 그러고는 이렇게 썼다. "여러 가지 이론을 그렇게 늘어놓으니 참으로 위협적이다."

그런 다음 다윈은 단 한 마디로 마이바트의 비판을 막고 심지어는 자신이 모은 풍부한 증거 사례들까지 제시했다. "마이바트 씨의 반론을, 이미 다룬 것도 있지만 이 여섯 번째 판에서 모두 검토하기로 했다." 많은 독자가 고개를 끄덕인 것으로 보이는 새로운 논점은 "자연 선택은 유용한 구조의 초기 단계를 설명할 수 없다"는 것이다. 이 논점은 형질의 점진적 출현이라는 문제와 밀접한 관련이 있는데, 이런 변화에는 흔히 '기능의 변화'가 따른다.

'기능의 변화'라는 말이 과학에 얼마나 중요했는지는 아무리 강조해도 지나치지 않다. 이 말에는 생명사의 큰 변화를 새로운 시각에서 바라볼 수 있는 실마리가 들어 있다.

기능의 변화가 어떻게 가능할까? 단서는 늘 그렇듯 물고기가 제공한다.

폐로 숨 쉬는 물고기

1798년 나폴레옹 보나파르트가 이집트로 원정을 떠날 때 동반

과학계의 신동 에티엔 조프루아 생틸레르.

한 것은 함선과 병사와 무기만이 아니었다. 과학자를 자처한 나폴레옹은 나일강의 치수, 생활 수준의 향상, 그 나라의 문화사와 자연사 이해를 지원함으로써 이집트를 변모시키려 했다. 그래서 프랑스 최고의 기술자들과 과학자들을 데리고 떠났고, 그 가운데 한 사람이 에티엔 조프루아 생틸레르Étienne Geoffroy Saint-Hilaire(1772~1844)였다.

당시 26세였던 생틸레르는 과학 신동이었다. 그 무렵 이미 파리 자연사 박물관 동물학 관리자가 된 그는 이후 역대 최고의 해부학자로 성장하게 된다. 20대에 벌써 포유류와 어류의 해부학적 기재로 두각을 나타냈다. 나폴레옹의 수행원단에 포함된 그는 이집트의 와디(우기 외에는 물이 흐르지 않는 계곡—옮긴이), 오아시스, 강 등에서 조사대가 발견한 많은 생물종을 기쁜 마음으로 해부하고 분석하고 분류했다. 그중 한 종이 파리 박물관 관장이기도 한 생틸레르가 나중에 '그것을 발견한 것만으로 나폴레옹의 이집트 원정은 의미가 있다'고 전한 물고기였다. 물론 로제타석을 이용해 이집트 상형 문자를 해독한 장 프랑수아 샹폴리옹은 이 견해에 이의를 제기했을 테지만 말이다.

비늘, 지느러미, 꼬리를 지닌 그 생물은 겉으로 보기에는 평범한 물고기처럼 보였다. 생틸레르 시대에 해부학적 기재를 할 때는 해부하는 자리에서 화가들에게 아름다운 채색 석판화에 모든 중요한 세부를 그리게 했다. 그 물고기는 뒤통수 어깨 가까이에 두 개의 구멍을 가지고 있었다. 이것만 해도 충분히 이상했지만 진짜 놀라운 점은 식도에 있었다. 일반적으로 물고기 해부에서 식도를 찾아내는 것은 별일이 아닌데, 입에서 위로 뻗어 있는 단순한 관일 뿐이기 때문이다. 하지만 이 생물은 달랐다. 식도 양쪽에 공기주머니가 하나씩 있었다.

당시 과학계는 이런 종류의 주머니가 있다는 것을 알고 있었다. 다양한 물고기 종에서 부레가 확인되었기 때문이다. 심지어 독일 시인이자 철학자인 괴테조차 부레를 언급한 바 있다. 해수어종과 담수어종 모두에 존재하는 이 주머니는 공기가 채워졌다 빠졌다 하면서 물고기가 각기 다른 수심을 헤엄칠 때 중성 부력(물과 비중이 유사하여 뜨지도 가라앉지도 않는 상태—옮긴이)을 제공한다. '잠수하라'는 명령에 따라 공기를 빼는 잠수함처럼 물고기도 부레 안의 공기 양을 조절해 다양한 수심과 수압에 대응한다.

해부를 좀 더 진행했을 때 정말 놀라운 사실이 드러났다. 이 공기주머니들이 작은 도관을 통해 식도와 연결되어 있었던 것이다. 공기주머니와 식도를 연결하는 작은 통로인 그 도관은 생틸레르의 사고에 큰 영향을 끼쳤다.

야생에서 이 물고기를 관찰했을 때 생틸레르는 해부하며 추측한 점에 확신을 가졌다. 그 물고기는 뒤통수에 난 구멍으로 공기를 꿀꺽 삼켰다. 심지어는 단체로 일제히 공기를 빨아들이는, 동기화된 공기 흡입 형태를 보였다. 공기를 흡입하는 이런 물고기 집단은 '다기류Bichirs'라고 불리는데, 들이켠 공기로 '탁' 소리나 신음 같은 소리를 내기도 한다. 이는 아마 짝짓기 상대를 유혹하기 위한 행동일 것이다.

이 물고기는 그 밖에도 예상치 못한 행동을 하고 있었다. 바로 공기로 호흡을 했다. 그 공기주머니에는 혈관이 가득했는데, 이는 물고기가 이 기관을 이용해 혈류에 산소를 끌어들였음을 암시했다. 그리고 더 중요한 점이 있었다. 놀랍게도 이 물고기는 몸이 물속에 있는 동안 뒤통수에 난 구멍으로 숨을 쉬어 공기주머니를 공기로 가득 채웠다. 아가미와 공기 호흡 기관을 둘 다 갖춘 물고기가 발견된 것이었다. 말할 나위 없이 이 물고기는 큰 반향을 일으켰다.

이집트에서 이 물고기가 발견되고 수십 년 후 이번에는 오스트리아 연구 팀이 자국 공주의 결혼을 기념해 아마존 탐사를 떠났다. 탐사대는 곤충, 개구리, 식물을 채집했고 새로운 종에는 왕실을 기념하는 이름을 붙였다. 새로 발견한 종들 가운데 새로운 물고기도 하나 있었는데 그것은 여느 물고기처럼 아가미와 지느러미를 모두 갖추고 있었다. 하지만 몸속 주머니에 혈관임이 틀림없는 배관이 깔려 있었다. 즉, 단순한 공기주머니가 아니라 엽葉과 혈액 공급 등 인간의 폐 같은 진정한 폐에서 볼 수 있는 조직들을 갖춘 기관이었다. 이 물고기는 어류와 양서류라는 두 가지 생명 형태를 잇는 생물이었다. 탐사대는 이런 애매한 위치를 표현하기 위해 그 물고기에 '레피도시렌 파라독사*Lepidosiren paradoxa*'라는 이름을 붙였다. 라틴어로 '모순되게도 비늘을 가진 도롱뇽'이라는 뜻이다.

이 생물을 어류나 양서류 또는 그 사이의 어떤 것으로 부르든, 그것은 물에 살기 위한 지느러미와 아가미뿐 아니라 공기로 호흡할 수 있는 폐도 가지고 있었다. 게다가 그런 생물은 이것 하나만이 아니었다. 1860년에 호주 퀸즐랜드에서 폐를 가진 또 다른 물고기가 발견되었다. 이 물고기는 매우 독특한 이빨도 가지고 있었다. 납작한 쿠키 커터처럼 생긴 그 이빨은 오래전에 절멸한 종(2억 년 전 암석에서 발견된 케라토두스*Ceratodus*라는 동물)의 화석에서도 발견되었다. 이 발견이 무엇을 의미하는지는 분명했

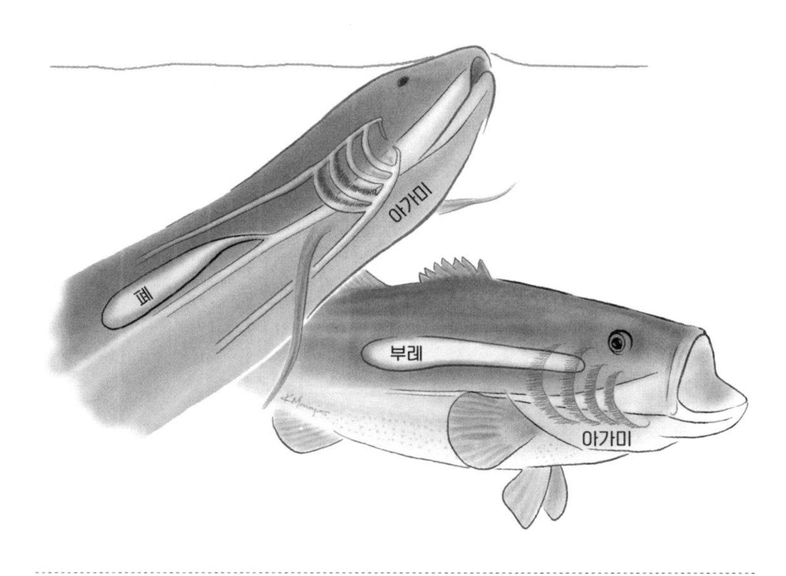

폐어는 폐와 아가미를 모두 가지고 있다. 폐어는 물속의 산소량이 체내 수요를 감당하지 못하게 되면 우리처럼 폐를 사용해 공기 호흡을 한다. 다른 물고기들은 부레로 부력을 조절한다.

다. 폐로 공기 호흡하는 물고기는 전 세계에 있었고 게다가 수억 년 동안 지구에 살았다는 얘기였다.

변칙의 발견이 우리가 세계를 보는 방식을 바꾸는 결정적 계기가 될 수 있다. 물고기에서 폐와 부레가 발견됨에 따라, 생명사 탐구에 관심이 있는 차세대 과학자들은 화석과 현생 생물 모두를 조사하게 되었다. 화석을 조사하면 먼 과거에 생물이 어떤 모습이었는지 알 수 있고, 현생 생물을 조사하면 몸 안의 조직이나 기관이 어떻게 작동하는지, 혹은 개체가 알에서 성체가 되는 동안 기관들이 어떻게 발생하는지 알 수 있다. 앞으로 살펴보겠지만 이 연구 방법은 실로 강력하다.

화석과 배아 연구를 융합한 연구 방법은 다윈의 뒤를 따르는 자연과학자들에게 무척 유익했다. 배시포드 딘Bashford Dean(1867~1926)은 학계에서 이례적인 이력을 가지고 있었다(그는 메트로폴리탄 미술관과 센트럴 파크 건너편의 자연사 박물관 두 곳에서 큐레이터를 지낸 유일한 사람이다). 그는 살아생전 두 가지에 열정을 바쳤는데 바로 물고기 화석과 전투용 갑옷이다. 갑옷을 수집해 메트로폴리탄 미술관에 전시했고, 물고기 표본을 수집해 자연사 박물관에 전시했다. 그런 관심사에 걸맞게 그는 괴짜였다. 자신의 갑옷을 직접 디자인했으며 심지어는 그 갑옷을 입고 맨해튼 거리를 걷는 것을 즐겼다.

중세 갑옷을 입고 있지 않을 때 배시포드 딘은 태고의 물고기를 연구했다. 그는 현생 물고기의 배아가 성체가 되는 과정 어딘가에 생명사에 얽힌 수수께끼의 답과, 현생 물고기가 조상 종에서 어떻게 진화했는지 풀 수 있는 열쇠가 들어 있다고 믿었다. 딘은 물고기 배아와 화석을 비교하고 당시 해부학 연구소들의 연구를 검토한 끝에, 발생 도중에는 폐와 부레가 사실상 같은 기관처럼 보인다는 것을 알아냈다. 두 기관 모두 소화관에서 발생하고 둘 다 공기주머니가 된다. 중요한 차이는 부레는 소화관 위쪽 등뼈 근처에서 발생하는 반면 폐는 밑바닥, 즉 배 쪽에서 발생한다는 점이다. 딘은 이 지식을 바탕으로 부레와 폐가 같은 발생

배시포드 딘. 메트로폴리탄 미술관과 미국 자연사 박물관의 큐레이터를 지냈으며 갑옷과 물고기를 사랑했다.

과정을 통해 형성되는, 같은 기관의 다른 버전이라고 주장했다. 실제로 상어류를 제외한 거의 모든 어류에 공기주머니가 모종의 형태로 존재한다. 과학적 가설이 대체로 그렇듯 딘의 이런 비교도 역사가 길다. 그 선례를 19세기 독일 해부학자들의 연구에서 엿볼 수 있다. 그러면 공기주머니가 마이바트의 비판과 다윈의 답변에 대해 무엇을 말해 줄까?

놀랍도록 많은 물고기가 장시간 공기 호흡을 할 수 있다. 몸길이가 15센티미터쯤 되는 말뚝망둑어는 진흙 위를 걷고 거기서 24시간 생활할 수 있다. 등목어登木魚는 필요에 따라 이 웅덩이에서 저 웅덩이로 꿈틀꿈틀 이동할 수 있고 그 과정에서 이름에 걸맞게 나뭇가지를 오르고 잔가지를 건너기도 한다. 그런데 등목어는 한 가지 예에 불과하다. 수백 종의 물고기가 자신이 서식하는 물의 산소 농도가 떨어지면 공기를 삼킬 수 있다. 이 물고기들은 어떻게 이런 재주를 부리는 걸까?

말뚝망둑어처럼 피부를 통해 산소를 흡수하는 종들도 있고, 아가미 윗부분에 공기 호흡을 위한 특별한 기관을 갖추고 있는 종들도 있다. 메기류 일부와 그 밖의 종들은 장을 통해 산소를 흡수한다. 공기를 먹이처럼 삼켰다가 호흡에 사용하는 것이다. 그리고 많은 물고기가 사람의 폐처럼 생긴 한 쌍의 폐를 가지고 있다. 폐어는 물속에 살면서 대체로 아가미로 호흡하지만, 물의 산소 농도가 떨어져 대사를 유지할 수 없게 되면 수면 위로 고개를 내밀고 공기를 마셔 폐로 보낸다. 공기 호흡은 기묘한 물고기에만 있는 기묘한 예외가 아니라 많은 물고기가 일반적으로 하고 있는 일이다.

최근에 코넬대학교 연구자들이 부레와 폐를 다시 비교하면서 이번에는 새로운 유전적 기법을 사용했다. 그들의 질문은 '발생 과정에서 물고기 부레를 만드는 유전자는 무엇인가?'였다. 물고기 배아에서 발현되는 유전자 목록을 보고 그 연구자들은 딘과 다윈이 알았다면 둘 다 기뻐했을 사실을 발견했다. 물고기에서 부레를 만드는 유전자들은 물고기와 사람 모두에서 폐를 만드는 것과 같다. 사실상 모든 물고기가 공기주머니를 가지고 있는데 어떤 종류는 그것을 폐로 사용하고 어떤 종류는 부력 장치로 사용하는 것이다.

이쯤 되면 마이마트의 비판에 대한 다윈의 대답은 대단한 선견지명이었다. 폐어와 생틸레르의 다기류처럼 폐를 가진 물고기들이 현생 어류 중에서 육생 동물과 가장 가깝다는 것을 DNA는 분명하게 보여 준다. 폐라는 발명은 동물이 육지를 걸을 수 있게 진화하면서 갑자기 나타난 것이 아니었다. 물고기는 동물들이 땅을 딛기 한참 전부터 폐로 공기 호흡을 하고 있었다. 물고기의 후손들이 육지로 진출하면서 일어난 일은 새로운 기관의 등장이 아니라, 이미 존재하는 기관의 기능 변경이었다. 게다가 사실상 모든 물고기가 폐든 부레든 어떤 종류의 공기주머니를 가지고 있다. 공기주머니는 물속에서 살기 위해 사용되었으나 나중에는 육지에서 살고 호흡하기 위해 쓰이게 되었다. 동물이 육지로 올라올 때 일어난 변화는 새로운 기관의 탄생을 수반하지 않았다. 그보다는 다윈이 일반론으로 말했듯이 "기능의 변화를 수반했다."

날지 못하는 공룡이 깃털을 가진 이유

마이바트가 다윈을 비판할 때 표적으로 삼은 것은 어류도 양서류도 아닌 조류였다. 당시 비행의 기원은 큰 수수께끼였다. 1859년 간행된 《종의 기원》 초판에서 다윈은 지극히 구체적인 예측을 하고 있다. 만일 지구상의 모든 생명이 조상을 공유한다는 자신의 이론이 맞는다면 어떤 생물이 다른 생물로 진화하는 과정을 보여 주는 중간형이 화석 기록에서 발견될 것이라고. 그러나 당시는 아직 어떠한 중간형도 발견되지 않았으며, 하늘을 나는 새와 땅에 사는 생물을 연결하는 생물도 발견되지 않았다.

하지만 다윈은 오래 기다릴 필요가 없었다. 1861년, 독일의 한 석회암 채석장에서 인부들이 놀라운 화석 한 점을 발견했다. 당시 석판 인쇄가 주된 인쇄 수단이었는데, 그 채석장에서 산출되는 입자가 고운 석회암은 석판을 만드는 데 이상적인 돌이었다. 그 석회암은 매우 잔잔한 호수 환경에서 퇴적된 것으로, 안에 파묻힌 것이 비교적 훼손되지 않고 남아 있었다. 이런 암석들은 화석을 거의 완벽하게 보존할 수 있었다.

인부들이 발견한 돌에는 길고 깃 모양을 한 흥미로운 형태가 남아 있었다. 깃 모양이라기보다는 완전한 깃털로 보였다. 하지만 이런 석회암에서 깃털이 발견되는 이유를 도무지 알 수 없었다.

그 신기한 인상화석(생물의 실체가 아니라 그 틀만 남은 것—옮긴이)이 나온 석회암은 쥐라기 것이었다. 이 발견이 있기 수십 년 전 독일의 귀족이자 자연학자였던 알렉산더 폰 훔볼트Alexander von Humboldt(1769~1859)가 프랑스와 스위스의 국경에 걸쳐 있는 주라 산맥Jura Mountains에 독특한 석회암이 분포하고 있음을 알아챘다. 그 석회암은 하나의 층을 이룬 채 수 킬로미터나 이어져 있었다. 훔볼트는 독특한 특징을 지닌 그 지층을 쥐라기라고 명명하며 그것이 지구 역사상 특별한 시대에 퇴적되었을 가능성을 내비쳤다. 곧이어 그 쥐라기 층에서는 화석이 많이 산출된다는 사실이 드러났다. 대표적인 예가 소용돌이 모양의 껍질을 지닌 암모나이트라는 생물이다. 이윽고 비슷한 화석이 세계 각지에서 발견되기 시작하면서 쥐라기가 특별한 시대였던 것은 프랑스와 스위스만의 이야기가 아니라 세계적인 추세로 봐야 한다는 학설이 인정받기 시작했다.

이후 1800년대 초, 영국의 쥐라기 지층에서 거대한 이빨과 턱 화석이 발견되었다. 그리고 도처에서 비슷한 화석이 나타나기 시작했다. 얼마 지나지 않아 쥐라기가 소용돌이 모양의 껍질을 지닌 생물의 시대일 뿐 아니라 공룡의 시대이기도 했음이 분명해졌다. 게다가 그 깃털 인상화석이 더욱 놀라운 사실을 밝히려 하고 있었다. 쥐라기에 땅 위를 걷는 공룡의 머리 위로 새가 날아다닌 건 아닐까?

달랑 한 점밖에 없는 그 깃털 화석은 연구자들을 애태웠다. 그 깃털은 쥐라기 새의 것일까? 어떤 알려지지 않은 생물종이 깃털을 가지고 있었을 가능성도 있었다. 그 시점에서는 후자의 가설도 배제할 수 없었다.

깃털 인상화석이 발견된 1861년으로부터 몇 년 후 어느 농부가 의사에게 진료를 받은 대가로 화석 한 점을 건넸다. 그 화석은 깃털 화석과 같은 석회암층에서 나온 것이었다. 화석을 받은 의 사는 숙련된 해부학자이자 화석 애호가여서 한눈에 그것이 평범한 석회암 조각이 아님을 알아보았다. 석회암 안의 화석을 보면, 깃털 인상이 몸과 꼬리를 감싸고 있었고 거의 완전한 골격은 속이 빈 뼈와 날개를 갖추고 있었다. 의사는 이 표본의 가치를 알아채고 각지의 박물관들을 초청하여 경매를 열었고, 결국 영국 런던 자연사 박물관으로부터 750파운드를 얻어 냈다.

향후 15년에 걸쳐 같은 동물의 표본이 속속 산출되었다. 1870년대 중반에 제이콥 니마이어라는 이름의 농부가 화석 한 점을 채석장 주인에게 소 한 마리 값에 팔았다. 채석장 주인은 첫 표본을 경매에 부쳐 거액을 번 의사의 소문을 듣고, 1881년에 자신이 구입한 화석을 같은 의사에게 팔았다. 이 골격은 베를린 자연사 박물관에 1000파운드에 팔렸다. 그 동물의 화석은 현재까지 총 7점이 발견되었다.

시조새*Archaeopteryx*라 명명된, 깃털로 덮인 그 생물은 형질들이 흥미롭게 섞여 있었다. 깃털이 돋은 날개와 속이 빈 뼈를 가진 점은 새와 같았다. 하지만 이미 알려진 어떤 새에서도 목격된 적이 없는 육식 동물 같은 이빨과 납작한 흉골을 지녔고 날개 끝에 있는 뼈에는 세 개의 날카로운 발톱이 나 있었다.

이 발견은 다윈의 이론을 뒷받침하기에 더없이 시의적절했다. 토머스 헨리 헉슬리는 시조새의 이빨, 다리, 발톱을 조사하면서 시조새가 파충류와 매우 닮았다고 생각했다. 아울러 역시 쥐라기 석회암층에서 나온 콤프소그나투스*Compsognathus*라는 소형 공룡과도 비교했다. 두 생물은 체격이 비슷했고 깃털의 유무를 제외하면 골격도 비슷했다. 헉슬리는 시조새가 다윈의 이론을 뒷받침하는 증거라고 선언했다. 즉, 파충류와 조류의 중간형이라는 것이다. 다윈조차 《종의 기원》 네 번째 판에서 시조새를 언급했다. "과거 이 세계에 살았던 생물에 대해 우리가 얼마나 무지한지를 이 정도로 설득력 있게 보여 준 발견은 최근에 거의 없었다."

헉슬리의 비교 연구는 광범위한 논란을 불러일으켰다. 만일 시조새가 조류와 파충류의 유연관계를 입증하는 증거라면, 어떤 파충류가 조류의 조상일까? 몇 가지 유력한 후보가 있었고 각각은 변호인을 거느리고 있었다. 어떤 사람들은 시조새의 긴 꼬리와 두개골 형태로 볼 때 조류의 조상은 작고 육식성인 도마뱀을 닮은 생물이었다고 주장했다. 어떤 사람들은 조류가 쥐라기에 하늘을 나는 파충류였던 익룡과 비슷하다고 주장했다. 하지만 이 가설에는 문제가 있었는데 익룡은 날개를 갖추고 하늘을 날았지만 날개를 이루는 뼈들이 조류의 그것과 크게 달랐던 것이다. 익룡의 날개는 길게 늘어난 네 번째 손가락으로 지지되는 반면, 새의 날개는 깃털과 여러 개의 손가락뼈로 지지된다. 또 다른 사람들은 시조새와 소형 공룡의 유사성을 지적한 헉슬리의 의견에 동조했다.

조류의 조상이 어떤 종류의 공룡이라는 가설을 비판하는 저명한 학자들은 서로 다른 근거를 들고나왔다. 한 연구자는 새의 조상이 공룡이라는 가설에는 중대한 결함이 있다고 주장했다. 조류는 차골(흉골 앞의 두 갈래의 뼈—옮긴이)을 가지고 있는 반면, 공룡은 다른 파충류와 달리 차골을 가지고 있지 않다는 것이다. 다른 연구자들은 공룡과 조류는 생활 방식과 대사율이 완전히 달라서 공룡을 새의 조상으로 볼 수 없다고 주장했다. 소수의 예외를 빼면 공룡은 느리게 움직이는 대형동물이라서 몸집이 작고 매우 활동적인 조류와 비슷하지 않다는 것이다. 많은 연구자에게 시조새는 단지 새일 뿐, 파충류에서 조류로의 진화적 이행에 대해 많은 것을 이야기하는 존재가 아니었다. 논쟁은 계속되었고 그 중심에는 핵심을 찌르는 마이바트의 비판이 있었다. 바로 '시조새의 형질들을 포함해 조류만의 특수화된 형질들은 어떻게 생겨날 수 있었을까?' 하는 문제의식이었다.

공룡이 거대하고 굼뜬 동물이었다는 생각은 오랜 역사를 가지고 있다. 그리고 이 견해가 깨지는 데도 오랜 시간이 걸렸다. 실마리가 된 것은 배시포드 딘처럼 군복 입기를 즐겼던 이색적인 과학자의 연구였다.

서첼의 놉처Nopcsa of Săcel 남작으로 알려진 프런즈 놉처 본 펠쇠실바시Franz Nopcsa von Felső-Szilvás(1877~1933)는 열정이 넘치고 머리가 매우 좋은 사람이었다. 그는 18세 때 트란실바니아에 있는 가족 소유지에서 뼈 몇 점을 발견했다. 이후 독학으로 해부학을 익혔고, 1897년에 그 뼈들을 대형 공룡의 것으로 공식 기재한 과학 논문을 발표했다. 이후에도 알바니아의 지질에 관한

알바니아 군복을 입은 놉처 남작. 그는 딘처럼 진화적 발명의 오랜 역사를 연구했고, 갑옷과 군복 입기를 즐겼다.

700쪽짜리 대작을 집필했을 뿐 아니라 여러 언어로 수십 편의 과학 논문을 썼다. 그러면서도 오스트리아 스파이로 활동했고, 알바니아 레지스탕스 조직을 결성해 오스만 제국으로부터 독립하기 위해 싸웠다. 남작의 진짜 꿈은 알바니아 왕좌에 오르는 것이었다. 하지만 애석하게도 그는 큰 빚을 지고 권총으로 연인을 쏜 후 그 총구를 자신에게로 돌림으로써 스스로 생을 마감했다.

1895년에 일가 소유지에서 뼈를 발견한 후 놉처는 대량의 화석을 수집했고 트란실바니아의 공룡을 연구하는 일에 푹 빠졌다. 그는 뼈들뿐 아니라 동유럽 각지의 지층에 남은 공룡 발자국도 연구했다. 지층에 보존된 보행흔을 관찰하며 그는 살아 숨 쉬는 공룡이 진흙땅을 걷는 모습을 떠올렸다. 진흙에 찍힌 발자국으로 볼 때 발자국의 주인은 분명 빨리 달릴 수 있었을 것이다. 땅을 힘차게 찼고, 발자국 사이의 거리는 그 동물이 달리는 자세를 사용하고 있었음을 암시했다. 이 사실이 뜻하는 바는 분명했다. 공룡은 코끼리처럼 느리게 움직이는 짐승이기는커녕 활동적이고 발이 빠른 포식자였다. 놉처는 이 가설을 좀 더 진전시켜, 대지를 달리는 공룡은 민첩하고 가벼워야 하며 따라서 새의 조상이 되기에 적격이라고 생각했다. 속도에 대한 필요가 새의 조상을 하늘로 밀어 올렸을 것이다. 게다가 깃털 돋친 날개는 날갯짓으로 가속하며 먹이를 잡는 데 도움이 되었을 것이다.

1923년에 이 가설을 발표했을 때 놉처를 기다린 것은 과학자라면 누구나 두려워하는 악몽인 무시였다. 예일대학교의 저명한 고생물학자 O. C. 마시가 강력하게 주장한 당대의 지배적 이론에 따르면, 공룡은 거대하고 느린 동물이었으며 조류는 활공 비행을 하는 조상에서 진화했다. 날갯짓 비행은 나뭇가지에서 나뭇가지로 활공한, 나무에 사는 동물에서 기원했을 터였다. 그런 활공하는 조상으로부터 오랜 시간에 걸쳐 비행이 진화했을 것이다. 개구리와 뱀에서부터 다람쥐와 여우원숭이까지 오늘날 존재하는 다양한 활공 동물들을 보면 사람의 직관에 호소하는 이 가설의 매력을 알 수 있다. 날갯짓 비행보다 활공 비행이 복잡한 발명을 덜 필요로 하기 때문에 날갯짓 비행의 첫 단계로 활공 비행을 생각하는 것은 논리적으로 보였다.

1960년대에 당시 예일대학교의 젊은 과학자였던 존 오스트롬은 오리주둥이 공룡이 어떻게 살았는지 연구하고 있었다. 오리주둥이 공룡은 큰 박물관의 공룡관에 가면 볼 수 있는 친숙한 공룡으로, 오리주둥이에서 정수리에 걸쳐 거대한 볏이 나 있다. 오랫동안 박물관에서는 이 공룡을 네 다리로 느릿느릿 움직이는 초식동물로 묘사했다. 파충류의 코끼리쯤이라고 생각한 것이다. 하지만 오스트롬은 오리너구리 공룡의 뼈들을 살펴보면 볼수록 그런 해석이 성립되지 않는다는 생각이 들었다. 우선 오리주둥이 공룡은 앞다리가 뒷다리보다 짧았다. 왜소한 앞다리와 큰 뒷다리를 가진 동물이 네 다리로 걷게 되면 구부정한 자세를 취할 수밖에 없다. 게다가 뒷다리 뼈의 능선과 돌기에서는, 뒷다리를 움직이는 강한 근육이 붙어 있던 흔적이 발견되었다. 관찰 결과를 종합하면 오리주둥이 공룡 대부분이 이족 보행을 했다는 결론이 나왔다. 오스트롬은 더 깊이 생각한 끝에, 오리주둥이 공룡은 코끼리처럼 육중한 짐승이 아니라 두 발로 뛰는 비교적 활발한 동물이었을 것이라고 생각했다. 말하자면 '이족 보행 버펄로'였다고나 할까.

1800년대 벌어진 마이바트와 다윈의 설전에 새로운 의미가 더해진 것은 1960년대에 오스트롬이 와이오밍주의 황무지에 갔을 때였다. 대부분의 고생물학자처럼 오스트롬도 이중생활을 했다. 학기 중에는 버튼다운 셔츠를 입고 연구와 강의를 했고, 여름 방학 때는 발굴지에서 먼지를 뒤집어쓰며 거친 생활을 했다. 1964년 8월, 몬태나주 브리저 마을 근처의 발굴 조사에서 특별한 성과를 거두지 못한 채 다음 해에 조사할 장소를 물색하고 있을 때였다. 조수와 함께 언덕 비탈을 슬슬 걸어 내려가던 중 오스트롬은 지층에서 무언가가 삐죽이 튀어나와 있는 것을 보고 걸음을 멈추었다. 그것은 길이가 15센티미터쯤 되는 앞발이었다. 훗날 오스트롬은 "그곳으로 황급히 달려가다가 둘 다 비탈에서 구를 뻔했다"고 그날의 일을 회고했다. 그렇게 서두른 이유는 앞발에 튀어나와 있는 것 때문이었다. 그때까지 본 적이 없는 거대한 크기의 날카로운 갈고리발톱이 나와 있었다.

그날은 발굴 조사 마지막 날 답사를 나온 것이어서 아무도 도구를 지참하지 않았다(자, 고생물학을 전공하는 학생들은 두 사람이 그다음에 한 일을 따라 하지 말 것!). 두 사람은 흥분에 들떠 고생물학 조사의 철칙을 어기고, 화석을 더 많이 노출시키기 위해 맨손과 펜나이프(외날의 작은 주머니칼)로 급하게 땅을 팠다. 다음 날 정식 도구를 챙겨서 현장으로 돌아온 그들은 뒷발과 몇 점의 이빨을 노출시켰다. 이빨은 끝이 뾰족하고 날이 톱니 모양인 것으로 볼 때 포식자의 것이었다. 이후 2년에 걸친 발굴 작업에서 그 골격의 대부분이 회수되었다.

오스트롬이 발견한 공룡은 대형견만 한 크기였는데 뼈들은 이상하게 가볍고 속이 비어 있었다. 꼬리는 근육질이었고 뒷다리는 매우 강했으며 발에는 갈고리발톱이 달려 있었다. 갈고리

‘무서운 갈고리발톱’을 지닌 공룡, 데이노니쿠스.

발톱 뿌리에는 관절이 있어서 사냥감의 껍질을 벗기는 데 쓰였음을 짐작게 했다. 오스트롬은 그 짐승을 데이노니쿠스*Deinonychus*(그리스어로 ‘무서운 갈고리발톱’이라는 뜻)라고 명명했다. 훗날 논문을 집필하면서 그는 논문 특유의 무미건조한 문체로 서술해 나가다가 데이노니쿠스를 “포식성이 강하고, 엄청나게 민첩하며, 대단히 활동적”이라고 묘사했다.

데이노니쿠스는 시작에 불과했다. 오스트롬과 그를 뒤따른 사람들은 공룡에 대한 시각을 바꾸었고, 그 과정에서 다윈의 마이바트에 대한 답변이 가진 힘을 보여 주었다. 이 연구자들은 파충류 뼈에서 볼 수 있는 혹이나 구멍 같은 형질들을 일일이 조사해서 그러한 형질들을 화석 조류나 살아 있는 새의 뼈와 비교했다. 그들이 내린 결론은 공룡, 특히 이족 보행 공룡과 조류가 많은 형질을 공유한다는 것이었다. 수각류라고 불리는 이들 종류는 속이 빈 뼈와 비교적 빠른 성장 속도 같은 조류 특유의 형질들을 가지고 있다. 이들은 아마 대사율이 높은 매우 활동적인 공룡이었을 것이다.

수각류는 많은 점에서 조류와 비슷했으나 한 가지 중요한 특징이 결여되어 있었다. 바로 깃털이다. 깃털은 조류의 필수적인 특징으로 조류의 성공 및 비행의 기원과 관련이 있다고 여겨졌다.

1997년에 뉴욕의 미국 자연사 박물관에서 고척추동물학회가 열렸다. 학회 참석자들 사이에는 보통 때와는 다른 분위기가 감돌고 있었다. 이런 국제적인 모임은 보통 때는 매우 지루해서, 강연이나 포스터 발표 사이사이에 칵테일파티와 사교 행사가 열리는 것이 전부였다. 당시 학회 회원들은 연구하는 생물에 따라 소집단으로 갈라지기 일쑤였다. 포유류 연구자들은 포유류 발표장으로, 어류 고생물학자들은 어류 발표장으로 가는 식이다. 참석자들은 시작할 때 한자리에 모여 인사를 나눈 뒤에는 각자 흩어져 분야별 강연을 들으러 간다.

그런데 1997년은 달랐다. 모든 복도와 강당, 그리고 모든 소집단이 떠들썩했다. "그거 봤어요?" "정말이에요?"

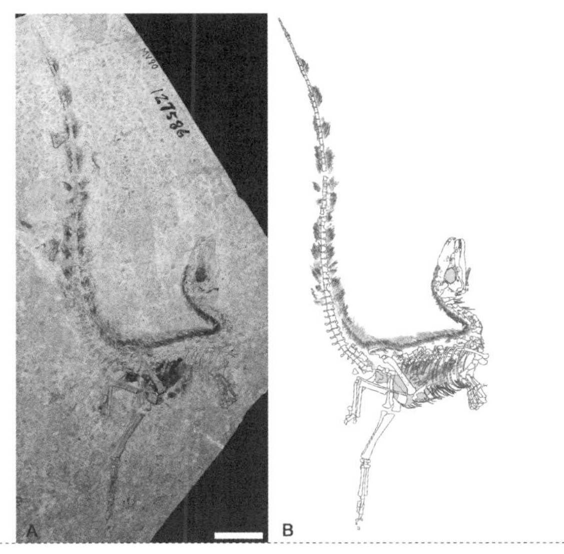

깃털 공룡의 등장으로 '공룡이 조류의 가장 가까운 친척'이라고 말한 오스트롬과 그 밖의 사람들이 옳았음이 입증되었다.

중국 연구자들이 베이징 북동부 랴오닝성에서 농부들에 의해 발견된 새로운 공룡의 사진을 들고 나타났던 것이다. 그 공룡은 속이 빈 뼈, 갈고리발톱이 달린 앞발과 뒷발, 긴 꼬리 등 데이노니쿠스 공룡의 특징을 고스란히 갖추고 있었다. 이 화석의 두드러진 점은 보존 상태가 매우 좋다는 것이었다. 입자가 고운 암석에 묻혔기 때문인데 그런 암석에서는 인상화석이나 화석화된 연조직 조각이 남기 쉽다. 웅성거림은 그 화석 때문이었다. 그 공룡의 몸 주위를 휘감고 있는 것은 틀림없는 깃털이었다. 그것은 완전한 깃털이 아니라 매우 단순한 솜털 같은 깃털이었다. 그 공룡은 원시적인 깃털로 덮여 있었던 것이다.

오스트롬도 그 자리에 있었다. 아직 젊은 연구자였던 나는 발표 사이의 휴식 시간에 오스트롬이 비교적 나이 든 고생물학자와 이야기하는 모습을 보았다. 그는 울고 있었다. 발표 이후 30년 동안 논란을 빚어 온 연구가 옳았다는 것이 화석 한 점으로 입증된 순간이었기 때문이다. 당시 오스트롬은 이렇게 말했다고 한다. "사진을 보자마자 말 그대로 무릎이 후들거렸다. 그 공룡을 덮고 있는 것은 그때까지 세계 각지에서 본 어떤 것과도 비슷하지 않았다." 후년에는 "내 살아생전에 그런 화석을 보게 되리라고는 꿈에도 생각하지 못했다"고 털어놓았다.

1997년 뉴욕에서 선보인 깃털 공룡은 시작에 불과했다. 이후에도 중국 동북부에서 새로운 화석이 쏟아졌다. 약 20년 동안 12종가량의 깃털 공룡이 중국에서 발굴되어 육식 공룡이 다양한 깃털을 지니고 있었음을 알렸다. 가장 원시적인 종류는 단순한 관 모양의 깃털을 지니고 있다. 반면 시조새나 조류와 가장 가까운 공룡들은 중심축에서 다수의 섬유가 바깥을 향해 뻗어 나가는 진정한 깃털을 가지고 있었다. 깃털은 조류만의 특수한 형질이 아니라 사실상 모든 육식 공룡에서 볼 수 있는 특징이었던 것이다.

조류를 특징짓는 형질은 깃털 말고도 또 있다. 새는 차골, 날개, 비행에 특수화된 손목뼈를 가지고 있다. 새 날개를 이루는 뼈는 '1개-2개-지골'이라는 표준 배열을 가지고 있다. 앞다리에는 발가락이 다섯 개가 아니라 셋뿐이고, 가운뎃발가락이 길어져 깃털이 붙는 지점이 된다. 손목뼈의 개수가 일반적인 경우보다 적고, 그중 하나는 반달처럼 생겨서 반달뼈라고 불린다.

보면 볼수록, 깃털을 포함해 새가 비행에 사용하는 발명들은 조류만의 특수한 것이 아님을 알게 된다. 육식 공룡들은 시간이 지나면서 점차 새처럼 되어 갔다. 원시적인 종은 손가락이 다섯 개였다. 수천만 년이 흘렀을 때 일부 손가락이 상실되어 조류와 같은 세 손가락이 되었고, 동시에 가운뎃손가락이 길어져 날개 기부가 되었다. 그런 공룡은 조류와 마찬가지로 일부 손목뼈를 잃고 새가 날갯짓에 사용하는 뼈와 비슷한 반달 모양의 뼈를 진화시켰다. 심지어 차골까지 얻었다. 이 중 어느 공룡도 하늘을 날지 못했지만, 모두가 단순한 솜털 모양의 원시적인 깃털부터 시조새나 후기 공룡들에 있는 더 복잡한 깃털까지 어떤 종류의 깃털을 가지고 있었다. 그렇다면 공룡의 깃털은 무엇에 쓰였을까? 일부 고생물학자들은 깃털이 짝짓기 상대에게 매력을 과시하는 데 쓰였다고 주장했다. 또 원시적인 솜털 모양의 깃털이 단열재처럼 작용해 체온을 높게 유지하는 데 쓰였다고 주장하는 연구자도 있다. 어쩌면 깃털은 두 가지 역할을 모두 했을지도 모른다. 공룡에게 깃털의 역할이 무엇이었든 깃털의 기원이 하늘을 나는 것과는 무관했다는 점은 틀림없다.

물에 사는 동물이 땅에 진출했을 때 폐와 사지가 그러했듯이, 비행에 쓰인 여러 발명도 비행이 기원하기 전에 생겼다. 깃털은 물론이고 속이 빈 뼈, 빠른 성장 속도, 높은 대사율, 날개 돋친 팔, 경첩 같은 관절이 있는 손목은 모두 원래는 땅에서 민첩하게 뛰어다니며 먹이를 잡던 공룡에게 생긴 것이었다. 큰 변화는 새로운 기관의 탄생이 아니라, 오래된 형질을 새로운 용도나 기능으로 전용함으로써 일어났다.

깃털은 새에서 하늘을 날기 위해 탄생했으며 폐는 동물이 땅에서 살 수 있도록 진화했다는 것이 그동안의 통념이었다. 이런 생각은 이치에 맞고 자명하게 들리지만 틀렸다. 게다가 우리는 이런 생각이 잘못되었음을 100여 년 전부터 알고 있었다.

여기서 공공연한 비밀을 확인해 두자. 생물의 몸에 생기는 발명은 그것이 관여하는 대변화를 일으키는 계기가 아니었다. 깃털은 비행이 진화하면서 탄생한 게 아니었고, 폐와 사지도 동물이 육상으로 진출하면서 진화한 게 아니었다. 게다가 생명사에 길이 남을 이런 대변혁과 그 밖의 변혁들은 기존 형질의 전용이 아니면 일어날 수 없었을 것이다. 생명사의 대변혁을 일으키기 위해 여러 발명이 일제히 출현하기를 기다릴 필요는 없었다. 큰 변화는 오래된 기관이 새로운 용도로 전용되면서 일어났다. 혁신의 씨앗은 그것이 싹트기 훨씬 전에 뿌려져 있었다. 무슨 일이든 우리가 시작되었다고 생각하는 시점에 실제로 시작된 것은 아니다.

이것이 진화적 혁명이 일어나는 방식이다. 생명사에 길이 남을 변화는 곧게 뻗은 탄탄대로를 걷지 않았다. 그 길은 우회로,

막다른 골목, 좋지 않은 시기에 출현하는 바람에 실패한 발명들로 가득하다. 다윈의 '기능의 변화'라는 말은, 생물의 몸에 생기는 발명의 대부분은 기존 형질의 기능이 바뀜으로써 생긴다는 것을 설명한다. 우리는 이 말을 발판으로 삼아 기관, 단백질, 나아가 DNA의 기원까지 밝혀낼 수 있게 되었다.

그런데 물고기나 공룡, 사람의 몸은 수정된 순간에 완전한 형태로 출현하는 것이 아니다. 생물의 몸은 부모에서 자식으로 전달되는 레시피를 바탕으로 매 세대 새롭게 만들어진다. 발명의 씨앗은 이 레시피 안에 들어 있다. 또한 다윈이 예견했듯이 레시피가 어떤 조건에서 생겨났다가 다른 조건하에서 전용되는 방법으로도 발명이 탄생할 수 있다. 이것을 다음 장에서 살펴볼 것이다.

2장

발생하는 발생학

발명의 씨앗은 어떻게 자라는가

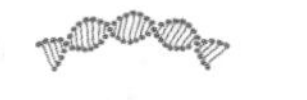

Some Assembly Required

현대 분류학의 아버지 칼 린네Carl Linnaeus(1707~1778)는 일생 동안 수백 종의 동식물을 연구했다. 그의 과학적 분류에는 감정이 들어갈 여지가 없었다. 하지만 딱 한 경우는 예외였다. 린네는 자신이 조사한 수천 종의 동물 가운데 유독 한 종을 조롱하고 경멸했다. 아이들은 도롱뇽과 영원蠑螈(도롱뇽목 영원과의 동물)을 머리가 크고 네 다리와 긴 꼬리를 가진 순하고 큰 눈망울을 한 생물로 알고 있다. 그런데 린네는 무슨 이유에서인지 그 종을 "역겹고 혐오스러운 동물"이라고 생각한 나머지 "창조주가 그들을 많이 만드는 데 힘을 쏟지 않아" 다행이라고 선언하기까지 했다.

린네가 도롱뇽을 창조의 나락으로 보았다면, 도롱뇽을 자연의 원초적인 힘을 지닌 거의 마법 같은 생물로 여긴 사람들도 있었다. 플리니우스Pliny the Elder부터 성 아우구스티누스Saint Augustine에 이르기까지 철학자들은 영원과 도롱뇽을 용암이나 지옥,

또는 화염에서 태어난 생물로 상상했다. 아우구스티누스에게 도롱뇽은 불지옥이 실재함을 보여 주는 물리적 증거였다. 아우구스티누스의 이런 생각은 도롱뇽이 불에 타지 않는다거나 모닥불에서 튀어나올 수 있다는 주장에서 비롯되었다. 도롱뇽이 초자연적인 힘을 가진 것처럼 보였던 건 그들의 생태 때문이었을 것이다. 수족관 관리자나 애호가라면 잘 알겠지만, 몇몇 도롱뇽 종들은 부패하는 통나무의 밑바닥을 좋아한다. 도롱뇽의 습한 서식 환경을 아우구스티누스 시절 땔감을 수집하던 사람들은 알지 못했을 것이다. 그들은 도롱뇽이 다닥다닥 붙은 통나무에 불을 붙였을 때 갑자기 뭔가가 꿈틀거리는 것을 보았고, 경외심이 일어나 그 광경을 악마와 결부시켰을 것이다.

현재 전 세계에 서식하는 도롱뇽의 종수는 비교적 적은 수인 500종 정도로 추산되고 있다. 그렇지만 도롱뇽은 인간의 본질을 밝히는 열쇠를 쥐고 있어서, 본능적으로 징그럽다거나 지옥을 연상시킨다거나 불꽃에서 탄생하는 생물이라는 이미지를 떨쳐 버릴 수 있다. 어쨌든 도롱뇽으로 인해 생명사의 대변화를 이해하는 새로운 방법이 탄생했으니까.

1800년대에는 동물학 탐사대가 전 세계를 누비며 대륙, 산맥, 밀림을 탐험했다. 그들은 수천 가지 새로운 광물, 생물종, 인공물을 기재했다. 탐사선에는 흔히 자연학자가 승선했는데 그들의 임무는 배가 닿은 곳의 생물종, 암석, 지형을 수집하고 연구하는 것이었다. 각지의 부두와 런던, 파리, 베를린의 기차역에는 탐사대가 수집한 표본들이 도착했다. 당시 과학계의 대가들은 모국에서 그러한 표본을 해석해 발표할 수 있는 입장에 있었다.

만일 타고난 동물학자가 존재할 수 있다면, 파리 자연사 박물관 교수를 지낸 오귀스트 뒤메릴Auguste Duméril(1812~1870)을 두고 하는 말일 것이다. 오랫동안 그 박물관 교수로 있었던 아버지 앙드레처럼 그도 파충류와 곤충에 관심이 많았다. 아버지와 아들은 함께 연구했고 박물관에 사육장을 지어 방부 처리를 한 표본뿐 아니라 살아 있는 동물도 관찰할 수 있도록 했다. 아버지 앙드레가 아들의 해부학적 기재奇才를 토대로 고안한 동물 분류 체계는 후세에 큰 영향을 미쳤다. 1860년에 앙드레가 죽자 오귀스트는 엄청난 기세로 새 종을 기재記載하기 시작했다.

1864년 1월 뒤메릴은 멕시코시티 인근 호수를 조사하던 탐사대가 실어 보낸 도롱뇽 여섯 마리를 받았다. 그 도롱뇽들은 몸집이 큰 성체로, 당시 알려진 도롱뇽 성체들과 달리 새의 날개처럼 뻗은 한 세트의 너풀거리는 아가미를 목에 기르고 있었다. 등에는 용골이 지느러미 모양의 꼬리까지 뻗어 있었다. 이런 특징들이 뭘 뜻하는지는 분명했다. 아가미와 수서 생활에 적합한 몸 형태를 갖춘 그 여섯 마리 도롱뇽 성체는 물에서 살았던 것이다.

탐사대원들은 몰랐지만 그 도롱뇽들은 오래전에 아스텍 문화에 뿌리내렸다. 그 종은 과학계에는 새로운 것이었을지 몰라도 멕시코에서는 축제와 특별한 의식을 위해 요리되는 특별한 별미였다.

다윈이 새롭게 제창한 진화론에 자극을 받은 뒤메릴은 이 수생 양서류를 살펴보면 어떻게 물고기가 땅에서 걷도록 진화했는지에 대한 단서를 찾아낼 수 있을지도 모른다고 생각했다. 그래서 그는 이 새로운 생물들을 아버지와 함께 지은 사육장에 넣었다. 다행히 여섯 마리 중에는 암컷과 수컷 둘 다 있어서, 약 1년 후 교배를 통해 수정란을 얻을 수 있었다. 1865년에 알이 부화해 건강한 새끼 도롱뇽들이 태어났다. 도롱뇽은 사육하기 쉽고 환경만 갖춰 주면 오랫동안 먹이를 별로 주지 않아도 살 수 있다. 사육이 순조롭게 진행되자 뒤메릴은 그 도롱뇽들을 그냥 내버려 두었다.

그러다가 연말에 사육장 안을 들여다보게 되었다. 순간 뒤메릴은 누군가 사육사에 손을 댄 것이 틀림없다고 생각했다. 그 안에 두 종류의 도롱뇽이 있었기 때문이다. 우선 부모 도롱뇽, 즉 몸집이 크고 아가미를 가진 수생의 성체가 있었다. 그런데 그 옆에 또 다른 종류가 살고 있었다. 이 다른 종류도 몸집이 컸지만 완전한 육생종처럼 보였다. 아가미나 수생에 적합한 꼬리를 비롯해 물속에서 살 수 있음을 암시하는 특징은 하나도 가지고 있지 않았다. 그 종류의 몸 구조를 자세히 관찰하고 이미 과학 문헌에 기재된 종들과 비교하다가, 뒤메릴은 그 새로운 도롱뇽이 벌써 몇 년 전에 명명되었음을 알았다. 그가 관찰한 특징들은 잘 알려진 점박이도롱뇽속*Ambystooma*과 같았는데 그 속은 완전한 육생이었다.

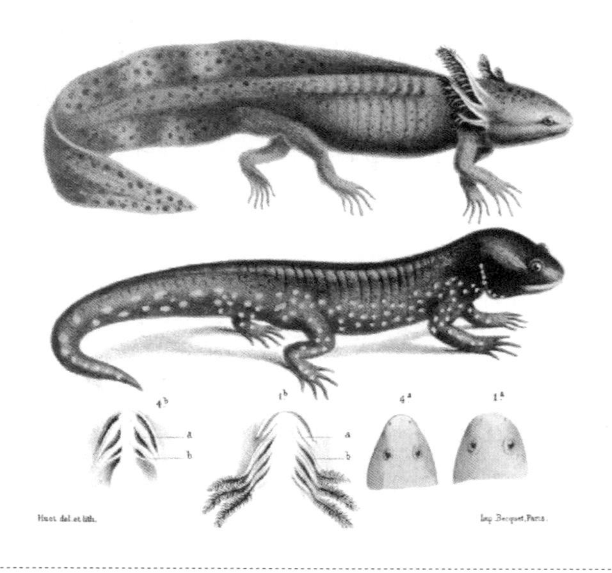

뒤메릴이 발견한 두 종류의 도롱뇽.

두 종류의 도롱뇽은 차이가 너무 커서 린네 분류법을 사용하면 다른 종도 아닌 다른 속에 속할 정도였다. 비유하자면 우리 안에 침팬지 여러 마리를 넣어 놓고 다음 해 돌아와 보니 고릴라와 침팬지가 사이좋게 살고 있었다고나 할까.

이 새로운 생물이 하늘에서 뚝 떨어졌단 말인가? 아니면 파리에 있는 뒤메릴의 사육장 안에서 무슨 대변화라도 일어난 걸까? 이번에는 도롱뇽이 무슨 마법을 부린 걸까?

발생학의 태동

알에서 성체로 변하는 과정 어딘가에 생물종들을 다르게 만드는 법칙이 숨어 있지 않을까? 인류는 수백 년 전부터 그런 직관을 품고 동물의 배아를 들여다봤다. 뒤메릴이 사육장 안의 도롱뇽 때문에 골머리를 앓고 있을 무렵, 실제로 연구자들은 물고기든 개구리든 닭이든 배아 발생을 관찰함으로써 지구상의 모든 동물종 사이에 나타나는 다양성을 조사할 수 있다고 여겼다.

아리스토텔레스가 달걀 안을 들여다보면서부터 닭의 배아는 매혹의 대상이 되어 왔다. 병아리는 달걀이라는 개별 용기 안에서 발생하며 그 용기는 창문처럼 열 수 있다. 즉, 달걀 껍데기에 구멍을 뚫고 측면에 빛을 쪼이면서 현미경 아래 놓으면 안에 있는 배아를 관찰할 수 있다. 처음에는 흰 세포들의 작은 덩어리가 노른자 위에 올려져 있다. 이후 발생이 진행되면 머리, 꼬리, 등, 다리처럼 알아볼 수 있는 형태가 서서히 모습을 드러낸다. 발생 과정은 안무가 잘 짜인 춤과 같다. 먼저 수정란이 난할을 시작해 한 개의 세포가 둘이 되고, 둘이 넷이 되고, 넷이 여덟이 된다. 세포가 증식함에 따라 배아는 공 모양의 세포 덩어리가 된다. 이후 며칠에 걸쳐 텅 빈 공 모양의 세포 덩어리에서 단순한 원반 모양의 세포 덩어리로 바뀌고, 동시에 배아에 보호와 영양을 제공하고 적절한 발생 환경을 만들어 주는 구조들로 둘러싸인다. 이 단순한 원반 모양의 세포 덩어리에서 완전한 개체가 모습을 드러낸다. 그러고 보면 배아 발생이 이런저런 억측을 불러일으키거나 과학 연구의 대상이 되어 온 것도 이상한 일은 아니다.

샤를 보네Charles Bonnet(1720~1793)는 배아가, 형태가 이미 완성된 소형 개체라고 주장했다. 보네에 따르면 자궁 안에서의 시간은 이미 존재하는 기관들을 성장시키는 시간이다. 이런 '호문쿨루스'가 보네의 진화관의 바탕이었다. 동물의 암컷은 몸 안에 모든 미래 세대를 품고 있다는 생각이다. 그 호문쿨루스들은 재난을 견딜 수 있고, 이윽고 앞 세대 암컷에게서 새로운 생명 형태가 탄생한다. 그리고 언젠가 최종 단계가 오면 인간의 자궁에 깃든 호문쿨루스에서 천사가 태어난다.

19세기에 들어서면서 다양한 종류의 배아가 연구실로 실려와 새로운 광학 기술로 관찰되었다. 과학자들이 실제 배아를 관찰하면서부터 보네의 가설은 사라졌지만 코끼리, 새, 물고기처럼 다양한 생물의 몸이 어떻게 만들어지는지 설명하기 위한 시도는 활기를 잃지 않았다.

1816년 두 의학도가 배아 내부에 숨어 있는, 생물 다양성에 대한 심오한 법칙을 최초로 밝혀냈다. 카를 에른스트 폰 베어Karl Ernst von Baer(1792~1876)와 하인츠 크리스티안 판더Heinz Christian Pander(1794~1865)는 둘 다 발트 국가 독일어권 지역의 귀족 가문 출신이었다. 뷔르츠부르크에 있는 의대에 들어간 그들은 아리스토텔레스에게서 착상을 얻어 닭 배아를 관찰하기 시작했다. 판더는 달걀 수천 개를 부화시키며 발생 각 단계에서 껍데기를 열

카를 에른스트 폰 베어.

어 확대경 아래 놓고 배아의 기관들이 형성되는 모습을 관찰했다. 이 발생학의 여명기에 판더는 친구 폰 베어에 비해 유리한 위치에 있었다. 부유한 가정에서 태어난 덕분에 달걀 수천 개를 둘 수 있는 선반을 만들고, 조수를 고용해 배아를 스케치하고, 발표를 위해 고품질 판화를 의뢰할 수 있었기 때문이다. 판더처럼 부유하지 못했던 폰 베어는 방관할 수밖에 없었다.

기술 발전도 판더에게 순풍이 되어 주었다. 그는 최신 확대경을 구입해 조직과 세포의 확대된 모습을 볼 수 있었다. 발생 각 단계에 있는 충분한 수의 배아와 이들을 관찰할 수 있는 새로운 렌즈를 갖춘 그는 어떤 사람도 본 적이 없는 것과 마주했다. 초기 단계 배아에는 알아볼 수 있을 만한 기관이 없었다. 보네가 상상한 호문쿨루스 따위는 코빼기도 비치지 않았다. 초기 단계 배아는 성체와 비슷해 보이기는커녕, 단순한 원반 모양의 세포 덩어리가 노른자에 얹힌 모습일 뿐이었다.

판더는 배아의 외형에만 관심을 가진 게 아니라, 배아 안에서 무슨 일이 일어나고 있는지도 궁금했다. 확대경으로 관찰한 결과 그는 배아 발생이 모래알 몇 개 크기의 단순한 원반으로 시작한다는 것을 알았다. 그 원반은 발생 과정에서 점점 커져서 결국 층층이 쌓인 시트와 같은 세 개의 조직층을 이루었다. 이 단계의 배아는 원반 모양의 3단 케이크처럼 보였다.

수천 개의 배아를 확보한 판더는 세 개의 층 각각에서 무슨 일이 일어나는지 추적하기로 하고, 닭 배아가 단순한 3층 원반에서부터 머리, 날개, 다리를 갖춘 성체가 될 때까지 기관이 점진적으로 발생하는 모습을 관찰했다.

확대경으로 들여다보면서 발생의 각 단계를 자세하게 스케치했을 때, 이 복잡한 과정에 숨어 있는 단순하고도 통일된 법칙이 보였다. 닭의 몸을 이루는 모든 기관과 조직은 근원을 거슬러 올라가면 세 개의 층(엽) 중 하나에서 시작되었다. 내배엽(안쪽층)에서는 소화 기관과 이에 딸린 샘이 생겼다. 중배엽(중간층)은 뼈와 근육이 되었다. 그리고 외배엽(바깥층)은 피부와 신경계가 되었다. 판더에게, 그리고 이 발견을 친구로서 지켜본 폰 베어에게 이 세 층의 배엽(삼배엽)은 닭의 몸이 만들어지는 기본 원리로 보였다.

폰 베어는 이 삼배엽 구조를 조사하면 더 심오한 사실을 알아낼 수 있을 것이라고 직감했다. 하지만 불행히도 돈이 없어서 자신의 연구를 하지 못하다가, 10년 뒤 쾨니히스베르크대학교 교수로 취임하면서 상황이 바뀌었다. 그는 새 직장에서 얻은 수입으로 수수께끼에 싸인 여러 종의 배아를 조사할 수 있었다. 때로는 연구에 몰두한 나머지 엇나가기도 했다. 포유류에서 난자가 생기는 기관을 보려고 연구소 소장의 반려견을 희생시킨 것이다. 폰 베어는 포유류 난자가 난소 내 난포에서 생긴다는 것을 발견한 사람으로 영원히 기억되겠지만, 소장이 부하의 실험 방법을 어떻게 생각했는지는 영원히 알 수 없을 것이다.

폰 베어의 의문은 이것이었다. 한 종류의 동물을 다른 종류의 동물과 다르게 만드는 메커니즘은 무엇일까? 그는 물고기부터 도마뱀을 거쳐 거북까지, 다양한 종의 배아를 최대한 모았다. 그리고 알이나 자궁에서 배아를 끄집어내 알코올 보존액이 담긴 병에 보관했다. 그런 다음 친구 판더가 닭의 배아에서 발생의 원리를 찾아냈듯이, 모든 동물의 발생에 공통되는 것이 무엇이고 각 종을 독특하게 만드는 것이 무엇인지 찾기 시작했다.

확대경 아래 여러 종의 배아를 놓고 관찰했을 때 동물의 다양성에 대한 근본적인 사실이 드러났다. 한 종도 예외 없이 모든 종이 내배엽, 중배엽, 외배엽이라는 세 층에서 발생하기 시작했다. 세 배엽의 발생을 추적한 결과 각 배엽의 운명이 모든 종에서 정확히 똑같다는 것도 알 수 있었다. 원반 바닥에 있는 맨 아래 배엽의 세포들은 소화 기관 및 그와 관련된 샘이 되었다. 중배엽은 콩팥, 생식 기관, 근육, 뼈가 되었다. 외배엽은 피부와 신경계가 되었다. 판더가 처음 발견한 사실은 닭뿐만 아니라 동물계 전체에 해당하는 것이었다.

이 단순 명쾌한 발견으로 이미 알려진 모든 동물종의 모든 기관에 숨어 있는 보편적인 연결 고리가 드러났다. 깊은 바다에 사는 아귀목이든 하늘로 솟구치는 앨버트로스든 심장은 중배엽의 세포들에서 생기고, 뇌와 척수는 외배엽에서 생기며, 장과 위와 기타 소화 기관은 내배엽에서 발생한다. 이 법칙은 지극히 보편적이어서, 지구상에 서식하는 어떤 동물의 어떤 기관을 고르든 그것이 어느 배엽에서 발생했는지 알 수 있다.

이후 폰 베어는 한 가지 실수를 저질렀다. 각기 다른 종의 배아를 담은 병들 중 몇 개에 라벨을 붙이는 걸 깜박한 것이다. 어느 종을 어느 병에 넣었는지 알 수 없으니, 이제 자세히 관찰하며 구별하는 수밖에 없었다. 라벨이 붙어 있지 않은 배아에 대해 회상하면서 폰 베어는 이렇게 썼다. “이것은 도마뱀일까, 작은 새일까, 아니면 아주 어린 포유류일까. 이 동물들은 머리와 몸통 모양이 흡사하다. 어떤 배아에서도 아직 사지는 보이지 않는다. 하지만 발생 초기 단계에 사지가 존재한다 해도 그것을 보고 그 배아가 무엇이 될지 알 수는 없다. 도마뱀과 포유류의 사지, 새의 날개와 발, 사람의 손발은 모두 똑같은 기본 형태에서 생기기 때문이다."

폰 베어는 라벨을 깜박한 덕분에, 동물이 발생 과정에서 나타내는 질서를 알게 되었다. 성체의 몸을 보면 눈치챌 수 없지만 동물들은 발생 초기 단계에서는 놀라울 정도로 비슷하다. 성체 또는 갓 태어난 개체에서 외형에 차이가 있는 경우라도 발생 초기 단계에서는 매우 비슷하다.

동물의 배아가 비슷한 경향은 세부로 들어가도 마찬가지다. 물고기 성체의 머리를 거북, 새, 인간 성체의 머리와 비교하면 비슷한 점이 거의 없다. 하지만 수정 직후에는 이 모든 동물의 배아가 머리 밑부분에 네 개의 주름을 가지고 있다. 이 주름은 '아가미궁(인두궁)'이라 불리는 것으로(바깥에서 볼 때 아가미궁끼리는 틈으로 갈라져 있다) 머리뼈를 가진 동물이면 반드시 형성된다. 이 아가미궁이야말로 다양한 두골 발생의 출발점이다. 물고기에서는 아가미궁 안의 세포들이 아가미의 근육, 신경, 동맥, 그리고 아가미뼈가 된다. 또한 아가미궁 사이의 틈은 아가미구멍이 된다. 사람은 아가미가 없지만 배아 단계에서는 아가미궁과 갈라진 틈을 갖는다. 아가미궁의 세포들은 아래턱 일부, 중이, 목구멍, 성대의 뼈, 근육, 동맥, 신경이 된다. 갈라진 틈은 완전히 갈라지지 않고 막혀 귀와 목의 일부가 된다. 사람도 배아 단계에서는 아가미궁과 갈라진 틈을 가지고 있지만 성인이 되면 그것을 잃는다.

신장과 뇌에서부터 신경과 등뼈에 이르기까지, 폰 베어의 주장을 뒷받침하는 사례들이 이어졌다. 일부 상어와 물고기는 척수 밑으로 머리부터 꼬리까지 이어지는 막대 모양의 결합 조직이 지나간다. 젤리 같은 물질로 채워진 이 막대는 몸을 유연하게 지탱하는 기관이다. 인간의 등뼈에는 수십 개의 척추뼈가 있고, 블록 모양의 그 뼈들 사이에는 추간판이 끼어 있다. 우리 몸에는 머리부터 엉덩이까지 이어지는 기다란 막대가 없지만, 배아 단계에서는 우리도 상어나 물고기 배아와 근본적으로 비슷한 것을 가지고 있다. 즉, 그 막대가 있다. 막대는 발생 과정에서 토막토막 끊어져 최종적으로 추간판 내부를 채우는 조직이 된다. 그러니까 여러분이 추간판 파열로 극심한 고통을 겪고 있다면, 어류와 공유하는 발생의 오래된 잔재를 다쳤다고 생각하면 된다.

종들의 초기 배아가 서로 비슷하다는 폰 베어의 발견에 다윈도 주목했다. 폰 베어의 연구는 1828년에 발표되었고, 다윈은 그 사실을 3년 뒤에야 알았다. 마침 HMS 비글호를 타고 인생을 바꾸는 세계 일주를 떠났을 때였다. 30년 뒤 《종의 기원》을 출판할 때 그는 배아를 자신의 진화론을 뒷받침하는 증거로 제시했다. 물고기, 개구리, 사람 등 다양한 동물이 공통의 출발점을 가지고 있다는 것은 그 동물들이 공통의 역사를 공유하고 있다는 증거였다. 다양한 종이 조상을 공유한다는 증거로, 그 동물들이 배아 발생 과정에서 공통 단계를 거쳤다는 사실보다 더 확실한 게 있을까?

폰 베어의 한 세대 후에 등장한 독일 과학자 에른스트 헤켈 Ernst Haeckel(1834~1919)은 폰 베어가 발견한 배아의 유사성을 근거로 배아 발생과 진화사 사이의 연관성을 찾아 나섰다. 헤켈은 의사로 수련을 시작했으나, 아픈 환자를 진찰하는 생활을 견디지 못하고 예나로 가서 당대 최고의 비교해부학자 밑에서 연구하기 시작했다. 헤켈이 인생의 전기를 맞은 것은 찰스 다윈의 저서를 읽고 그를 만나면서부터였다.

헤켈은 동물계를 샅샅이 뒤지며 다양한 종의 배아를 모았고, 100편이 넘는 학술 논문을 저술했다. 그 논문에서 그는 다양한 종의 배아 발생 단계를 기술하고 도판을 실었다. 헤켈이 보기에 예술과 생명은 이음매 없이 이어져 있었고 생명의 다양성은 일종의 예술이었다. 그가 남긴 채색 석판화는 유례를 찾기 어려울 정도로 아름답다. 산호, 조개껍데기, 배아를 상세하게 묘사한 그의 도판에서 알 수 있듯이, 당시는 정밀한 해부도가 과학과 미학을 잇는 다리 역할을 하던 시절이었다. 동물의 배아는 아름다운 데다 다윈의 새로운 이론과도 관련되어 있어서 특히 유용했다. 숨 쉬듯 명언을 쏟아 내던 헤켈은 배아와 다윈의 이론을 접목시키는 유명한 문구를 남겼다. 그것은 20세기에 생물학을 배운 사람이라면 귓가에 쟁쟁거리는 광고 노래처럼 익숙한 "개체 발생(배아 발생)은 계통 발생(진화사)을 반복한다"이다.

헤켈은 동물의 배아는 발생 과정에서 그 동물의 진화사를 본뜬다고 주장했다. 예컨대 쥐 배아는 벌레, 어류, 양서류, 파충

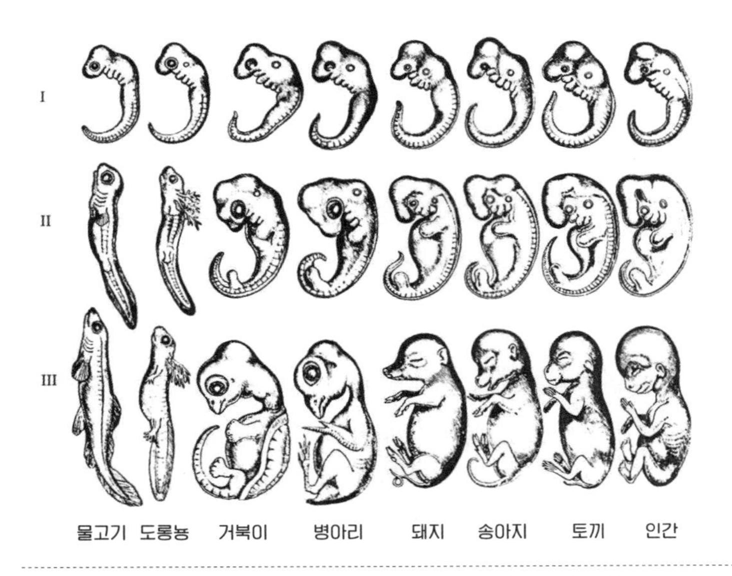

헤켈은 다양한 종의 배아 발생을 비교했다. 이 그림은 지대한 영향을 끼쳤으나 논란도 불러일으켰다. 몇몇 사람들은 헤켈이 배아의 유사성을 지나치게 강조하면서 그림을 제멋대로 고쳤다고 주장했다.

류의 모습을 차례로 거친다. 이런 단계들이 생기는 이유를 진화에서 새로운 형질이 생기는 방식에서 찾을 수 있다. 헤켈은 새롭게 진화한 형질은 발생의 마지막 단계에 추가된다고 설명했다. 예컨대 어류 조상의 발생 마지막 단계에 양서류 고유의 형질이 덧붙여져 양서류가 되고, 양서류의 발생 마지막 단계에 새로운 형질이 추가되어 파충류가 되는 식이다. 헤켈은 이런 과정이 반복되면서 배아 발생이 진화사를 본뜨게 된다고 생각했다.

헤켈이 주장하듯 동물의 배아에서 생명의 역사를 읽을 수 있다면, 생명의 역사를 추적하기 위해 구태여 중간형 화석을 찾을 필요가 있을까? 실제로 다양한 종의 배아를 획득하기 위해 세계 각지에 탐험대가 파견될 정도로 헤켈의 개념은 큰 영향을 끼쳤다. 그런 탐험대 중 하나가 1912년 남극점에 도달한 로버트 팰컨 스콧Robert Falcon Scott의 탐험대였다. 세 명의 대원은 황제펭귄알을 찾는 데 혈안이 되었다. 그들은 당시 원시적인 동물로 여겨졌던 황제펭귄의 배아에 조류가 어떻게 파충류에서 생겨났는지 알 수 있는 단서가 들어 있을 거라고 생각했다. 황제펭귄의 배아 발생 어딘가에 파충류 조상처럼 보이는 단계가 있을 터였다.

남반구의 한겨울 시기에 세 대원은 베이스캠프에서 크로지어곶Cape Crozier으로 한 달에 걸친 썰매 여행을 떠났다. 그곳은 황제펭귄의 번식지였다. 칠흑 같은 어둠과 영하 50도까지 떨어지는 추위 속에서 세 대원은 텐트가 날아가거나 크레바스에 떨어지는 바람에 몇 번이나 죽을 뻔했다. 그중 한 명인 앱슬리 체리-개러드Apsley Cherry-Garrard는 남극 탐험기 《지상 최악의 여행The Worst Journey in the World》에서, 그럼에도 탐험대는 황제펭귄알 세 개를 캠프로 가져가는 데 성공했다고 썼다. 스콧 탐험대는 남극점에는 도달했지만 이후 스콧 대장과 네 대원을 잃는 비극을 맞았다. 그중에는 체리-개러드와 함께 펭귄알을 찾아 나선 두 명도 포함되어 있었다. 이후 체리-개러드는 영국으로 돌아와 펭귄알들을 런던 자연사 박물관에 전달하러 갔다. 박물관 측은 체리-개러드를 몇 시간이나 로비에서 기다리게 하면서 펭귄알을 받을지

펭귄알을 구하러 떠난 지상 최악의 여행에서 돌아온 후의 앱슬리 체리-개러드(맨 오른쪽).

말지 협의한 끝에 마지못해 펭귄알을 받았다. 나중에 체리-개러드는 박물관장에게 이런 편지를 써 보냈다. “세 사람이 목숨을 잃고 한 명이 건강을 해치며 얻은 크로지어곶의 배아들을 넘겨주었는데도…… 당신들은 고맙다는 말 한마디 하지 않았습니다.”

박물관이 알을 받기를 꺼린 데는 이유가 있었다. 탐험대가 남극점으로 떠난 후 체리-개러드가 귀국할 때까지 헤켈의 발생반복설이 의심을 받게 된 데다, 황제펭귄의 이른바 원시성이 새로운 발견으로 도전받고 있었기 때문이다. 헤켈 덕분에 발생학에 대한 관심이 높아졌지만, 바로 이 때문에 헤켈은 몰락하게 되었다. 과학자들은 배아에서 진화사를 찾기 위해 다양한 종의 배아 발생을 연구했다. 다양한 종의 배아가 비슷하다는 폰 베어의 생각은 몇 가지 예외는 있었지만 대체로 지지를 받았다. 하지만 헤켈의 발생반복설을 부정하는 새로운 증거가 나왔다. 배아 발생의 어느 단계에도 조상의 모습은 없었다. 인간의 배아는 폰 베어의 지적처럼 몇 가지 점에서 물고기 배아와 비슷했지만, 다리를 가진 물고기든 오스트랄로피테쿠스든 인간의 조상처럼 보이는 단계는 발생 과정에 없었다. 마찬가지로 조류 배아가 발생하는 과정에도 시조새처럼 보이는 단계는 없었다.

헤켈의 가설은 틀렸지만 수많은 과학자가 그의 가설에 영향을 받아 연구를 시작했다. 게다가 그 가설은 과학 연구의 주제로 채택되지 않은 지가 벌써 100년이 넘었는데도 일각에 그 영향이 아직도 남아 있다. 아마도 헤켈에게 가장 지대한 영향을 받은 사람은 그 생각을 가장 싫어한 사람이었을 것이다.

도롱뇽이 알려 주는 발생 타이밍

에른스트 헤켈의 개념을 몹시 경멸한 월터 가스탱Walter Garstang (1868~1949)은 그 가설을 비판하다가 생명사에 대한 새로운 생각을 하게 되었다. 가스탱이 오랫동안 추구해 온 일은, 좀 이상하게 들릴지 모르지만 올챙이와 시였다. 유생을 연구하지 않을 때 그는 유생을 소재로 오행시나 짧은 시를 지었다. 그 열정이 한 권

《유생 형태와 동물에 얽힌 다른 시》의 첫머리에 나오는 월터 가스탱의 초상.

의 책으로 결실을 맺은 것은 그가 타계한 지 2년 후였다. 《유생 형태와 동물에 얽힌 다른 시Larval Forms and Other Verses》에서 그는 과학 연구자로서의 삶을 시로 탈바꿈시켰다.

"아홀로틀Axolotl과 애머시이트Ammocoete"는 시 제목으로 그럴싸하게 들리지 않을지도 모른다. 아홀로틀은 도롱뇽을, 애머시이트는 올챙이처럼 생긴 동물을 말한다. 하지만 그 시에 표현된 생각은 이 연구 분야를 변혁하고 이후 수십 년간의 연구 프로그램을 규정지었다. 가스탱의 학설 덕분에 뒤메릴의 이상한 사육장에서 일어난 현상이 밝혀졌고, 나아가 지구상에 인류를 탄생시킨 변혁들 중 몇 가지가 규명되었다. 가스탱에게 유생 단계는 단순히 발생의 한 단계가 아니라, 생명사의 유산과 미래에 대한 잠재력으로 가득한 단계였다.

대부분의 도롱뇽은 성장 과정의 대부분을 물속에서 지내며 바위 그늘에 있거나, 하천에 쓰러진 나뭇가지에 있거나, 연못 바닥에 있다. 그 유생은 넓적한 머리, 지느러미 모양의 작은 사지, 폭넓은 꼬리를 지닌 채 부화한다. 머리 밑부분에는 한 다발의 아가미가 깃털 먼지떨이 봉에서 뻗어 나온 깃털들처럼 튀어나와 있다. 아가미들 각각은 넓고 납작해서 물속의 산소를 흡수할 수 있는 표면적을 극대화한다. 지느러미 모양의 사지와 잠수용 오리발처럼 넓은 꼬리, 그리고 아가미에서 알 수 있듯이 도롱뇽의 유생은 분명히 수중 생활에 적합한 몸을 만들었다. 도롱뇽의 유생은 난황이 부족한 알에서 태어나기 때문에 정상적으로 성장하고 발달하려면 무조건 많이 먹어야 한다. 넓적한 머리는 거대한 흡인 깔때기처럼 기능한다. 즉, 입을 벌리고 구강을 넓히면 물과 먹이 입자가 안으로 빨려 들어온다.

그러다 변태 시점이 오면 모든 것이 변한다. 유생은 아가미를 잃고 머리, 발, 꼬리의 형태를 바꾸어 수생 생물에서 육생 생물이 된다. 새로운 환경에서 살 수 있도록 새로운 기관계도 생겨난다. 땅과 물에서는 사냥법이 다르다. 물속에서 먹이를 입안으로 빨아들이는 데 유용했던 머리 구조는 공기 중에서는 효과적이지 않아서, 혀를 내밀어 먹이를 끌어들일 수 있도록 머리 형태를 바꾼다. 하나의 단순한 변화가 아가미, 머리, 순환계 등 몸 전체에 영향을 준다. 물속에서 육지로의 진출이라는, 우리 조상이 물고기였을 때 수백만 년에 걸쳐 일어난 일이 도롱뇽에서는 며칠간의 변태로 일어나는 것이다.

이런 인상적인 변화가 앞에서 기술한 뒤메릴의 사육장 안 도롱뇽에게도 일어나고 있었다. 뒤메릴은 도롱뇽의 일생을 처음부터 끝까지 추적해 보기로 했다. 멕시코 도롱뇽—가스탱의 시에 등장하는 아홀로틀—은 일반적으로 수서 유생에서 육서 성체로 변한다. 하지만 뒤메릴이 나중에 발견했듯이 꼭 그런 것만은 아니다. 두 가지 경로가 있는데, 어느 경로를 밟는지는 유생일 때 경험하는 환경에 따라 결정된다. 건조한 환경에서 자란 도롱뇽 유생은 변태를 거치며 수서 생활에 적합한 형질을 모두 잃고 육서 성체가 된다. 습한 환경에서 자란 유생은 변태를 거치지 않고 수서 유생이 대형화한 것 같은 모습이 된다. 그래서 온전한 아가미, 지느러미 모양의 꼬리, 물속에서 먹이를 섭취하는 데 적합한 넓적한 머리를 갖는다. 당시 뒤메릴은 몰랐지만 멕시코에서 온 개체들은 습한 환경에서 서식했기 때문에 변태를 거치지 않고 성체가 된 경우였다. 그런데 그 자손들은 건조한 사육장에서 자랐기 때문에 변태를 거치며 수서 유생의 형질을 모두 잃었던 것이다.

뒤메릴의 사육장에서 일어난 마법은 발생 경로에 단순한 변화가 일어난 결과였다. 변태를 일으키는 것은 현재 혈중 갑상샘

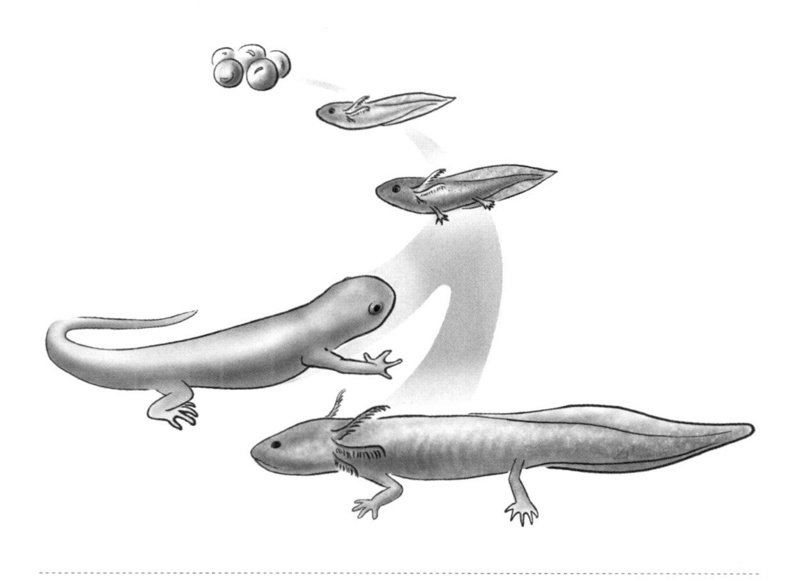

도롱뇽은 발생을 늦추거나 멈추어 몸의 형태를 극적으로 바꿀 수 있다.

호르몬 농도의 급증임이 알려져 있다. 갑상샘 호르몬이 증가하면 어떤 세포는 죽고 어떤 세포는 증식하고 또 어떤 세포는 다른 종류의 조직이 된다. 호르몬 농도가 그대로 유지되거나 세포가 호르몬에 반응하지 않으면 변태가 일어나지 않고 유생의 특징을 그대로 유지한 채 성체가 된다. 발생 경로에 변화가 일어나면 그것이 아무리 작은 변화라도 몸 전체가 그에 맞춰 변하게 된다.

가스탱은 뒤메릴의 연구를 우연히 발견하고 다음과 같은 일반 원리를 주장했다. '발생 타이밍(속도와 시간)에 작은 변화가 생기면 진화에 지대한 영향이 미칠 수 있다.' 예를 들어 한 동물의 조상 종이 일련의 발생 단계들을 거쳐 성체가 되었다고 하자. 이후 발생 속도가 느려지거나 조기에 멈추면 그 자손들은 조상 종의 유생과 비슷한 모습이 될 것이다. 도롱뇽에서는 그럴 경우 성체가 수서 유생과 비슷한 모습이 되어 외부 아가미가 유지되고 손발가락 수가 적어진다. 반대로 발생 과정이 연장되거나 발생 속도가 빨라지면 지나치게 발달한 기관과 몸이 새롭게 출현한다. 예를 들어 달팽이는 발생 과정에서 나사선을 추가함으로써 껍데기를 크게 만든다. 일부 달팽이 종은 발생 기간을 연장하거나 발생 속도를 높임으로써 진화했다. 그런 종에서는 조상 종에 비해 나사선 수가 많은 껍데기를 만든다. 말코손바닥사슴의 가지가 벌어진 뿔이든, 기린의 길게 늘어난 목이든, 커지거나 과도하게 발달한 여러 기관을 모두 같은 원리로 설명할 수 있다.

배아 발생을 조작하면 완전히 새로운 종류의 생물이 만들어진다. 가스탱 이후의 과학자들은 발생 타이밍 변화가 진화를 일으킬 수 있는 방법들을 체계적으로 분류해 왔다. 발생 속도가 느려지는 것은 발생이 조기에 끝나는 것과는 다른 과정이다. 둘 다 비슷한 결과—즉 유생화된 자손—를 생산하지만 원인은 다르다. 발생 속도가 빨라지거나 발생 기간이 연장될 때 몸의 기관이 과도하게 발달하거나 대형화하는 현상도 마찬가지로 결과는 같지만 원인은 다르다.

연구자들은 이런 현상의 다양한 원인을 조사하는 과정에서 그것을 제어하는 유전자, 또는 갑상샘 호르몬처럼 그것을 유발하는 호르몬을 찾았다. 발생과 진화에 대한 이런 접근 방식을 이시성Heterochrony, 異時性('다른'을 의미하는 그리스어 'hetero'와 '시간'을 뜻하는 그리스어 'chronos'에서 유래함)이라고 부른다. 이시성은 그 자체로 하나의 연구 분야가 되었다. 동물학자들과 식물학자들은 100년 넘게 다양한 종의 배아와 성체를 비교해 왔다. 그리고 동물과 식물에서 발생 과정의 타이밍 변화로 어떻게 새로운 종류의 몸이 출현할 수 있는지 밝혀냈다.

그리고 가스탱은 인간의 유래에 얽힌 한 가지 놀라운 사례를 밝혔는데, 그것은 우리 조상이 벌레였을 때의 이야기다.

멍게는 우리의 조상

가스탱의 시 〈아홀로틀과 애머시이트〉는 진화 과정에서 유생의 형질을 유지함으로써 일어난 변화 가운데 가장 대표적인 두 가지 사례를 다루었다. 그중 하나가 아홀로틀로 발생이 조기에 중단될 때 어느 정도로 변화가 일어날 수 있는지를 보여 준다. 이 사례에서는 도롱뇽 생애의 한 단계인 유생이 발생의 종점이 되었다. 또 다른 사례인 애머시이트는 작은 벌레 같은 생물로 등뼈가 있다. 그것은 강바닥의 진흙을 핥아먹고 사는 보잘것없는 생물이지만 그것의 생태는 훨씬 웅장한 이야기를 들려준다.

지금으로부터 2000년도 더 전에 아리스토텔레스는 달팽이, 어류, 조류, 포유류 등 수백 종을 동정하고 기재했다. 아울러 체내에 혈액이 있는 동물enhamia과 없는 동물anhamia을 구별했는데, 이 둘은 지금 우리가 척추동물과 무척추동물로 인식하는 동물들과 대략 같다. 지구상에는 등뼈가 있는 동물과 없는 동물, 두 종류가 있다. 사람, 파충류, 양서류, 어류의 몸은 파리나 조개의 몸과는 근본적으로 다르다. 척추동물 체제(생물체 구조의 기본 형식—옮긴이)의 핵심에는 폰 베어가 어류, 양서류, 파충류, 조류의 몸에서 찾아낸 것이 있다. 즉, 모든 척추동물은 배아 발생의 어느 단계에서 아가미구멍, 몸을 지지하는 막대 모양의 결합 조직, 그리고 그 막대 위를 지나가는 신경삭을 갖는다. 폰 베어 시대 이후 알려진 것처럼 이 세 가지 특징은 성체에서는 흔적만 남거나 소실되기도 하지만 배아 단계에는 분명히 존재한다. 그래서 척추동물의 조상인 단순한 벌레 같은 생물에도 이 세 가지 특징이 갖추어져 있었을 것으로 추측되었다.

가스탱과 동시대의 많은 연구자에게 중요한 질문은 '이런 체제가 어떻게 생겼는가'였다. 이 세 가지 특징을 어떤 형태로든 갖춘 무척추동물이 있었을까? 만일 그렇다면 계통수에서 우리가 속하는 가지는 그 척추동물 가지에서 어떻게 갈라져 나왔을까? 지렁이는 배아나 성체 어느 쪽에도 아가미구멍이나 연골 막대가 없다. 곤충, 조개, 불가사리, 그 밖에 등뼈가 없는 대부분의 동물도 마찬가지다. 그 물음에 대한 답은 가장 뜻밖의 동물에서 나왔다. 그 동물은 아이스크림 덩어리처럼 생겼고 일생을 바다 밑에서 바위에 붙은 채로 보낸다.

전 세계 바다에는 지금까지 알려진 것만 약 3000종의 멍게(해초류)가 있다. 몇몇 종은 스쿱scoop으로 퍼낸 아이스크림 덩어리 위에 굴뚝 모양의 커다란 구조가 얹힌 형태를 하고 있다. 이들은 때로 수십 년 동안 움직이지 않고 수면 아래 바위에 붙은 채 그저 물을 펌프질할 뿐이다. 꼭대기의 큰 관이 빨아들인 물은 몸속을 통과한 다음 몸의 중간쯤에 튀어나와 있는 관으로 배출된다. 이렇게 물이 몸을 통과하는 동안 먹이 입자를 걸러 먹는다. 멍게는 덩어리 모양부터 꼬인 관 모양까지 수많은 형태를 취하지만 머리도 꼬리도, 앞도 뒤도 분명치 않다. 도무지 인간 진화사의 줄기를 이루는 사건 중 하나를 들려줄 생물로는 보이지 않는다.

가스탱은 멍게 유생에 흥미를 느꼈다. 그는 1800년대 후반에 러시아 생물학자들이 처음 목격한 범상치 않은 점을 조사해 보기로 했다. 그것은 알에서 부화한 멍게가 자유 유영하는 올챙이형 유생이라는 사실이었다. 멍게가 바다 밑바닥에 가라앉아 바위에 달라붙는 것은 변태를 거친 후의 일이다. 멍게 유생처럼 호기심을 자아내는 올챙이가 또 있을까. 자유롭게 헤엄치는 데다 성체와는 생긴 게 영 딴판이다. 큰 머리를 지닌 멍게 유생은 긴 꼬리를 좌우로 흔들며 헤엄친다. 몸 안에는 등을 따라 신경삭이 지나가고, 막대 모양의 결합 조직이 머리부터 꼬리까지 뻗어 있다. 심지어는 머리 밑부분에 아가미구멍까지 있다. 연구자들이 등뼈동물의 조상으로 상정한 동물에게 반드시 있어야 하는 세 가지 특징을 멍게 유생은 모두 가지고 있는 것이다.

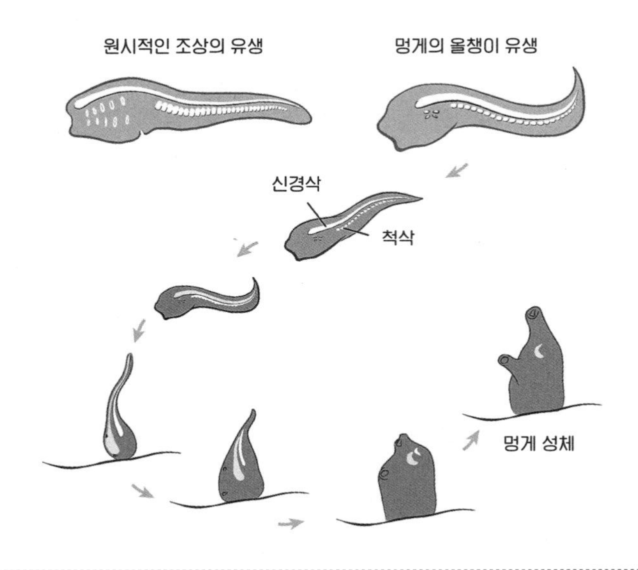

멍게는 무정형의 덩어리처럼 보이지만 발생 초기에는 우리와 많은 특징을 공유한다.

이후 멍게 유생은 그 모두, 그러니까 인류의 관점에서 중요한 특징들을 모두 잃는다. 부화 몇 주 후 유생은 바다 밑바닥으로 가라앉기 시작한다. 해저로 내려가는 동안 꼬리와 신경삭, 그리고 막대 모양의 결합 조직도 거의 잃는다. 아가미구멍은 변형되어 물을 흡입하고 배출하는 기관의 일부가 된다. 나중에는 바위에 달라붙어 한 장소에서 물을 마시거나 토하면서 남은 생애를 보낸다. 척추동물 체제를 가진 올챙이가 식물과 헷갈리는 생물로 변모하는 것이다.

가스탱은 무척추동물에서 척추동물로의 진화에 가장 중요

하게 작용한 요인은 발생 타이밍 변화라고 주장했다. 인간의 성인 또는 물고기의 성체는 멍게와 전혀 비슷하지 않으며 그런 비교 자체를 모욕이라고 느끼는 사람도 많을 것이다. 하지만 멍게 유생은 척추동물의 정수라고 할 수 있는 특징을 갖고 있다. 모든 척추동물의 조상은 멍게와 비슷한 동물이 발생을 일찍 멈추고 유생 단계의 특징을 동결한 채 그대로 성숙하면서 생겨났을 것이다. 그 결과로 멍게와 비슷한 동물의 유생을 닮은 성체가 탄생했다. 그리고 신경삭, 막대 모양의 결합 조직, 아가미구멍을 갖춘 이 자유 유영 동물은 모든 어류, 양서류, 파충류, 조류, 포유류의 어머니가 되었다.

빅 아이디어의 시대

발생 타이밍 변화로 일어난 진화의 사례는 아주 많다. 요즘은 과학 학술지를 아무거나 골라 펼쳐 보아도 그런 사례를 다룬 논문이 실려 있을 것이다. 가장 중요한 영향을 미친 사례 중 하나는 연구자의 주관이 가장 많이 들어간 사례 중 하나이기도 하다.

1820년부터 1930년까지는 생물학에서 이른바 '빅 아이디어'의 시대였다. 폰 베어, 헤켈, 다윈, 가스탱 등 수많은 연구자가 동물들이 지금과 같은 모습을 하고 있는 이유를 설명하는 법칙을 찾기 위해 동물의 몸 구조, 화석, 배아를 조사했다. 동시에, 생명에 다양성을 가져온 메커니즘도 밝혀지고 있었다.

이러한 지적 조류 속에서 스위스 해부학자인 아돌프 네프 Adolf Naef(1883~1949)는 스위스와 이탈리아에서 당대 석학들과 함께 연구하며 학자로서 위상을 높여 갔다. 그의 목표는, 1911년에 남동생에게 쓴 편지에서 말한 것처럼 "내가 새로운 아이디어를 많이 가지고 있는 분야인 '유기체 형태에 관한 일반 과학'"을 고안하는 것이었다.

꼼꼼한 해부학자였던 네프는 과학적 주장을 펼칠 때 훌륭한 그림이나 사진이 큰 힘을 가질 수 있음을 잘 알고 있었다. 하지만 그의 인생은 많은 면에서 논란으로 점철되었다. 동생에게 썼듯이 "내 태도 때문에 사람들이 다가오지 않는다. 그래도 나를 제대로 평가해 주는 사람들도 있지만, 그렇지 않은 사람들은 나를 마지못해 인정할 뿐이다. 앞으로도 내겐 친구보다 적이 많을 것이다." 또 그전에 쓴 편지에서는 "스위스에는 나 같은 일류 지식인이 별로 없다"고 단언했다. 이런 태도를 가지고 있었으니 스위스에서 일자리를 찾을 수 있을 리가 없고, 주로 카이로에 있는 대학에서 인생의 대부분을 보내게 되었다.

카이로에 있는 동안 네프는 2000년 전의 플라톤 철학을 바탕으로 생물 다양성 이론을 세웠다. 플라톤은 《국가》에서 모든 물리적 실체는 이상적인 본질의 물리적 표현일 뿐이라고 주장했다. 본질은 모든 다양성의 기초를 이루는 영원불변의 성질이다. 플라톤에 따르면 물컵부터 집까지 모든 다양한 사물의 근원을 거슬러 올라가면 형이상학적 본질에 도달하게 된다. 각각의 물리적 표현은 그 본질에서 비롯되었다. 네프는 이 개념을 생물 다양성에 적용했다. 관념론적 형태학으로 알려진 그의 이론에 따르면, 동물들 또한 그 물리적 다양성 안에 어떤 본질을 가지고 있다. 그리고 네프가 보기에 이 본질은 배아 발생 시기에 동물들 사이의 유사성으로 나타났다.

네프의 이론적 틀은 거의 잊혔고 새로운 유전학 데이터와 진화적 관계가 그것을 대체했다. 그의 업적 중 가장 지속적인 영향을 미친 것은 그가 자신의 실패한 이론을 펼칠 때 사용한 이미지들 중 하나다. 그 사진 속에는 갓 태어난 침팬지와 성체 침팬지의 모습이 담겨 있다. 어린 침팬지의 커다란 머리둥근천장, 꼿꼿한 머리, 작은 얼굴에 깊은 인상을 받은 네프는 "지금까지 본 동물 사진 중 이것이 가장 인간과 비슷하다"고 선언했다. 그는 발생 초기에 인간의 본질이 나타난다는 것을 보여 주려 했다. 그의 이론은 틀렸을지 모르지만 이 사진의 영향력은 대단해서, 1926년에 처음 발표된 뒤로 수십 년간 수많은 연구를 촉진했다.

인간의 성인은 침팬지 성체에 비해 눈썹 위 융기부가 작고, 몸집에 비해 뇌가 크며, 두개골 뼈가 약하고, 턱이 작고, 두개골 비율이 다르다. 그런데 이런 형질들 각각에서 인간은 침팬지의 성체보다 새끼와 더 비슷하다. 인간이 침팬지보다 임신 기간과 유년기가 더 긴 것을 보면 성장 속도도 느려진 것 같다. 인간은 성장 속도를 늦춤으로써 우리 조상들의 유년기 비율과 형태 중 다수를 그대로 유지하는데, 이런 특징들은 네프가 보여 주었듯이

침팬지 새끼와 성체를 비교한 네프의 사진. 박제된 표본일 가능성이 높은 새끼의 사진은 인간의 비율과 자세를 강조해서 촬영된 것 같다.

여러 면에서 매우 인간다운 형질들이다.

이런 개념은 인간 진화의 많은 부분을 보는 새로운 관점이 되었다. 고생물학자 스티븐 제이 굴드와 인류학자 애슐리 몬터규Ashley Montagu는 훗날, 인간을 인간으로 만드는 본질적인 특징은 성장이나 발생의 속도 변화를 통해 간단히 생길 수 있다고 말했다. 몸집에 비해 큰 뇌를 가지고 있다는 점과 학습 기회가 풍부한 유년기가 늘어난 점을 감안하면 우리 인간을 특별하게 만드는 특징의 대부분이 발생 타이밍 변화와 관련이 있다는 생각이 든다. 인간의 진화에 대한 이러한 설명은 간결하고 명쾌하지만,

인간과 침팬지를 비교한 새로운 연구에 따르면 문제는 그리 단순하지 않으며 단순히 발생(성장) 속도가 전반적으로 느려진 것이 전부가 아님을 알 수 있다. 인간의 몇몇 형질은 어린 침팬지와 비슷하지만, 인간의 이족 보행을 가능하게 한 다리와 골반의 모양처럼 그렇지 않은 경우도 있다. 몸의 각 부위가 발생 속도를 각기 조정함으로써 진화해 왔다고 설명하는 가설도 있다. 예를 들어 두개골은 발생 속도를 늦춤으로써 진화해 온 반면 다리와 이족 보행은 반대 방식으로 진화했다는 것이다.

해부학에 대한 이런 생각들을 토대로, 다아시 웬트워스 톰슨D'Arcy Wentworth Thompson(1860~1948)은 생물의 다양성을 이해하는 데 수학적 접근 방식을 이용할 것을 제안했다. 그의 목표는 생물들 간의 형태 차이를 간단한 도식과 수식으로 바꾸는 것이었다.

톰슨이 제1차 세계 대전 동안 집필한 《성장과 형태에 관하여On Growth and Form》는 많은 해부학 종사자를 낳았는데, 그 책에 제시된 도식들은 획기적이면서도 간결했다. 침팬지 새끼와 인간 신생아의 두개골에 격자를 올려놓고 격자선이 비슷한 지점들을 지나도록 그린다. 그런 다음 성체 두개골들에도 똑같이 하고, 격자선이 신생아 때와 같은 지점들을 지나도록 그린다.

그러자 신생아 두개골들에서는 반듯했던 격자선이 성체 두개골에서는 뒤틀렸다. 이 변형은 형태 변화를 반영한다. 그 그림에서 침팬지와 인간은 비교적 비슷한 비율로 성장하기 시작하지

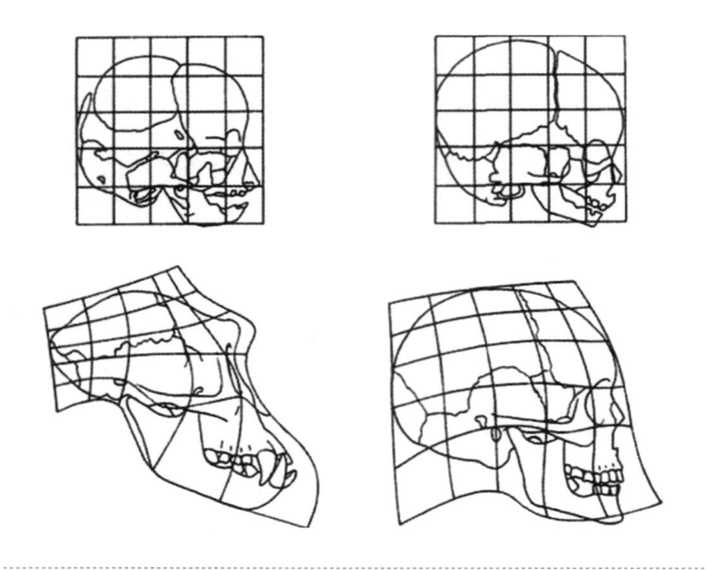

인간과 침팬지를 비교한 이 그림에서 알 수 있듯이, 다아시 톰슨의 격자는 두개골 형태의 많은 차이가 비율 변화에서 기인하고 있음을 보여 준다.

만, 이윽고 침팬지에서는 두개골의 천장 부분이 상대적으로 축소되는 반면 얼굴 아래쪽과 눈썹 위 융기부는 확대된다. 인간에서는 두개골 천장이 확대된다. 톰슨이 생각하기에 인간과 침팬지 사이에 차이가 생긴 건 새로운 기관이 탄생해서라기보다는 몸의 각 부위의 비율이 변했기 때문이었다. 마치 성장 속도가 빨라지거나 느려져 종 사이에 차이가 생긴 것처럼 말이다.

모두를 지배하는 하나의 세포

배아 발생을 만지작거림으로써 진화를 일으키는 방법은 발생 타이밍에 변화를 주는 것 외에도 또 있다.

판더가 확대경으로 배아를 관찰하던 시절 이후 몸의 다양한 부위가 대개 어울려 발생하는 것으로 밝혀졌다. 한 개 또는 여러 개 세포의 기능에 일어난 간단한 변화가 성체의 많은 부위에 영향을 줄 수 있다. 우리가 발생 장애에 붙이는 명칭에서도 이 영향을 알 수 있다. 예를 들어 수족생식기 증후군Hand-foot-genital syndrome은 하나의 유전자 돌연변이가 발생 초기 세포들의 행동에 영향을 미침으로써 일어난다. 그 하나의 변화 때문에 손가락의 크기와 모양, 발의 배치, 그리고 신장에서부터 소변을 실어 나르는 관에 이상이 생긴다. 작은 변화가 이런 광범위한 영향을 미친다는 점을 생각하면, 몸을 만드는 세포들에 일어난 변화가 진화사에 일어난 혁명적 변화들에 대한 단서를 쥐고 있을지도 모른다.

이런 진화 방식을 이해하기 위해 다시 한번 멍게로 돌아가 보자. 과거에 가스탱이 보여 주었고 최근 DNA 증거가 확인해 주듯이 무척추동물에서 척추동물로의 진화에서 중요한 단계는 멍게와 비슷한 조상의 유생 형질들이 성체까지 유지되면서 척추동물의 조상이 탄생한 일이었다. 이 올챙이 같은 성체는 척추동물 몸의 기본 구조를 갖추고 있었다. 하지만 척추동물의 기원에는 또 다른 단계가 필요했다.

인간과 물고기 같은 척추동물은 멍게 유생 자체가 아니다. 몸을 지지하는 뼈대에서부터 신경 섬유를 감싸는 지방말이집fatty myelin sheath, 피부의 색소 세포, 머리 근육을 제어하는 신경에 이르기까지, 척추동물은 무척추동물에는 없는 수백 가지 형질을 지니고 있다. 무척추동물과 척추동물의 차이를 빠짐없이 기록한다면 머리부터 꼬리까지 온몸의 기관과 조직이 포함될 것이다. 무척추동물에서 척추동물로의 진화에는 분명히 발생 타이밍 변화보다 많은 사건이 관련되어 있었다.

출생 직후 아버지를 여의고 홀어머니 손에 자란 줄리아 발로 플랫Julia Barlow Platt(1857~1935)은 생물학 천재였다. 플랫은 버몬트대학교를 3년 만에 졸업한 후 하버드대학교에 들어가 그곳에서 닭, 양서류, 상어의 배아를 연구하는 데 몰두했다. 그녀는 자신의 재능과 야망을 따라 대담한 목표를 세웠다. 머리는 몸에서 가장 복잡한 부위임이 틀림없다. 인간의 두개골을 구성하는 뼈는 치아를 제외하고도 30개 가까이 되고, 상어와 물고기의 두개골을 구성하는 뼈는 더 많다. 머리 구조가 복잡한 이유는 각 부위에 연락을 취하는 특수한 신경, 정맥, 동맥이 비교적 좁은 용기 안에 복잡하게 얽혀 있기 때문이다. 플랫은 턱과 광대뼈 같은 성체 구조들의 유래를 찾아 초기 배아 단계까지 거슬러 올라갔다. 두개골이 어떻게 발생하는지를 조사하면 성체에 숨겨져 있는 종들 간의 본질적 유사성을 밝혀낼 수 있을지도 모른다고 생각했다. 그녀는 자신도 모르게 과학의 가장 논쟁적인 분야 중 하나에 발을 들여놓고 있었다.

당시의 대학 분위기는 박사 학위를 따려는 여성에게 우호적이지 않았다. 하버드에서 고군분투한 플랫은 유럽에서 더 개방적인 문화를 경험하고 독일 대학원에 들어갔다. 이렇게 떠돌이 생활을 시작한 그녀는 유럽 각지를 전전한 후 결국 매사추세츠 우즈홀 해양생물학연구소에 이르렀다. 그곳에서 소장 O. C. 휘트먼을 만났고 그를 따라 시카고대학교로 갔다. 휘트먼은 훗날 그 대학의 동물학과 학과장이 되었다.

휘트먼의 자유분방한 연구실에서는 야심 찬 젊은 연구자들이 동등한 동료로 취급받으며 자기 뜻대로 연구를 주도할 수 있었다. 이런 분위기에서 플랫은 성장해 나갔다. 우즈홀에서 수집한 표본과 시카고에서 휘트먼에게 배운 기법을 이용해 도롱뇽, 상어, 닭의 머리가 형성되는 과정을 조사했다. 그 세 동물을 선택한 것은 무엇보다 기술적인 판단에서였다. 이 동물들은 모두 배아가 크고 알 안에서 발생하기 때문에 관찰하고 조작하기가 쉬웠다.

플랫은 휘트먼의 지도 아래 발생 과정에 있는 세포들을 추적하기 위해 번거롭지만 정확한 방법을 개발했다. 그 출발점은 1820년대에 판더와 폰 베어가 발견한 세 층의 배엽이었다. 플랫이 연구를 시작했을 무렵 이 삼배엽 구조는 생물학 공리처럼 간주되었다. 내배엽의 세포는 소화관과 그와 관련된 기관들을 형성하고, 중배엽은 골격과 근육을 형성하며, 외배엽은 피부와 신경계를 형성한다. 플랫은 외배엽과 중배엽의 세포들이 크기와 내부의 지방 입자 수에서 차이를 보인다는 사실을 알아냈다. 그녀는 이 차이를 표지자로 삼아 각 배엽의 세포들이 최종적으로 머리의 어디에 도달하는지 추적했다. 이 방법으로 그녀는 머리의 어떤 구조가 어느 배엽에서 오는지 알 수 있었다.

당시의 정설에 따르면 도롱뇽의 머리뼈를 이루는 뼈는 모두 중배엽에서 유래했다. 하지만 플랫이 주목한 지방 입자들은 전혀 다른 사실을 보여 주었다. 머리뼈의 일부, 심지어 치아의 상아질까지도 외배엽에서 왔다. 당시 외배엽은 피부와 신경 조직이 된다고 알려져 있었다. 이 발견은 누군가에게는 이설이었다. 일류 연구자들은 이의를 제기했다. 한 유명한 과학자는 이렇게 썼다. "여러 발생 단계의 배아를 관찰한 결과, 플랫 씨의 결론을 뒷받침하는 증거는 하나도 찾을 수 없었다." 이런 목소리가 모여 비판의 합창을 이루었다. 1800년대 젊은 여성 연구자에게 이런 반응은 아직 시작하지도 못한 경력을 끝낼 수 있었다.

플랫에게는 다행스럽게도, 나폴리 동물학 연구소 소장이자 학계의 권위자였던 안톤 도른Anton Dohrn(1840~1909)이 플랫의 연구를 우연히 알게 되었다. 그는 처음에는 플랫의 발견에 회의적이었지만 결국 플랫의 신중한 분석에 설득되어 그 표지자를 이용해 상어의 발생을 연구해 보기로 했다. 도른은 이렇게 썼다. "나는 플랫 씨의 견해에 전적으로 동의한다⋯⋯ 나는 입장을 바꿔 이제부터는 플랫 씨의 연구에 비판적인 모든 논문과 발언에 반대한다."

플랫의 시대에는 과학 교수직에 여성을 위한 자리는 거의 없었다. 하물며 오랜 정설을 뒤집는 생각을 표명한 사람이라면 더 말할 필요도 없었다. 대학 연구자가 될 수 없었던 플랫은 캘리포니아의 해안 도시 퍼시픽 그로브로 가서 작은 연구소를 차렸다. 그리고 발견을 계속 이어 가던 가운데, 당시 창설된 스탠퍼드 대학교의 총장을 맡고 있던 데이비드 스타 조던David Starr Jordan에게 편지를 썼다. 연구직에 대한 미련과 자신이 획기적인 발견을 했다는 자부심을 담아 그녀는 편지를 이렇게 마무리했다. "일이 없는 삶은 가치가 없습니다. 원하는 일을 할 수 없다면 차선을 찾을 수밖에 없습니다."

연구자가 되지 못했고 될 가망도 없다고 느낀 플랫은 과학계를 떠났다. 이후 그녀는 강한 의지와 지독한 독립심으로 새로운 도전에 나섰다. 짧은 시간 안에 그녀는 퍼시픽 그로브 최초의 여성 시장으로 당선되었고, 몬테레이만을 난개발로부터 지키기 위해 보호 구역으로 지정하는 데 앞장섰다. 몬테레이의 주민과 방문객들은 그곳에서 줄리아 발로 플랫의 영향을 느낄 수 있다.

플랫은 자신의 주장이 입증되는 것을 보지 못하고 1935년에 타계했다. 그녀의 배 발생 이론은 첫 논문이 발표된 지 약 43년 후 입증되었다. 연구자들은 플랫의 발자취를 따라 발생 중인 세포에 표지를 하는 첨단 기법을 개발했다. 배아 세포에 염료를 주입하고 이후 그 세포가 어디에 이르는지 추적하는 것이다. 또 다

캘리포니아주 퍼시픽 그로브의 시장 임기를 마친 후의 줄리아 플랫.

른 기법은 메추라기에서 세포 덩어리를 채취해 그것을 다양한 발생 단계의 닭 배아에 이식하는 것이었다. 메추라기 세포들은 닭 세포와 쉽게 구별되므로, 어느 기관이 메추라기 세포에서 발생했는지 알 수 있다. 두 기법으로 확인해 보니 플랫이 조사한 머리 구조는 폰 베어의 중배엽에서 유래하지 않았다. 그 세포들은 발생 중에는 척수에 있다가 머리의 아가미궁으로 이동해 뼈를 만든다.

배엽 사이를 이동하는 세포는 배아의 삼배엽 구조를 따르지 않는 특이한 예외로 그치지 않는다. 그것은 새로운 구조가 어떻게 생기는지 이해하는 데 중요한 단서가 된다. 그 세포들은 발생 도중에 척수에서 떨어져 나와 배아 전체로 확산된다. 그리고 새로운 부위에 도착하면 그곳에서 각종 조직을 형성하여 색소 세포, 신경의 지방말이집, 머리뼈가 된다. 이 형질들은 모두 척추동물에만 있는 것이다. 가스탱의 조상 동물이 척추동물로 진화했을 때 큰 변화가 일어나 새로운 조직이 온몸에 출현했고, 그 큰 변화는 단 한 종류의 세포가 탄생한 것에서 시작되었다. 즉, 폰 베어와 판더의 외배엽에서 유래한 새로운 세포다. 플랫도 자신이 핵심을 찔렀다는 것을 몰랐을 것이다. 그녀가 발견한 세포는 척추동물을 특별하게 만드는 모든 조직의 전구체였다.

가스탱은 척추동물 탄생의 첫걸음은 발생 타이밍 변화였음을 밝혀냈다. 그 결과 멍게를 닮은 조상이 유생의 형질들을 그대로 가지고 성체가 되도록 진화했다. 플랫은 그다음 발걸음을 내디뎠다. 즉, 새로운 종류의 세포가 출현하는 경위를 밝혔다. 두 경우 모두, 여러 기관과 조직을 가로지르는 복잡한 변화의 원인을 발생의 간단한 변화에서 찾았다. 첫걸음에서 발생 타이밍이 바뀌고, 두 번째 걸음에서 새로운 종류의 세포가 출현하면 새로운 체제가 생겨날 수 있다.

물론 이 대목에서 다음과 같은 의문이 떠오른다. 애초에 발생 과정의 변화는 어떻게 일어날까? 또 배아 발생 그 자체는 생명에 어떤 변혁이 일어나 진화했을까?

생물은 조상으로부터 두개골이나 등뼈, 또는 삼배엽을 물려받지 않는다. 그것들을 만들기 위한 방법을 물려받는다. 집안에 대물림되며 세대마다 조금씩 바뀌는 요리 레시피처럼, 몸을 만드는 정보도 조상에서 후손으로 오랜 세월 이어져 내려오면서 끊임없이 변했다. 부엌에서 쓰이는 레시피와 달리, 각 세대의 몸을 새롭게 만드는 레시피는 문자가 아닌 DNA로 쓰여 있다. 따라서 생물의 레시피를 이해하기 위해서는, 완전히 새로운 이 언어를 배워 생명사에 있었던 새로운 종류의 선구자를 만나러 가야 한다.

3장

게놈 안의 지휘자

이토록 역동적인 진화 레시피

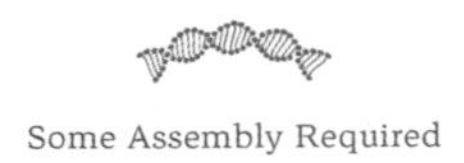

Some Assembly Required

"우리가 생명의 비밀을 알아냈다!" 정말로 한 말인지 의심스러운 이 말과 함께 제임스 왓슨을 케임브리지의 이글 펍으로 데려간 프랜시스 크릭Francis Crick(1916~2004)은 인류를 DNA의 시대로 이끌었다. 그로부터 1년 후인 1953년에 이 발견을 과학 학술지에 발표했을 때는 어조가 사뭇 달라져 있었다. 왓슨과 크릭은 권위 있는 학술지 《네이처》에 실린 논문에서 후세 과학자들이 답습하게 될 영국식의 절제되고 건조한 표현으로 첫 문장을 시작한다. 그들은 이 발견이 "생물학적으로 볼 때 상당히 흥미로운, 새로운 특징을 갖추고 있다"고 지적했다.

왓슨과 크릭의 자랑과 학술지 발표는 후세대에 이르러 상식이 된 견해를 세상에 알렸다. 이 2인조는 DNA 구조의 모형을 만들어, DNA가 이중 가닥으로 존재하며 두 가닥이 분리되면 단백질 또는 자신의 사본을 만들 수 있음을 보여 주었다. 이 방법으로

DNA는 두 가지 놀라운 일을 할 수 있다. 몸 형성 단백질을 합성하기 위한 정보를 보유하는 것과 그 정보를 다음 세대로 전달하는 것이다.

왓슨과 크릭은 로절린드 프랭클린Rosalind Franklin과 모리스 윌킨스Maurice Wilkins의 연구를 근거로, 각각의 DNA 가닥이 줄에 꿰어진 구슬처럼 순서대로 배열된 분자들로 이루어져 있다는 것을 알아냈다. '염기'라고 부르는 이 분자들은 네 종류가 있으며, 일반적으로 'A, T, G, C'로 나타낸다. 한 개의 DNA 가닥에는 수십억 개의 염기가 배열될 수 있고 이 염기들은 'AATGCCCTC'와 같이 네 문자가 조합된 문자열을 이루고 있다.

내가 누구인가가 화학 물질 사슬에 연결된 분자들의 순서로 결정된다고 생각하면 어쩐지 겸허해진다. DNA를 정보가 담긴 분자로 간주한다면 우리는 각 세포에 수백만 대의 슈퍼컴퓨터를 가지고 있는 셈이다. 인간의 DNA는 대략 320억 개의 염기쌍으로 이루어져 있다. 이 DNA 사슬은 수십 가닥의 염색체로 끊어져, 각 세포의 핵 안에 돌돌 감긴 상태로 들어 있다. 우리의 DNA는 아주 단단히 감겨 있어서 그것을 풀어 연결한 다음 쫙 펼치면 각 가닥의 길이가 거의 2미터에 이른다. 우리 몸에 있는 수조 개 세포 각각에 그 2미터 길이의 분자가 아주 작은 모래알의 10분의 1 크기로 단단하게 감겨 있다. 여러분 몸 안에 있는 4조 개의 세포에서 DNA를 꺼내 모두 푼 다음 끝과 끝을 연결하면 명왕성까지 갔다가 돌아올 수 있을 정도의 길이가 된다.

임신 과정에서 난자와 정자가 결합하면 그 결과로 생긴 수정란은 아버지와 어머니 양쪽의 DNA를 갖는다. 그리하여 유전 정보는 한 세대에서 다음 세대로 전해진다. 우리의 DNA는 생물학적 부모에게 받은 DNA로 구성되고, 우리 부모의 DNA는 그들의 생물학적 부모에게 받은 DNA로 구성되고, 이런 식으로 점점 더 먼 과거로 얼마든지 거슬러 올라갈 수 있다. DNA는 시간을 초월해 생물을 연결한다. 다윈의 위대한 통찰 중 하나를 활용하면, 가계(대대로 이어져 내려온 한 집안의 계통)라는 이 단순한 개념을 훨씬 더 넓은 역사인 생명사로 옮길 수 있다. 인간이 다른 종들과 조상을 공유한다는 다윈의 생각을 분자 수준으로 번역하면 어떻게 될까. 조상 종의 DNA가 우리에게 면면히 이어지고 있다는 말이 된다. 우리 DNA가 부모에서 자식으로 세대를 건너 전해지듯이, 40억 년의 생명사에서도 조상 종에서 자손 종으로 DNA가 전해졌을 것이다. 그렇다면 DNA는 지구상 모든 생물의 세포에 들어 있는 일종의 도서관이다. 생물계에 일어난 수십억 년 치의 변화 기록이 A, T, G, C의 배열에 담겨 있는 것이다. 문제는 그 기록을 읽는 방법이었다.

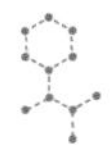

에밀 주커칸들Émile Zuckerkandl(1922~2013)은 오스트리아 빈에서 태어났는데 집안에 저명한 해부학자, 철학자, 예술가, 외과

의사가 즐비했다. 이런 유력한 친척들에게 둘러싸여 자라다 보니 자연스레 사상, 과학, 예술의 세계로 끌려갔다. 독일에서 나치가 권력을 잡자 가족과 함께 파리와 알제리로 망명했다. 청년기에는 가족의 친구 소개로 알베르트 아인슈타인을 만나 그의 도움으로 미국에서 공부할 수 있었다. 미국에서는 일리노이대학교에 들어가 그곳의 연구실에서 단백질 생물학을 연구했다. 바다를 좋아했기 때문에 여름에는 미국이나 프랑스에 있는 해양 연구소에 머물렀다. 해양 연구소에서 그는 게에 관심이 생겼고, 그 게들이 작은 배아에서 성장하고 탈피하여 완전한 성체가 될 때까지 관여하는 분자들에 매혹을 느끼게 되었다.

주커칸들이 생화학에 입문한 시기는 그 분야가 꽃을 피운 시절이었다. 1950년대 말, 프랜시스 크릭과 국립보건원의 과학자들이 A, T, C, G 문자열이 무엇을 의미하는지 해독하기 시작했다. 각각의 DNA 서열은 또 다른 분자의 서열을 만들기 위한 지시였다. 하나의 DNA 서열은 상황에 따라 단백질을 합성하기 위한 주형이 되기도 하고 자신의 사본을 만들기도 한다. 단백질을 만들 때는 A, T, C, G 문자열이 아미노산이라는 또 다른 분자의 서열로 번역된다. 그 아미노산 서열에 따라 각기 다른 단백질이 합성된다. 아미노산은 20종류가 존재하는데 각각은 아미노산 서열의 어느 위치에나 올 수 있다. 따라서 이 코드로 만들 수 있는 단백질의 가짓수는 엄청나게 많다. 간단한 계산만으로도 그것을 알 수 있다. 아미노산이 모두 20종류이고 단백질 사슬이 약 100

개의 아미노산으로 이루어져 있다면, 만들 수 있는 단백질의 수는 1 뒤에 0이 130개나 붙는 숫자가 된다. 실제 개수는 훨씬 더 많은데, 100개의 아미노산으로 이루어진 단백질은 비교적 작은 단백질이기 때문이다. 인체에 존재하는 가장 큰 단백질인 티틴titin은 3만 4350개의 아미노산으로 이루어져 있다.

이렇게 생각하면 기억하기 쉽다. DNA는 4개의 문자로 표시되는 일련의 염기들로 이루어져 있고, 이 염기들이 아미노산 서열을 지정하며, 아미노산 서열이 다시 단백질을 합성한다. 아미노산의 서로 다른 배열이 다양한 단백질이 되므로 생명은 서로 다른 DNA 서열이 코딩하는 다양한 단백질을 이용해 매 세대 새로운 개체를 만들 수 있는 것이다.

1950년대 말 연구자들은 다양한 단백질의 아미노산 서열을 해독할 수 있게 되었고 이에 따라 단백질이 몸 안에서 어떻게 기능하는지 밝힐 수 있었다. 이러한 발견은 단백질 구조를 알아냄으로써 질병을 이해할 수 있는 시대를 열었다. 예컨대 낫세포 빈혈증에서 병적인 적혈구 세포는 겨우 10~20일밖에 살지 못하는 반면, 건강한 적혈구는 그 10배 가까이 살 수 있다. 게다가 낫세포는 이름에서 알 수 있듯이 독특한 모양을 하고 있다. 이 차이로 인해 낫세포는 원반처럼 생긴 정상 적혈구 세포보다 비장에서 훨씬 쉽게 파괴된다. 이 때문에 극단적인 경우 3세가 될 때까지 70퍼센트에 가까운 사람이 사망한다. 그러면 건강한 적혈구 단백질과 낫세포 단백질은 무엇이 다를까? 단백질을 이루는 아미노산 사슬에서 딱 하나의 아미노산이 다르다. 사슬의 여섯 번째 위치에 글루탐산 대신 발린이 있다. 아미노산 서열의 아주 작은 차이가 합성되는 단백질에 심대한 영향을 미치고 나아가 그 단백질이 있는 세포와 그런 세포를 가진 사람의 생명에도 암운을 드리우는 것이다.

이 새로운 생물학의 힘에 자극을 받은 주커칸들은 해양 연구소에서 다루던 종들로 눈을 돌렸다. 게가 탈피를 반복하며 작은 배아에서 완전한 성체가 되기까지 특정한 단백질들이 작용하고 있는 게 아닐까. 그는 이런 가설을 세운 후 그 단백질들의 구조를 조사하며 그 단백질들이 게의 호흡, 성장, 껍데기의 탈피를 어떻게 제어하는지 알아보기 시작했다.

그때 그의 인생을 바꾸는 운명적 만남이 찾아왔다. 노벨 화학상 수상자인 라이너스 폴링Linus Pauling(1901~1994)이 프랑스를 찾았다가 친구들을 만나러 해양 연구소에 들른 것이다. 단백질과 게에 대한 사랑에 빠져 있던 주커칸들은 새로운 연구 주제를 찾는 연구자라기보다는 록 스타에게 달려가는 팬처럼 폴링을 찾아갔다. 이 만남은 주커칸들은 물론, 궁극적으로는 과학 그 자체를 바꾸어 놓게 된다.

1950년대 중반 폴링은 이온 화합물의 결정 구조를 규명했고, 원자나 분자 결합의 기본 성질을 알아냈으며, 나아가 전신 마취의 구조를 분자 수준에서 설명하는 이론까지 내놓았다. 하지만 DNA의 구조를 해명하는 경쟁에서는 왓슨과 크릭에게 패했다. 후년에는 비타민 C를 섭취하면 감기 등 감염병을 예방할 수 있다는 자신의 이론을 널리 퍼뜨리는 데 주력했다.

폴링은 오리건주에서 태어나 자랐고 오리건주립대학교 농과 대학에 다녔다. 그의 두려움 없는 연구 태도를 나는 동경했다. 내가 선발 위원을 맡고 있는 뉴욕의 재단에서는 중요한 전기를 맞은 예술가와 과학자를 후원하고 있다. 재단은 1920년대부터 장학금 사업을 해 왔는데 지금까지 접수한 신청서를 모두 보관하고 있다. 파크 애비뉴에 자리한 사무실은 노벨상 수상자, 소설가, 무용수, 그 밖의 각 분야 연구자들이 보낸 편지, 자료 파일, 신청서들이 보관된 보물 창고다. 그 사무실에서 일하는 한 동료가 내 관심사를 알았는지, 어느 날 아침 일하러 갔더니 낡고 쭈글쭈글한 파일이 내 책상 위에 놓여 있었다. 그것은 1920년대에 폴링이 제출한 신청서였다. 당시에는 대학 성적 증명서와 의사 소견서 등 지금은 절대 요구하지 않는 서류를 요구했다. 특별히 관심을 끈 것은 오리건주립대학교 시절의 성적 증명서였다. 그의 성적은 과목마다 천양지차였다. 예상대로 기하학, 화학, 수학은 전부 A였다. '캠핑 요리'는 평범한 C였다. 체육은 줄곧 F였다. 2학년 때 폴링은 '폭발물'에 관한 필수 과목에서 최상위 성적을 받았다. 나중에 그는 노벨상을 두 번 받았는데 하나는 1954년에 단백질 이해에 기여한 공로로 받은 화학상이고, 또 하나는 1962년에 핵 실험 반대에 힘쓴 공로로 받은 평화상이다. 대학 시절 화학과 폭발물 과목에서 받은 A학점은 폴링의 앞날을 예고하는 전조였던 셈이다.

폴링은 몇 마디만 주고받았는데도 주커칸들에게서 비범함을 느끼고 그를 자신이 있는 칼텍(캘리포니아공과대학교)으로 초청했다. 하지만 폴링의 제안에는 조건이 붙었다. 당시 반핵 운동에 열심이어서 자리를 비우는 날이 많았던 폴링은 자신의 연구실이 없었다. 그래서 주커칸들을 생화학 실험을 할 수 있는 연구실을 갖고 있던 동료 교수와 연결시켜 주었다. 주커칸들이 게 단백질을 연구하고 싶다는 바람을 처음 입 밖으로 꺼냈을 때 폴링은 즉시 만류했다. 10년 전부터 폴링의 관심사는 핵 방사선이 세포에 어떤 영향을 미치는가였기 때문이다. 이 연구의 표적은 혈류를 타고 폐에서 온몸의 세포로 산소를 운반하는 헤모글로빈이라는 단백질이었다. 폴링은 젊은 주커칸들에게 게 단백질을 이해하고 싶은 소망은 포기하고 헤모글로빈을 연구했으면 좋겠다고 완곡하게 제안했다. 연구 주제가 바뀌면서 주커칸들의 계획은 좌절되었지만, 폴링의 조언은 선견지명이 있었다.

주커칸들은 그 시대의 한정된 기술을 이용해 다양한 종의 헤모글로빈 단백질을 조사했다. 당시는 단백질을 이루는 아미노산 서열을 해독할 수 없었으므로, 그는 단백질을 추출한 후 그것의 전체적인 크기와 전하를 측정하는 비교적 간단한 기법을 사용했다. 아미노산 서열이 비슷한 단백질은 무게와 전하량도 비슷할 것이라는 안전한 가정을 바탕으로, 비교적 측정하기 쉬운 이 두 가지 수치를 단백질 간 유사성을 평가하는 대리 척도로 삼은 것이다.

주커칸들은 인간과 유인원의 헤모글로빈이 크기와 전하량 면에서 이 둘을 개구리와 물고기의 헤모글로빈과 비교했을 때보다 더 비슷하다는 사실을 알아냈다. 그는 이 간단한 측정 결과에 뭔가 중대한 사실이 도사리고 있다는 예감이 들었다. 인간과 유인원의 단백질에서 볼 수 있는 이런 유사성이 진화의 결과는 아닐까. 즉, 인간과 영장류의 혈액 단백질이 비슷한 이유는 그들이 근연 관계이기 때문이 아닐까. 하지만 초기 연구 결과를 교수에게 보여 주었더니 냉랭한 반응이 돌아왔다. 그 교수는 열렬한 창조론자로 자신의 연구실에서 진화에 대한 논의를 용인하지 않았다. 연구는 자유롭게 할 수 있었지만, 그 교수 밑에서는 사람과 원숭이가 친척임을 내비치는 논문은 발표하지 못할 것 같았다. 주커칸들로서는 성공의 빛을 보자마자 문이 닫혀 버린 셈이었다.

그때 행운이 날아들었다. 폴링은 또 다른 노벨상 수상자이자 절친한 친구인 얼베르트 센트죄르지Albert Szent-Györgyi를 위한 《기념 논문집》에 논문을 기고해 달라는 청탁을 받았다. 《기념 논문집》은 높은 평가를 받는 동료 연구자의 은퇴를 기념하기 위해 제작되는 책, 또는 학술지의 특별호를 말한다. 이 논문집에는 일반적으로 해당 과학자의 과학적 업적을 기리는 논문들이 실리며, 기고하는 사람들은 친구들이나 오랜 동료들이다. 요컨대 이런 책에는 중요한 사실이 거의 실리지 않는다. 왜냐하면 그 논문들은 새로운 데이터를 양념처럼 얹은 회고담에 지나지 않기 때문이다. 《기념 논문집》은 대개 동료 검토도 거치지 않으므로, 해당 과학자에 대한 칭송이라든지 기고한 저자들이 다른 지면에 실을 수 없는 데이터가 주로 담긴다. 이런 사실을 잘 알고 있던 폴링은 자신처럼 겁 없는 과학자였던 친구를 기념하고 싶다는 생각이 들어 아이디어를 하나 냈다. 주커칸들에게 뭔가 '과감한 것'을 한번 써 보자고 제안한 것이다. 이 엉뚱하고 대담한 생각은 20세기를 대표하는 과학 논문을 이끌어 냈다.

생화학계는 뭔가 과감한 일을 하기에 시기적으로 무르익은 상태였다. 주커칸들이 폴링의 궤도로 진입한 1950년대 말, 이미 다양한 단백질의 아미노산 서열이 밝혀지고 있었으며 폴링의 연구실도 그 데이터를 입수할 수 있었다. 지금과 같은 DNA 서열 분석 기술이 나오려면 아직 한참을 기다려야 했지만, 단백질의 아미노산 서열을 밝히는 일은 비록 복잡하고 시간이 걸리긴 해도 가능한 상황이었다. 폴링은 고릴라, 침팬지, 사람의 단백질 서열을 입수했다. 이 새로운 정보로 무장한 주커칸들과 폴링은 근본적인 질문을 던질 준비가 되어 있었다. 다양한 동물의 단백질은 그 동물들의 관계에 대해 무엇을 말해 줄까? 단백질의 크기와 전하량을 분석하는 조잡한 기법을 통해 얻은 주커칸들의 초기 결과는 단백질이 생명사에 대해 꽤 많은 것을 알려 줄 수 있음을 암시했다.

DNA와 단백질의 아미노산 서열에 대해 알려지기 한 세기 전 다윈의 가설이 제시한 구체적인 추론들은 이 분자들과도 관련이 있었다. 다윈이 DNA나 단백질을 알았다면 이렇게 추론했을 것이다. 만일 생물들이 계통수를 공유한다면 인간과 그 밖의 영장류, 포유류, 개구리 단백질의 아미노산 서열에 이들 생물의 진화사가 반영되어 있을 것이라고. 주커칸들의 초기 실험은 이 추론이 옳음을 암시했다.

헤모글로빈은 이런 연구를 하기에 이상적인 재료였다. 모든 동물은 대사에 산소를 이용하는데, 헤모글로빈은 그 산소를 호흡기(폐든 아가미든)에서 온몸의 기관에 전달하는 혈액 단백질이다. 주커칸들과 폴링은 다양한 종에서 헤모글로빈 분자의 아미노산 서열을 비교함으로써 그 단백질들이 서로 얼마나 비슷한지 가늠할 수 있었다.

두 사람이 분석에 새로운 종을 추가할 때마다 다윈의 예측이 점점 구체성을 띠었다. 인간과 침팬지의 아미노산 서열은 각각이 소와 비슷한 것보다 서로와 더 비슷했다. 마찬가지로 모든 포유류의 헤모글로빈은 개구리보다 서로의 것과 더 비슷했다. 주커칸들과 폴링은 단백질을 통해 종 사이의 유연관계를 해독할 수 있으며 나아가 생명사 전반을 밝혀낼 수 있다고 확신했다.

두 사람은 한 걸음 더 나아가 과감한 사고 실험을 했다. 만일 단백질이 오랜 기간에 걸쳐 일정한 속도로 변하고 있다면? 만일 그렇다면, 어떤 두 가지 단백질이 서로 다를수록 두 종이 더 오래전에 공통 조상에서 갈라져 독립적으로 진화해 온 것이다. 이 논리에 따르면 인간과 원숭이의 단백질이 개구리의 것보다 서로와 더 비슷한 이유는 인간과 원숭이의 공통 조상이 이 둘과 개구리의 공통 조상보다 최근에 살았기 때문이다. 이 논리는 고생물학적 사실과도 부합한다. 실제로 인간과 원숭이의 공통 조상인 영장류 종은 양자(인간과 원숭이)와 개구리의 공통 조상인 양서류보다 최근에 살았을 것이다.

폴링과 주커칸들의 추측대로 단백질이 일정한 속도로 변한다면, 단백질의 아미노산 서열 차이를 바탕으로 어떤 두 종의 공통 조상이 살았던 시점을 계산할 수 있을 것이다(자세한 방법은 주를 참조하라). 그렇다면 다양한 종의 몸속에 있는 어떤 단백질을 일종의 시계로 사용할 수 있어서 생명사의 연대를 알아내는 데 지층이나 화석은 필요 없을 것이다. 처음 제기되었을 때는 완전히 터무니없어 보였던 이 생각은 지금은 '분자 시계molecular clock'로 잘 알려져 있고, 많은 사례에서 다양한 종의 연대를 계산하기 위해 쓰인다.

주커칸들과 폴링은 생명사를 추측하는 완전히 새로운 방법을 고안하고 있었다. 100년 넘게 연구자들은 생명사를 해독하기 위해 고대 화석을 비교했다. 하지만 이제 폴링과 주커칸들은 각 동물의 단백질 구조를 통해 진화적 관계를 평가할 수 있었다. 이 통찰은 엄청난 노다지를 예고했다. 몸 안에는 수만 가지 단백질이 있기 때문이다. 다양한 종의 단백질은 화석만큼이나 풍부한 정보를 담고 있을 터였다. 하지만 이 체내 화석은 암석에 묻혀 있는 것이 아니라 지구상에 살아 있는 모든 동물의 모든 기관, 조직,

세포에 들어 있다. 보는 방법을 알면 동물원이나 수족관에서도 생명사를 규명할 수 있다. 이리하여 모든 생물의 역사, 심지어는 화석이 아직 발굴되지 않은 종의 역사도 알아낼 수 있게 되었다.

DNA는 단백질과 몸을 만드는 정보를 다음 세대로 전달한다. 개체와 몸은 머지않아 죽어도, 그런 분자들은 다음 세대로 끊어지지 않고 이어진다. 이 연결을 파면 팔수록 생물들 사이의 관계에 대해 많은 것을 알 수 있다.

1960년대 초 《기념 논문집》의 출판과 함께 주커칸들과 폴링은 마침내 분자를 이용해 생명사를 추적하는 새로운 연구 분야를 탄생시켰다. 하지만 여러분이 그 당시 과학계의 반응을 보았다면 그 논문이 후세에 끼치게 된 영향을 제대로 추측할 수 없었을 것이다. "우리 논문을 분류학자들은 증오했고, 생화학자들은 쓸모없다고 생각했다." 주커칸들은 논문 발표 50주년을 맞아 당시를 이렇게 회고했다. 분류학자와 고생물학자 등 생물의 해부 구조에 중점을 두는 연구자는 모두 두 사람의 생각을 경멸했다. 진화사를 복원하는 일을 더 이상 분류학과 고생물학이 독점할 수 없기 때문이다. 주커칸들과 폴링에 따르면 생물의 몸 안에 있는 사실상 모든 분자가 과거사를 말해 줄 수 있다. 고생물학자들은 두 사람의 논문이 자신들의 존재 의의를 위협한다고 생각했고, 생화학자들은 그 정도의 관심도 없었다. 그들에게 진화 연구는 상류층의 취미 생활일 뿐이었다. 당시 그들의 인식으로는 진지한 생화학자는 사람과 개구리의 관계가 아니라 단백질의 구조와 질병, 기능을 연구해야 했다.

분자생물학 혁명

화학 반응과 과학 이론에는 근본적인 유사점이 하나 있다. 촉매가 없으면 일이 진행되지 않는다는 것이다. 실제로 주커칸들과 폴링의 생각을 정리하여 새로운 시각으로 생명사에 접근하는 과학자들을 다수 배출한, 촉매 같은 인물이 있었다.

1960년대 초, 뉴질랜드 출신의 천재 수학자 앨런 윌슨Allan Wilson(1934~1991)은 생물학으로 전향하고 캘리포니아대학교 버클리 캠퍼스의 생화학 교수가 되었다. 당시는 대학 캠퍼스들이 전반적으로 시끌시끌하던 시절이었고 버클리 캠퍼스는 특히 심했는데, 윌슨은 그곳에서 가장 활발하게 정치 활동을 한 교수였다. 그의 제자들이 정치 시위를 랩 미팅의 연장으로 불렀을 정도로 그는 자신이 하는 모든 일에서 파란을 일으키는 것을 즐겼다.

56세의 젊은 나이로 세상을 떠날 때까지 윌슨의 과학 연구를 추진한 것은 하나의 단순 명쾌한 신념이었다. 그는 복잡한 현상을 구성 요소들로 분해할 수 있을 때 비로소 그것을 이해한 것이라고 믿었다. 그의 내면의 수학자는 그에게 생물학적 패턴의 배후에 있는 간단한 법칙을 찾고 그 법칙을 검증할 수 있는 엄밀한 수단을 고안하라고 종용했다. 윌슨은 생명사의 복잡한 패턴을 대담하고 터무니없을 정도로 간단한 가설로 설명하는 것에서 기쁨을 느꼈다. 가설을 세운 다음에는 철저하게 데이터를 모아 반증을 시도했다. 그 가설이 데이터의 공격을 견뎌 낸다면 세상에 발표해도 무방하다. 이런 접근 방식 덕분에 윌슨의 연구실은 1970년대와 1980년대 버클리를 대표하는 소수 정예들이 모이는 소란스러운 진앙지가 되었다. 그의 연구실은 자유분방하고 치열한 분위기로 전 세계의 우수한 젊은이들을 끌어모았고, 그 대부분이 훗날 일류 연구자로 이름을 날리게 된다.

내가 캘리포니아대학교 버클리 캠퍼스에 도착한 것은 고생물학 박사 학위를 막 딴 1987년이었다. 마침 윌슨과 그의 팀은 발견의 정점에 있었다. 당시 내 세계의 중심은 암석과 화석이었지, 단백질이나 DNA가 아니었다. 윌슨의 강의는 이미 캠퍼스 전역에서 청강생들이 몰려올 정도로 인기가 높았고, 해부학자와 분자생물학자 사이에는 전선이 형성되어 깊은 골이 나 있었다. 어느 날 내가 고생물학자 동료들과 함께 한 세미나에 참석했을 때의 일인데, 윌슨이 슬라이드를 한 장 넘길 때마다 동료들은 점점 더 불편한 심기를 드러냈다. 불만이 극에 달한 것은 윌슨이 세 개의 변수를 사용한 간단한 방정식을 제시했을 때였다. 윌슨은 그 방정식을 사용하면 다양한 종에서 진화가 일어나는 속도를 알 수 있다고 말했다. 한 동료가 그 슬라이드를 보더니 팔꿈치로 나를 툭 치며 빈정거리는 투로 물었다. "그러니까 고생물학의 대부분이 저 방정식에 들어맞는다는 거야?"

윌슨이 보기에 진화생물학이라는 분야는 그가 좋아하는 파란이 필요했다. 단백질을 생명사의 이정표로 삼겠다는 주커칸들과 폴링의 생각은 윌슨의 연구 스타일에 딱 들어맞았다. 그 생각은 간결한 데다 새로운 데이터로 검증할 수 있었기 때문이다. 동물들이 가진 많은 단백질이 속속 발견되고 있었다. 만일 생명사에 대한 강력한 신호가 그 데이터에 도사리고 있다면, 윌슨은 그저 그것을 찾아내는 것으로 그치지 않고 거기서 가능한 한 많은 추론을 짜낼 사람이었다.

윌슨은 목표를 높이 세웠다. 그의 질문은 '인간은 다른 영장류와 얼마나 가까운가?'였다. 파란을 일으키기에는 이만한 질문이 없을 것이다. 생명의 계통수에서 이 질문이 속하는 영역은 화석 기록이 부족한 편이어서 생체 분자를 사용하는 방법이 특히 의미가 있었다.

윌슨은 교육자로서 초인적인 능력을 발휘했다. 그는 많은 학생을 자신의 궤도로 끌어들여 그들의 재능을 키우고 그들이 획기적인 발견을 하도록 이끌었다. 메리-클레어 킹Mary-Claire King도 그중 한 명이었다. 그녀는 미국 중서부 대학을 나온 후 통계학을 공부하기 위해 서부로 왔다. 그런데 1960년대 중반 캘리포니아에 도착한 그녀는 수학에 대한 열정을 잃고 새로운 지적 대상을 찾게 된다. 그러던 차에 버클리의 상임 연구원이 가르치는 유전학 강의를 듣고 푹 빠지게 되었다. 하지만 유전학 세계에 발을 들이고 1년 동안 연구실에서 일했을 때 자신이 실험에는 재주가 없다는 사실을 깨달았다. 연구자로서의 장래가 어두워 보이자 킹은 1년간 휴학하고 시민운동가 랠프 네이더와 함께 소비자 운동을 했다. 이때 네이더에게 워싱턴 D.C.에서 함께 일하자는 제안을 받았다. 그 제안을 받아들인다면 대학원을 떠나야 했다. 그녀는 버클리에서 열리는 시위에 참가하는 틈틈이 네이더의 제안에 대해 곰곰이 생각해 보았다. 시위에 몰두하던 시절 그녀는 현장에서 새로운 사람들과 유명인들을 만날 기회가 있었는데 그중 한 명이 앨런 윌슨이었다.

어느 날 시위를 마친 후 킹은 윌슨으로부터 대학원으로 돌아오라는 조언을 들었다. 정치 운동을 하는 데 박사 학위가 도움이 될 거라고 했다. 그녀는 거의 순식간에 윌슨의 데이터 중심적 과학에 사로잡혔다. 하지만 윌슨의 연구실에 들어가면서 극복해야 할 새로운 과제도 생겼다. 방정식과 숫자의 세계를 떠난 이상 혈액과 단백질과 세포를 다루는 방법을 배울 필요가 있었다.

설상가상으로 윌슨은 그녀에게 정교한 실험을 시키려 했다. 주커칸들과 폴링이 단백질에 대한 초기 연구를 한 뒤로, 많은 연구실이 어느 현생 유인원이 사람과 가장 가까우며 그 유인원과 사람이 갈라진 것은 언제인지를 규명하려고 했다. 윌슨과 그의 팀은 답을 찾기 위해서는 새로운 데이터를 최대한 많이 모을 필요가 있다고 생각했다. 킹은 윌슨이 오래 해 온 방식에 따라, 헤모글로빈뿐 아니라 손에 넣을 수 있는 모든 단백질을 닥치는 대로 조사해 보기로 했다. 많은 단백질에서 동일한 신호가 발견되면 그것은 진화에 대한 상당히 확실한 신호일 터였다. 킹과 윌슨은 각지의 동물원에서 침팬지 혈액을 받고, 각지의 병원에서 인간의 혈액을 받았다. 실험 요령이 없다면 어떻게든 요령을 터득해야 했다. 침팬지의 혈액은 금방 굳어 버리기 때문에, 실험을 빨리하든지 새로운 방법을 개발하든지 둘 중 하나는 해내야 했다. 결국 그녀는 둘 다 해냈다.

킹은 신속한 방법을 사용해 각종 단백질의 차이를 검사하기로 했다. 그 방법은 주커칸들이 10년 전에 사용한 것을 간단하게 만든 것이었다. 두 단백질이 있고 아미노산 서열에 차이가 있다면 두 단백질은 무게도 다를 것이다. 게다가 서로 다른 아미노산들로 구성되어 있다면 전하량도 다를 것이다. 그래서 기술적으로 말하면, 겔 현탁액에 두 단백질을 넣고 전류를 흘려 보내면 두 단백질이 전하에 이끌려 한쪽 끝으로 이동할 것이다. 이때 비슷한 단백질들은 같은 속도로 이동하지만 닮지 않은 단백질들은 그렇지 않을 것이다. 겔이 일종의 경주 트랙이라면, 전류를 흘려 보내는 것으로 경주가 시작된다. 비슷한 단백질들은 비슷한 시간 동안 비슷한 거리를 이동할 것이다. 단백질들 사이에 차이가 클수록 두 단백질이 겔상에서 멀리 떨어져 있을 것이다.

킹은 자신의 기술에 확신이 없는 상태로 실험에 착수했다. 설상가상으로 윌슨이 안식년을 보내러 1년간 아프리카로 떠나는 바람에 대부분의 과정을 스스로 해야 했다. 매주 윌슨에게 전화를 걸어 데이터를 점검받았지만 며칠씩 지도를 받지 못하기 일쑤였다.

시작부터 일이 잘 풀리지 않았다. 킹은 침팬지와 인간의 단백질을 추출해 전기영동 겔에 넣었다. 그리고 겔에 전류를 흘려보냈더니 침팬지와 인간의 단백질은 거의 모든 단백질에서 거의 같은 거리만큼 이동했다. 킹은 인간과 침팬지 사이에서 어떤 유의미한 차이도 찾을 수 없었다. 단백질을 제대로 추출한 걸까? 겔에 전류를 제대로 걸지 못한 걸까? 획기적인 발견을 해낼 가망이 없어 보였다.

정기적인 회의에서 킹은 윌슨과 데이터를 공유했고, 윌슨은 그 결과에 대해 특유의 스타일로 질문 공세를 했다. 마치 자신이 아직도 버클리에 있는 양 실험 기법에 대해 꼬치꼬치 따졌다. 하지만 윌슨이 떠올릴 수 있는 모든 면으로 몰아붙여도 결과는 그대로였다. 인간과 침팬지의 단백질을 이루는 아미노산 서열은 거의 동일했다. 하나의 단백질만 그런 게 아니라 40개 이상의 단백질이 모두 그랬다. 사실은 킹이 엉뚱한 데서 헤매고 있는 것이 아니었다. 그러기는커녕 유전자, 단백질, 그리고 인간 진화에 관한 근본적인 사실을 밝혀내고 있었다.

그다음으로 킹은 인간과 침팬지를 다른 포유류와 비교했다. 그녀가 중요한 발견을 했다는 사실이 여기서 분명해졌다. 인간과 침팬지의 유전적 유사성은 두 종의 생쥐끼리의 유사성보다 높았다. 외형상으로 똑같은 두 종의 초파리도 인간과 침팬지보다 유전적 차이가 컸다. 즉, 인간과 침팬지는 단백질과 유전자 수준에서는 거의 동일했다.

킹의 전기영동 겔은 깊은 역설을 보여 주었다. 인간 고유의 형질—큰 뇌, 직립 보행, 얼굴과 두개골과 팔다리 비율—을 포함해 인간과 침팬지 사이의 해부학적 차이는 단백질 차이, 또는 단백질을 지정하는 유전자 차이에서 유래하고 있지 않았다. 단백질과 그 단백질을 만드는 DNA가 거의 같다면, 무엇이 두 종의 차이를 유발했을까? 킹과 윌슨은 짐작 가는 바가 있었지만 당시에는 그것을 검증할 기술이 없었다.

킹과 윌슨이 알아챈 사실을 확인시켜 준 것은 최신 과학이었다. 전체 게놈을 비교했을 때 침팬지와 인간은 95~98퍼센트가 비슷했다. 이 진전을 가져온 것은 학생과 지도 교수 단둘이 아니었다. 그 주역은 더 큰 규모의 과학이었다. 대통령이나 총리가 결과를 발표하는 종류의 과학이었다.

유전자 없는 게놈이라니

미국 대통령 빌 클린턴과 영국 총리 토니 블레어가 인간 게놈 서열을 해독하기 위해 경쟁한 두 팀(프랜시스 콜린스의 공공 프로젝트와 크레이그 벤터의 민간 프로젝트)의 지도자들과 함께 기자 회견을 열었을 때, 이들의 손에 있던 것은 게놈의 대략적인 초안이었다. 야단법석에도 불구하고 2000년 발표 당시는 게놈의 상당 부분이 빠져 있었고, 어느 부분이 인간의 건강과 발생에 중요한지도 거의 알려져 있지 않았다.

인간 게놈 프로젝트의 초기 성과는 게놈 자체보다는 기술과 관련이 깊었다. 인간 게놈 서열을 해독하기 위한 경쟁은 오늘날까지 계속되고 있는 기술 개발 광풍을 촉발시켰다. 1965년, 인텔의 창시자 고든 무어는 마이크로프로세서 처리 속도가 2년마다 배로 증가할 것이라고 예언했다. 우리는 디지털 기기를 구매할 때마다 그것을 실감한다. 컴퓨터와 휴대폰은 해를 거듭할수록 성능이 높아지고 값은 싸진다. 게놈 기술의 진보 속도는 무어가 예측한 속도조차 격파했다. 인간 게놈 프로젝트는 10년이 넘게 걸렸고, 38억 달러가 들었으며, 방 여러 개 분량의 기계가 필요했다. 하지만 지금은 염기 서열 분석용 앱이 개발되었고, 휴대용 유전자 분석기도 이미 출시되었다.

인간 게놈 서열이 해독되자 다른 종의 게놈 서열들이 매년 발표되었다. 이제는 게놈 서열이 발표되는 속도가 너무 빨라서 과학 학술지 발행 속도가 이를 따라가지 못할 정도다. 생쥐, 백합, 개구리 게놈 프로젝트가 있었고, 바이러스부터 영장류까지 다양한 생물에 대한 유전체 프로젝트가 존재하고 있다. 처음에는 게놈 프로젝트의 결과가 발표되는 것 자체가 대단한 일이었고, 그 결과는 언론의 화려한 팡파르와 함께 일류 학술지에 실렸다. 하지만 요즘에는 중요한 생물학적 과정이 포함되거나 건강 이슈가 걸려 있지 않는 한 새로운 게놈이 발표되어도 거의 거론되지 않는다.

게놈 논문의 영광은 옛일이 되었어도 그런 논문들이 귀중한 정보의 보고인 것은 변함이 없다. 에밀 주커칸들, 라이너스 폴링, 앨런 윌슨이 그 논문들을 읽었다면 기쁨과 환희에 사로잡혔을 것이다. 파리, 생쥐, 사람의 게놈 서열이 밝혀짐에 따라 우리는 이제 생명에 관한 핵심적인 물음에 답할 수 있을지도 모른다. 종들은 서로 어떤 관계이며 각각의 종을 다르게 만드는 건 무엇일까?

우리 몸에는 근육, 신경, 뼈 등 무수히 많은 세포가 있고, 그 모든 세포는 매우 적절하게 배치되고 연결된 상태에서 함께 일하고 있다. 한편 편형동물인 예쁜꼬마선충*Caenoorhabditis elegans*은 겨우 956개의 세포로 살아간다. 이 정도로는 놀랍지 않다면, 다음 사실에 대해 생각해 보라. 인간과 선충은 세포 수나 기관과 몸 부위의 복잡성에서 엄청난 차이를 보이는데도 유전자 수는 대략 2만 개로 비슷하다. 게다가 선충은 시작에 불과하다. 파리도 우리와 유전자 수가 거의 같다. 사실 동물들은 유전자 수에 인색한 편이다. 벼, 콩, 옥수수, 카사바 같은 식물들은 유전자 수가 사람의 배에 가깝다. 동물계에서 복잡한 기관, 조직, 행동을 새로 진화시키는 것이 무엇이건, 그것이 유전자 수의 증가가 아닌 것은 확실하다.

심지어 더 고개를 갸웃거리게 만드는 점은 게놈 자체의 구성이다. 앞에서 말한 간단한 공식을 떠올려 보라. 유전자는 염기가 연결된 것이고, 그 염기의 서열은 아미노산의 서열로 번역되며, 아미노산 서열이 단백질을 지정한다. 요컨대 유전자는 단백질의 분자 주형이다. 한 유전자의 염기 서열을 발표할 때 논문의 저자는 데이터를 공개하고 국립 데이터베이스에 등록해야 한다. 유전자 연구의 역사가 어언 수십 년이 되어 데이터베이스에는 수천 종의 수천 개 유전자 서열이 등록되어 있다. 이제는 컴퓨터 앞에 앉아 서열을 입력하면 그것이 어떤 종의 어떤 유전자와 일치하는지 알 수 있다. 또한 한 생물종의 전체 유전체를 이런 데이터베이스에 있는 유전자들과 대조해 매칭 결과를 보면, 그 유전체 내에 어떤 유전자들이 있는지 대략적으로 알 수 있다. 그런데 지난 20년 동안 잇따라 발표된 게놈들 모두에는 놓칠 수 없는 공통점이 하나 있다. 바로 게놈 내에 유전자가 드물다는 점이다. 게놈에서 유전자가 단백질을 코딩하는 영역이라면, 게놈의 대부분은 단백질 합성에 관여하지 않는 것처럼 보인다. 단백질을 코딩하는 유전자 서열은 인간 게놈 전체에서 2퍼센트도 되지 않는다. 나머지 98퍼센트는 어떤 유전자도 포함하고 있지 않다는 뜻이다.

유전자는 DNA라는 바다에 산재한 섬에 불과하다. 드문 예외가 있지만 이 패턴은 선충에서 생쥐에 이르기까지 똑같이 나타난다. 게놈의 대부분이 단백질을 코딩하는 유전자를 포함하지 않는다면, 이들 영역은 도대체 무엇을 하고 있을까?

박테리아가 답을 주다

제2차 세계 대전 때 프랑스의 항독 레지스탕스 운동에 참여했던 두 생물학자 프랑수아 자코브François Jacob(1920~2013)와 자크 모노Jacques Monod(1910~1976)는 전후에 박테리아 연구를 시작해 박테리아가 당을 어떻게 소화하는지 밝혀내려고 했다. 이보다 더 마니아적이고 인간의 본질과 관련이 없을 것 같은 주제도 흔치 않다.

자코브와 모노는 흔한 박테리아인 대장균*Escherichia coli*이 포도당과 젖당이라는 두 종류의 당을 소화할 수 있음을 보여 주었다. 대장균의 게놈은 비교적 단순하다. 긴 DNA 가닥에는 각각의 당을 소화하는 단백질의 정보를 담은 유전자들이 있다. 포도당이 풍부하고 젖당이 적은 환경이면 게놈은 포도당을 소화하는 단백질을 합성한다. 반대 상황에서는 젖당을 소화하는 단백질이 합성된다. 단순하고 뻔한 일로 여겨질지도 모르지만 이 연구는 생물학에 변혁을 일으키는 기반이 되었다.

두 과학자는 대장균 게놈에서 두 가지 영역을 찾아냈다. 하나는 유전자로, 두 종류의 당을 소화하는 각 단백질을 구성하는 정보가 담겨 있다. 이들 유전자의 A, T, G, C 문자열이 아미노산 서열로 번역되어 단백질을 만드는 것이다. 유전자 양옆에는 단백질을 전혀 코딩하지 않는 짧은 문자열이 있다. 이 영역에 다른 분자가 붙으면 유전자가 켜지거나 꺼진다. 여기가 두 번째 영역이다. 이 짧은 영역은 유전자를 언제 활성화하여 단백질을 합성할지 타이밍을 제어하는 분자 스위치라고 생각하면 된다. 박테리아에서는 유전자와 그 유전자의 활동을 제어하는 스위치가 게놈 내에서 이웃하고 있다. 어떤 당이 존재하는 환경이냐에 따라 분자 반응이 일어나 어느 쪽 유전자를 활성화하여 어떤 단백질을 합성할지가 결정된다.

자코브와 모노는 대장균 게놈이 여러 단백질을 적절한 시점과 장소에서 합성하기 위한 일종의 생물학적 제조 공정임을 밝혔다. 여기에는 두 가지 요소가 관여하는데 단백질을 코딩하는 유전자와, 그 유전자를 언제 어디서 활성화할지 제어하는 스위치다. 이 연구로 두 과학자는 1965년에 노벨 생리의학상을 받았다.

자코브와 모노가 노벨상을 받고 나서 수십 년 동안, 이 단백질 제조 공정의 두 영역 구조가 모든 생물 게놈에 공통되는 특징임이 밝혀졌다. 동물도 식물도 균류도 단백질을 코딩하는 유전자와 그 유전자를 켜고 끄는 분자 스위치를 가지고 있다.

두 사람의 발견은 여러 세포, 조직, 기관에 특정 임무를 부여하는 것이 무엇인지 이해할 단서를 제공한다. 인간의 몸은 사실상 고도로 조직화된 패키지이다. 200가지 종류의 4조 개 세포가 조직으로 뭉쳐 뼈, 뇌, 간, 골격 등을 만든다. 연골 조직을 이루는 세포들은 콜라겐, 프로테오글리칸proteoglycan 등의 성분을 만들고 이들 성분은 몸 안에서 물이나 무기질과 결합해 연골에 유연하면서도 지지하는 성질을 부여한다. 신경 세포를 만드는 단백질군은 연골, 근육, 뼈를 만드는 단백질군과 다르다.

문제는 몸 안의 모든 세포가 이 모든 것의 시작인 수정란에서 유래하는 동일한 DNA 서열을 가지고 있다는 것이다. 신경 세포의 DNA는 연골, 근육, 뼈의 DNA와 사실상 동일하다. 모든 세

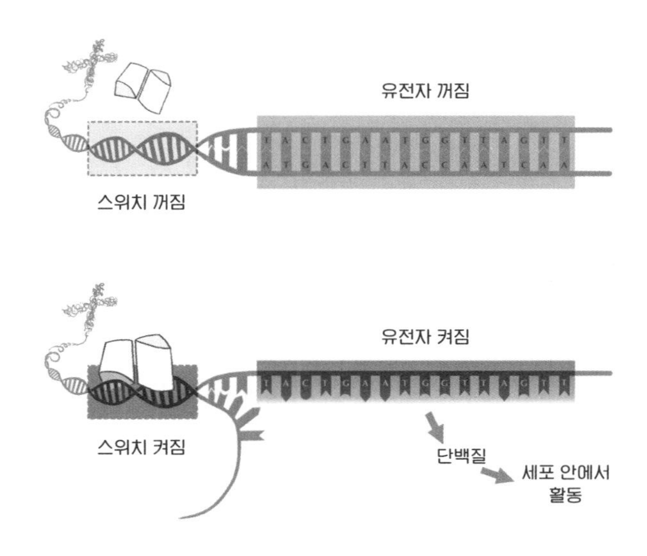

단백질이 붙어서 유전자 스위치가 켜지면, 유전자가 활성화되어 단백질을 만든다.

포가 동일한 유전자를 가지고 있다면, 세포들 사이의 차이는 어떤 유전자가 활성화되어 단백질을 합성하는가에 달려 있을 것이다. 여기서 자코브와 모노가 발견한 스위치가 게놈이 각기 다른 세포, 조직, 몸을 만드는 구조를 이해하는 데 필수적인 요소가 된다.

게놈을 요리 레시피라고 한다면 유전자는 재료를 지정하고, 스위치는 각 재료를 언제 어디에 넣어야 하는지를 지시한다. 게놈의 2퍼센트가 단백질을 코딩하는 유전자라면, 나머지 98퍼센트는 유전자를 언제 어디서 활성화하느냐에 대한 정보를 담고 있을 것이다.

그렇다면 게놈은 어떻게 생물의 몸을 만들까? 또 생명사에서 게놈이 어떻게 생물종에 변화를 일으켰을까? 인간 게놈 프로젝트가 발표된 시점에는 아무도 몰랐지만, 유전자 수가 적다는 사실과 게놈 안에 유전자가 별로 없다는 사실은 앞으로 떠오를 놀라운 빙산의 일각에 불과했다.

헤밍웨이의 여섯 발가락 고양이

옛날에 뱃사람들은 발가락이 여섯 개인 고양이가 배에 행운을 가져다준다고 믿었다. 이른바 벙어리장갑 고양이라 불리는 이 고양이들은 넓적한 발 덕분에 해상에서 균형을 잘 잡을 수 있기 때문에 쥐잡이의 명수로 여겨졌다. 스탠리 덱스터라는 이름의 선장은 한배에서 태어난 여섯 발가락 고양이들 중 한 마리를 당시 플로리다주 키웨스트 섬에 살고 있던 자신의 친구 어니스트 헤밍웨이에게 주었다. 이 새끼 고양이 '스노우 화이트(백설 공주)'는 여섯 발가락 고양이 혈통을 탄생시켰고, 그 후손들은 지금도 헤밍웨이의 생가에서 번성하고 있다. 이 고양이들은 관광객들에게 가장 인기 있는 볼거리일 뿐 아니라, 게놈의 작동에 관한 새로운 발상에도 중요한 역할을 했다.

사람 중에도 간혹 손발가락이 더 있는 사람들이 있다. 1000명당 한 명꼴로 손발가락을 더 가지고 태어난다. 극단적인 사례로, 2010년에 인도에서 태어난 한 소년은 34개의 손발가락을 가

헤밍웨이 고양이는 발가락이 여섯 개 이상인 넓적한 발을 가지고 있다.

지고 있었다. 여분의 손가락은 엄지손가락 쪽이나 새끼손가락 쪽에 자라며 손가락 사이에 자라기도 한다. 이 중 엄지 쪽에 여분의 손가락이 자라는 축전다지증은 생물학적으로 특히 중요하다.

1960년대에 닭의 알을 조사하던 과학자들은 배아 발생 과정에서 날개와 다리가 어떻게 만들어지는지 알아내려 했다. 사지는 배아에서 관처럼 생긴 작은 싹으로 시작한다. 사지싹(지아)은 (종마다 구체적인 일수는 다르지만) 며칠 안에 자라 뼈가 형성되기 시작하며, 성장하는 말단이 넓적한 노 모양을 띠게 된다. 이 확장된 체표 내부에서 손발가락, 손목, 발목뼈가 형성되어 간다.

과학자들은 노 영역 안의 세포를 제거하거나 다른 곳으로 옮기면 형성되는 손발가락 개수를 바꿀 수 있다는 것을 알았다. 말단에서 작은 조직편을 절제하자 사지싹의 성장이 거기서 멈추었다. 발생 초기에 절제하면 배아의 사지에는 손발가락이 소수만 자라거나 전혀 자라지 않았다. 발생의 더 늦은 단계에 절제하면 배아에서 잃는 손발가락이 한 개로 끝날 수도 있다. 발생의 어느 단계에서 절제를 실시하느냐가 중요하다. 초기에 절제하는 것이 나중에 절제하는 것보다 배아에 더 극적인 영향을 미친다.

위스콘신대학교의 존 선더스John Saunders와 메리 개슬링Mary Gassling은 지금은 잊힌 어떤 이유로, 사지싹의 노 영역 기부에서 작은 조직을 절제했다. 이 조직편은 아무 특징이 없다. 조직편이 있던 자리는 노 영역에서 새끼손가락이 형성되는 쪽이었다. 그 연구자들은 길이가 1밀리미터가 채 되지 않는 이 조직편을 사지싹의 반대쪽, 즉 노 영역 기부에서 엄지손가락이 형성되는 쪽에 붙였다. 그러고 나서 배아를 달걀로 되돌려 껍질을 봉합한 후 발생이 완료되기를 기다렸다.

발생한 배아는 놀라움 그 자체였다. 그것은 부리, 깃털, 날개를 갖춘 평범한 병아리처럼 보였지만, 날개를 자세히 보니 긴 손가락이 세 개 있는 일반 날개와 달리 무려 손가락이 여섯 개나 되었다. 이식한 조직편의 세포 안에 손가락을 만들라고 지시하는 뭔가가 들어 있었던 것이다.

곧 다른 연구실들도 이 연구에 뛰어들었다. 1970년대에 영국의 한 연구 팀은 조직편 부위와 사지싹의 나머지 부위 사이에 금속박 조각을 꽂았다. 그러자 평소보다 손가락 개수가 적은 날개가 생겼다. 금속박이 조직편 부위와 나머지 부위 사이를 가로막는 장벽 역할을 한 것이다. 아무래도 조직편 부위의 세포에서 어떤 화합물이 나와, 그것이 발생 중인 사지싹을 가로질러 확산하면서 손가락 형성을 촉진하고 있는 것 같았다. 금속박 장벽이 그 화합물 분자의 확산을 막으면 발생하는 손가락 수가 줄어들고 장벽을 사지싹의 다른 부위에 꽂으면 손가락 수가 원래대로 돌아갔다. 그렇다면 조직편의 세포에서 방출되는 화합물은 대체 무엇일까?

1990년대 초에 세 연구실이 각각 별도로 새로운 기법을 이용해 그 단백질(화합물 분자)과 그것을 코딩하는 유전자를 분리했다. 사지싹이 발생하는 동안 그 유전자에서 만들어지는 단백질은 사지싹의 노 영역 전체로 확산했다. 또 이 과정에서 주변 세포들에게 어떤 손가락을 만들라는 지시를 내렸다. 단백질 농도가 높으면 새끼손가락이 만들어지고, 단백질 농도가 낮으면 엄지손가락이 만들어졌다. 중간 농도에서는 그 사이에 있는 손가락들이 만들어졌다. 세 연구 팀 중 하나는 그 유전자에 소닉 헤지호그sonic hedgehog라는 이름을 붙였다. 다른 종에서 활성화되는 '헤지호그'라는 유전자와, 당시 인기 있던 비디오게임에서 따온 이름이었다.

그러면 그 유전자에 보통보다 적거나 많은 손가락을 만들도록 지시하는 것은 무엇일까? 소닉 헤지호그 유전자를 위해 일하는 스위치가 있어서 그것이 손발가락 진화에 영향을 미친 것일까? 이 질문에 답을 얻을 수 있다면 유전자가 어떻게 몸을 만들고 그런 유전자가 어떻게 진화하는지 해명할 수 있을 터였다.

생명과 과학에 찾아오는 중요한 순간들이 대부분 그렇듯이 이 이야기도 우연으로 시작한다. 1990년대 말 런던의 한 유전학 팀이 뇌가 어떻게 형성되는지 알아보기 위해 쥐 게놈에 DNA 단편을 삽입했다. 이 DNA 조각은 연구자가 제작하는 작은 분자 장치 중 하나로, 연구자는 이러한 분자 장치를 DNA에 결합시켜 그 기능을 추적하는 표지자로 쓴다. 하지만 이런 종류의 실험은 때때로 뭔가 잘못된다. 그런 DNA 단편은 게놈의 어느 곳에나 들어갈 수 있기 때문이다. 만일 그 단편이 생물학적으로 중요한 게놈 영역에 들어가면 돌연변이체가 탄생할 수 있다. 런던의 연구 팀이 실시한 실험에서도 그런 일이 벌어졌다. DNA 단편을 삽입한 쥐들 가운데 뇌는 정상인 반면 손발가락에 기형이 생긴 개체들이 있었다. 그중 한 마리는 헤밍웨이 고양이처럼 발가락이 더 있는 넓적한 발을 가지고 있었다. 연구 팀은 이 돌연변이체의 계통을 수립하는 데 성공했고, 과학계의 관례에 따라 이름을 붙였다. 발이 큰 괴생명체 '빅풋'의 이름을 따서 새스콰치Sasquatch라고 부르기로 했다.

이런 돌연변이체들은 더 이상 뇌 연구에 쓸 수 없다. 하지만 사지를 연구하는 생물학자가 혹시 관심을 가질지도 모른다고 연구진은 생각했다. 그래서 한 과학 학회에서 포스터를 붙여 그 연구 결과를 보여 주기로 했다. 학회의 포스터에는 일반적으로 B급 성과가 실린다. 일급 성과는 강연에서 직접 발표되기 때문이다. 하지만 포스터는 사교에 다리를 놓는 역할도 한다. 참석자들이 서성거리다가 그 포스터를 화제로 삼는 것이다. 내 경험상 강연 이후보다 포스터를 보다가 협업이 시작되는 경우가 더 많다.

그 포스터에는 소닉 헤지호그 유전자에 돌연변이가 일어날 때 생긴다고 알려진 다지증 쥐가 실려 있었다. 여분의 손가락은 새끼손가락 쪽에 나 있었다. 이런 돌연변이가 발생하는 이유는 소닉 헤지호그 유전자가 사지의 엉뚱한 쪽에서 발현되기 때문이다. 따라서 다음으로 해야 할 일은 당연히 그 돌연변이체에서 소닉 헤지호그 유전자의 활성을 조사하는 것이었고, 포스터에는 그 실험의 결과도 실려 있었다. 연구 팀은 그 돌연변이체를 우연히 만들어 낸 후 발생 중인 작은 팔다리를 현미경으로 관찰했다. 그 돌연변이체에서는 소닉 헤지호그 유전자의 활성 영역이 비정상적으로 확장되어 있었다. 이런 종류의 다지증에서 예상되는 바와 정확히 일치했다. 그들은 이 관찰을 바탕으로, 새스콰치 돌연변이체가 생긴 원인은 그 DNA 단편이 소닉 헤지호그 유전자 내부나 옆에 들어갔기 때문이라는 가설을 세웠다.

런던 연구 팀의 기대와 달리 사지생물학자가 포스터를 눈여겨보지는 않았지만 에든버러대학교의 유명한 유전학자인 로버트 힐Robert Hill이 지나가다가 우연히 새스콰치 돌연변이체의 사진을 보았다. 그것을 계기로 새로운 연구 프로그램이 시작되었다.

힐의 연구실은 눈이 발생할 때 게놈이 어떻게 작동하는지 규명해 명성을 얻었다. 또한 그 연구 덕분에 젊은 과학자 로라 레티스를 포함한 힐의 연구 팀은 게놈 내의 특정 DNA 단편을 찾아내는 도구 세트를 개발했다. 삽입된 그 DNA 단편의 염기 서열은 알고 있었지만 그 조각이 어디에 들어갔는지 알기 위해서는 게놈 전체를 샅샅이 살펴볼 필요가 있었다. 레티스는 풋내기 연구자로 아직 서툴렀지만 이 작업을 해내는 데 필요한 인내심과 기술을 갖추고 있었다.

연구 팀은 간단한 기법을 이용해 쥐의 DNA 가닥에서 그 돌연변이가 일어난 곳의 대략적인 위치를 확인하기로 했다. 우선 새스쾌치 돌연변이체를 유발한 DNA 단편과 상보적인 염기 서열을 지닌 작은 분자에 형광 염료를 붙였다. 이론대로라면 이 분자가 돌연변이 장소에 가서 거기에 결합할 것이다. 그러면 그 자리에서 형광 염료가 빛을 내며 위치를 알려 줄 것이다. 그 DNA 조각은 소닉 헤지호그 유전자의 기능을 교란하고 있었으므로, 다음 두 영역 중 한 곳에서 발견될 가능성이 높았다. 바로 유전자 자체나 유전자에 인접한 제어 영역(자코브와 모노가 박테리아에서 발견한 조절 부위)이다.

영향을 받은 것은 소닉 헤지호그 유전자가 아니었다. 그 부위에서는 염료가 빛을 발하지 않았다. 소닉 헤지호그 유전자의 사지에서의 기능을 교란시켜 다지증을 유발한 원인이 무엇이든,

그것이 유전자 돌연변이(그리고 그 산물인 단백질)는 아니었다. 연구 팀은 자코브와 모노처럼, 영향을 받은 곳은 유전자에 인접한 조절 부위라는 결론을 내렸다. 하지만 막상 조사해 보니 조절 부위는 아주 정상이었다. 유전자도, 유전자에 인접한 스위치도 영향을 받지 않았다면 무엇이 새스콰치 돌연변이를 일으킨 원인이었을까?

바람이 강한 날 모형 로켓을 회수해 본 사람이라면 알겠지만, 더 먼 곳을 찾아야 할 때 가까운 곳만 찾다 보면 시간만 버리게 된다. 힐, 레티스, 그리고 연구 팀의 다른 사람들은 단서를 찾을 때까지 게놈 전체를 샅샅이 살펴보기 시작했다. 삽입된 DNA 단편은 소닉 헤지호그 유전자에서 거의 백만 염기나 떨어진 곳에 들어가 있었다. 소닉 헤지호그 유전자 자리에서 돌연변이 자리까지는 게놈상에서 어마어마한 거리다. 뭔가 잘못되었다고 생각한 연구 팀은 같은 실험을 반복하며 결과를 다시 분석했다. 하지만 아무리 해도 결과는 마찬가지였다. 소닉 헤지호그 유전자에서 백만 염기나 떨어진 짧은 영역이 어떤 방법으로 그 유전자의 기능을 조절하고 있었다. 이것은 필라델피아의 주택 거실에 있는 전등 스위치를 보스턴 교외의 차고 벽에서 발견한 것과 같다.

이 먼 부위에 생긴 변화가 여분의 손가락이 생긴 원인일까? 연구 팀은 네덜란드의 다지증 환자, 일본 어린이, 심지어 헤밍웨이 고양이들까지 그들이 찾을 수 있는 여섯 손가락을 가진 사람이나 고양이를 모두 찾아내 그 DNA를 조사했다. 모든 개체에서 소닉 헤지호그 유전자로부터 백만 염기 떨어진 부위에 작은 돌연변이가 있었다. 게놈의 저쪽 끝에서 일어난 작은 돌연변이 때문에 소닉 헤지호그 유전자의 활성이 변하고, 그 결과 그 유전자가 사지싹 전체에서 광범위하게 발현되면서 여분의 손발가락이 생기는 것 같았다.

힐의 연구 팀이 이 특별한 부위의 A, T, C, G 서열을 분석했더니 이 부위가 매우 독특한 것으로 나타났다. 길이가 약 1500염기인 이 부위는 다양한 종에서 서열이 비슷했다. 게다가 게놈상의 위치도 같아서, 사람과 쥐 모두 소닉 헤지호그 유전자에서 약 100만 염기 떨어진 곳에 그 부위가 있었다. 개구리, 도마뱀, 새들도 마찬가지다. 그 부위는 부속지가 있는 모든 동물에 존재하며 심지어는 어류에도 존재한다. 연어에도 있고 상어에도 있다. 팔다리든 지느러미든 부속지가 발생할 때 소닉 헤지호그 유전자가 활성화되는 생물은 모두 그 유전자로부터 약 100만 염기 떨어진 곳에 그 조절 부위를 가지고 있다. 자연은 이 기이한 게놈 배열을 통해 과학자들에게 뭔가 중요한 것을 말해 주고 있었다.

기능을 켜고 끄는 유전자 스위치

언뜻 보면 다지증을 가진 고양이와 사람이 살아서 태어나는 것만으로도 기적인 것 같다. 소닉 헤지호그 유전자는 배아 발생 과정에서 단지 사지만 조절하는 게 아니기 때문이다. 그것은 마스터 유전자로 심장, 척수, 뇌, 생식기의 발생도 조절한다. 소닉 헤지호그 유전자는 범용 도구인 셈이다. 생물이 발생 중에 도구 상자에서 그것을 꺼내 다양한 기관과 조직을 만드는 것이다. 따라서 소닉 헤지호그 유전자에 돌연변이가 일어나면 그것이 발현되는 기관은 모두 영향을 받을 것이고 돌연변이체의 척수, 심장, 팔다리, 얼굴, 생식기 등에 기형이 생길 것이다. 그렇다면 소닉 헤지호그 유전자에 돌연변이가 일어난 동물은 어떻게 될까? 평범하게 생각하면, 그 돌연변이로 인해 여러 조직에 이상이 생길 테니 그 동물은 목숨을 부지하지 못할 것이다.

하지만 그런 일이 일어나지 않도록 발생 과정에서 소닉 헤지호그 유전자가 조절된다. 어떻게 된 일일까? 사지 조절 부위에 생긴 돌연변이는 오직 사지에만 영향을 미친다. 그렇기 때문에 소닉 헤지호그 유전자의 사지 조절 부위에 돌연변이가 생겨 다지증으로 태어난 사람들은 정상적인 심장, 촉수, 기타 구조를 가진다. 즉 이 유전자의 활성을 조절하는 스위치는 특정 조직에만 특이적으로 작용하고 나머지 조직에는 영향을 끼치지 않는다.

어떤 집에 방이 많이 있고 각 방마다 자체 온도 조절기가 달려 있다고 생각해 보자. 중앙 난방기에 문제가 생기면 모든 방이 영향을 받지만, 한 방의 온도 조절기에 문제가 생기면 그 방만 영향을 받을 것이다. 유전자와 그 유전자의 조절 부위도 마찬가지다. 중앙 난방기에 문제가 생기면 집 전체가 영향을 받듯이, 유전자와 그 유전자가 생산하는 단백질에 변화가 생기면 몸 전체가 영향을 받는다. 이런 전반적인 변화는 파멸을 초래해 진화의 막다른 골목으로 데려간다. 하지만 유전자의 조절 부위는 각 방의 온도 조절기처럼 특정 조직에만 작용하기 때문에 한 기관의 조절 부위에 변화가 일어나도 다른 기관에 영향을 주지 않는다. 따라서 돌연변이체는 생존 가능하며 진화가 일어날 여지도 있다.

게놈에 생기는 두 종류의 변화가 진화에 기여할 수 있다. 첫 번째는 유전자에 변화가 생기는 유전자 변이로, 이 경우 새로운 단백질이 만들어질 수 있다. DNA의 A, T, G, C 서열이 변하면 단백질을 합성하는 아미노산 사슬도 변한다. 만일 그 유전자 변이로 인해 해당 부위에서 이전과는 다른 아미노산이 만들어진다면 새로운 단백질이 탄생하게 된다. 몸의 주요 단백질에서 이런 일이 일어나고 있으며, 그 대표적 사례가 주커칸들과 폴링이 연구한 헤모글로빈 유전자다. 유전자 변이의 핵심 포인트는 단백질에 변이가 일어나면 몸에서 그 단백질이 발현되는 모든 부위에 영향을 미친다는 것이다.

게놈에 생기는 두 번째 유형의 변화는 유전자의 기능을 제어하는 스위치에서 일어난다. 버클리대학교의 한 연구실은 힐의 연구에 대해 알고 나서 소닉 헤지호그 유전자의 스위치가 사지의 진화에 관여했는지 알아보기로 했다. 먼저 사지가 아예 없는 뱀부터 조사를 시작했다. 뱀의 게놈에서 사지 형성을 조절하는 스위치 부위를 잘라 내 그것을 쥐에 넣었더니 손발가락이 자라지 않았다. 뱀은 사지 형성을 조절하는 스위치에 변이가 생긴 것으로 보인다. 뱀의 소닉 헤지호그 단백질은 아주 정상이고 심장, 척수, 뇌도 정상이다. 사지를 제어하는 스위치에 변이가 생겼기 때문에 그 유전자의 사지에서의 기능만 변한 것이다.

이 유전적 현상을 단서로 삼으면 혁명적인 진화의 일반 메커니즘을 알아낼 수 있을지도 모른다. 지난 15년간의 연구가 어떤 지표가 된다면, 척추동물과 무척추동물의 몸에 일어난 큰 변화 이면에는 유전자 발현을 조절하는 스위치의 변화가 있을 것이다. 두개골, 사지, 지느러미, 날개, 체절(몸마디) 등 다양한 기관에 그런 변화가 일어났다. 많은 경우 진화는 유전자 자체의 변화라기보다는 유전자가 발생 과정에서 언제 어디서 발현되느냐와 관련이 있다.

스탠퍼드대학교의 유전학자 데이비드 킹즐리David Kingsley는 20년 가까이 전 세계 바다와 하천에 서식하는 큰가시고기라는 작은 물고기를 연구했다. 큰가시고기는 실로 다양한 형태를 띤다. 지느러미가 넷인 개체도 있고 둘인 개체도 있으며, 체형과 색깔 패턴이 일반적인 경우와 다른 개체도 있다. 이런 다양성 때문에 큰가시고기는 유전적 변화가 어떻게 물고기 개체 사이의 차이를 일으킬 수 있는지 조사할 때 좋은 연구 재료가 된다. 킹즐리는 게놈 기술을 이용해 큰가시고기의 변이를 일으키는 DNA 부위를 정확히 찾아낼 수 있었다. 거의 모든 변이가 유전자의 기능을 조절하는 스위치에서 일어나고 있었다. 지느러미가 두 장뿐인 개체는 한 유전자의 기능이 극적으로 변화한 결과 뒷지느러미 발생에 필수적인 기능이 억제되어 있었다. 킹즐리의 연구에 따르면 이 변이는 유전자 자체가 아니라 그 유전자의 기능을 조절하는 스위치에 생긴 것이었다. 그렇다면 지느러미가 네 장인 개체에서 스위치를 잘라 내 지느러미가 원래 둘뿐인 개체에 넣으면 어떻게 될까? 킹즐리는 이런 조작으로 지느러미가 둘인 부모에게서 지느러미가 넷인 돌연변이체를 탄생시킴으로써 뒷지느러미를 되살리는 데 성공했다.

현재 우리는 게놈의 전체 영역을 조사해 유전자와 그 조절 부위가 어디에 있는지 알아낼 수 있을 정도의 기술을 보유하고 있다. 조절 부위는 게놈 곳곳에 존재한다. 유전자 근처에 있는 경우도 있고, 소닉 헤지호그 유전자의 조절 부위처럼 멀리 떨어져 있는 경우도 있다. 기능을 제어하는 조절 부위가 많은 유전자도 있고, 조절 부위가 하나밖에 없는 유전자도 있다. 조절 부위가 얼마나 많든 게놈의 어디에 존재하든, 이 분자 기계의 작동 방식은 정교할 뿐 아니라 신비롭기까지 하다. 새로운 현미경을 이용하면 DNA 분자를 직접 관찰할 수 있어서 유전자가 켜지고 꺼질 때 무슨 일이 일어나는지도 알 수 있다.

한 유전자가 활성화되기 위해서는 팔다리가 뒤엉키는 트위스터 게임(회전판을 돌려 바늘이 가리키는 위치에 손발을 올려놓는 보드게임—옮긴이)의 분자 버전이 필요하다. 게놈의 불활성 영역은 고밀도 코일처럼 다른 분자에 단단히 감긴 상태로 세포핵에 들어가 있다. 이런 영역은 닫혀 있어서 잘 반응하지 않는다. 게놈의

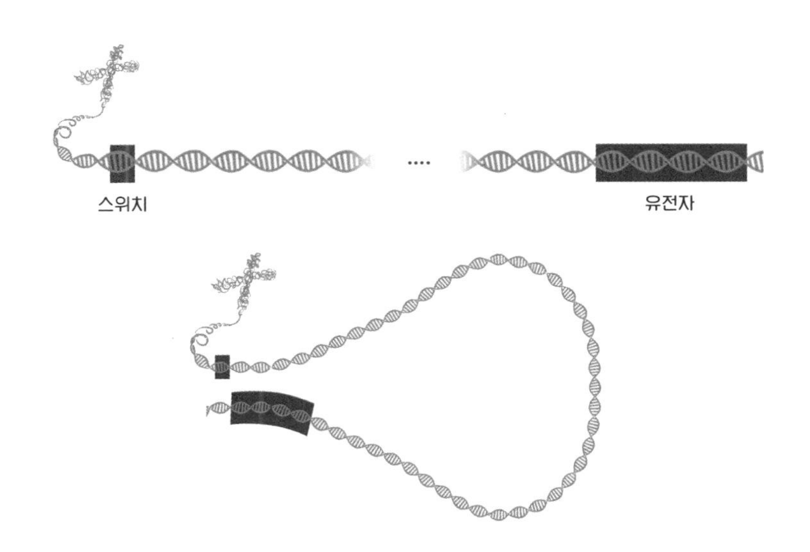

어떤 유전자 스위치는 자신이 조절하는 유전자로부터 멀리 떨어진 곳에 위치한다. DNA는 끊임없이 고리를 만들고 구부러지고 비틀어져 열리고 닫힌다. 그런 식으로 스위치가 유전자 가까이로 와서 유전자를 켜고 단백질을 만든다.

한 영역을 활성화하려면 먼저 감김을 풀어 단백질을 합성할 수 있는 상태로 만들어야 한다.

이들 과정은 유전자를 켜고 끄기 위해 정교하게 짜인 춤의 첫 번째 스텝에 불과하다. 한 유전자가 발현되려면 그 유전자의 스위치가 다른 분자들과 만나 그 유전자의 인접 부위에 결합해야 한다. 스위치가 결합하면 유전자가 단백질을 만들기 시작한다. 소닉 헤지호그 유전자의 경우 먼 곳에 있는 스위치가 접혀야 유전자가 발현된다. 따라서 유전자 발현이 개시될 때 진행되는 춤의 전체 스텝을 이렇게 정리할 수 있다. 감겨 있는 게놈이 풀리고 유전자와 조절 부위가 드러나 결합이 일어나면 단백질이 생산된다. 이 과정이 모든 세포에서 모든 단백질에 대해 일어난다.

2미터 길이의 DNA 사슬은 핀의 머리 부분보다 작아질 때까지 단단하게 감긴다. 상상해 보라. DNA 사슬이 100만 분의 1초 단위로 열렸다 닫히며 비틀리고 구부러져 초당 수천 개의 유전자를 활성화하는 모습을. 수정되는 순간부터 성장하여 성년기를 보내는 내내 우리 유전자들은 끊임없이 켜졌다가 꺼진다. 인간은 하나의 세포로 시작한다. 시간이 흐르면서 그 세포가 증식하는 동시에 일련의 유전자가 활성화되어 세포의 활동을 조절하고 체내 조직과 기관을 만든다. 여러분이 이 책을 읽는 동안에도 4조 개 세포 모두에서 유전자 스위치가 켜지고 있다.

DNA는 수많은 슈퍼컴퓨터에 필적하는 계산 능력을 가지고 있다. 그런 명령을 바탕으로 총 2만 개라는 비교적 소수의 유전자가 게놈에 산재한 조절 영역을 이용하여 벌레, 파리, 사람의 복잡한 몸을 만들고 유지한다. 이 놀랍도록 복잡하고 역동적인 분자 기계에 일어나는 변화야말로 지구상 모든 생명체의 진화를 일으키는 원동력이다. 끊임없이 감기고 풀리고 접히는 우리 DNA는 그야말로 곡예의 거장이요, 발생과 진화의 지휘자인 셈이다.

이 새로운 과학은 40년 전 인간과 침팬지의 단백질에서 차이를 찾으려 했던 메리-클레어 킹의 직감을 확인시켜 준다. 그녀와 앨런 윌슨은 당시 이미 유전자 스위치의 중요성을 인식하고 있었다. 그것을 1975년에 발표한 논문 제목인《인간과 침팬지의 두 수준의 진화》에서 확인할 수 있다. 한 수준은 유전자이고, 또 다른 수준은 유전자의 발현 시기와 장소를 조절하는 메커니즘이다. 인간과 침팬지의 주된 차이는 유전자나 단백질 구조에 있는 것이 아니라, 이들이 발생 과정에서 어떻게 작용할지 조절하는 스위치에 있다. 이런 점을 감안하면 인간과 침팬지, 또는 선충과 물고기처럼 생김새가 다른 생물들 사이에 패어 있는 깊은 골이 유전자 수준에서는 얕아진다. 한 단백질이 어떤 발생 과정의 타이밍과 패턴을 조절한다면, 그 단백질이 언제 어디서 발현되느냐에 변화가 생기면 성체에 지대한 영향을 미칠 가능성이 있다.

유전자의 기능을 제어하는 스위치에 변이가 일어나면 수많은 형태로 동물의 배아 혹은 생물의 진화에 영향이 갈 수 있다. 예컨대 뇌 발달을 조절하는 단백질이 더 오랫동안 여러 곳에서 발현되면 결과적으로 더 크고 더 복잡한 뇌가 생길 수 있을 것이다. 유전자 발현을 만지작거림으로써 새로운 종류의 세포나 조직, 혹은 앞으로 우리가 살펴보게 될 새로운 종류의 몸을 만들어 낼 수 있다.

4장

아름다운 괴물

변이는 어떻게 진화의 연료가 되는가

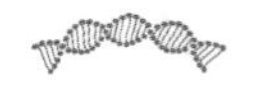

Some Assembly Required

자연이 일하는 방식을 가늠하는 시도에서 괴물은 중요한 의미를 갖는다. 다윈의 등장 이전까지 수백 년 동안 '괴물monster'이라는 말에는 꽤 전문적인 의미가 있었다. 자연철학자들과 해부학자들은 머리가 둘인 염소, 다리가 여러 개인 개구리, 결합 쌍둥이 등을 기재하기 위해 체계적인 분류법을 고안했다. 16세기에는 많은 이들이 수정될 때 정자가 지나치게 많이 뿌려지거나 임신부가 잡생각에 빠져서 이런 기형이 생긴다고 믿었다.

이 분야에 새 시대가 도래한 것은 1700년대에 독일의 해부학자 사무엘 토마스 폰 죄머링Samuel Thomas von Sömmerring(1755~1830)이 괴물은 어떤 신비로운 이유에서가 아니라 정상적인 발생 과정에 변화가 일어나서 생긴다고 추측했을 때였다. 죄머링에 따르면, 괴물은 "생식력의 교란이 낳은 산물"이었다. 그는 기형을 다룬 1791년 학술 논문의 속표지에 머리가 중복된 인간을 그렸다. 목에 완전한 머리 두 개가 달린 사산아와 얼굴만 중복된 사산아였다. 죄머링의 생각으로는, 이 두 가지 사례는 정상적인 발생 과정의 서로 다른 단계에 교란이 일어난 결과였다. 두 개의 완전한 머리는 발생 초기 단계의 교란으로 생겼고, 얼굴만 불완전하게 둘로 갈라진 머리는 나중 단계의 교란으로 생겼다는 것이다.

수십 년 후 에티엔 조프루아 생틸레르는 괴물(그는 이 말을 자주 사용했다)을 보면 알 수 있듯이 생물은 다른 형태로 변모할 잠재력을 지니고 있다고 주장했다. 그는 나폴레옹의 이집트 원정에 동행해 폐어를 만난 후(1장을 참고하라), 이번에는 닭을 변이시키기 위해 달걀에 다양한 화학 물질을 첨가해 가며 발생을 교란했다. 화학 물질을 적절히 배합해 발생 중인 배아에 첨가하면 한 종을 다른 종으로 바꿀 수 있을 것 같았다. 닭은 정상적인 발생 과정에서 물고기 단계를 거친다는 오래된 관념에 따라, 생틸레르는 달걀에서 물고기를 부화시키기 위해 수십 년 동안 노력했다. 그 시도는 실패했지만 그의 아들 이시도르가 아버지를 계승해 선천적 기형에 관한 세 권짜리 책을 펴냈다. 이 저작은 지금도 읽히고 있다. 이시도르는 선천적 기형에 대한 분류 체계를 만들어 기형의 유형, 영향을 받은 기관, 기관에 미치는 영향 정도에 따라 분류했다. 예컨대 그는 결합 쌍둥이를 조사해 몇 개의 기관이 영향을 받는지, 그리고 기관이 어느 정도나 결합되어 있는지에 따라 분류했다. 이 연구는 후대의 연구자들이 선천적 이상을 일으키는 (초자연적 원인이 아닌) 생물학적 구조를 규명하는 바탕이 되었다.

다윈은 《종의 기원》의 출판과 함께 발생 이상에 대한 연구를 탈바꿈시켰다. 그가 보기에, 자연 선택을 진화의 엔진이라고 한다면 연료는 개체들 사이의 다양성(변이)이었다. 한 생물종이 개체 간에 형태와 기능에서 차이를 보이고 그 형질들 중 일부가 특정 환경에서 살아남아 번식할 확률을 높인다면, 그런 개체와 형질은 시간이 흐름에 따라 증가할 것이다. 반대로 개체에 해를 끼치는 형질은 점차 줄어들 것이다. 진화의 본질은 개체들 사이의 변이다. 만일 한 개체군의 개체들 사이에 차이가 전혀 없다면, 자연 선택에 의한 진화는 일어날 수 없을 것이다. 개체 간 차이는 자연 선택에 의한 진화의 원료이며 다양성이 클수록 진화가 빨리 일어날 수 있다. 기형을 포함해 다양성이 풍부하게 공급되어야만 자연 선택이 큰 변화를 일으킬 수 있다.

다윈 이후 다양성 연구를 적극 지지한 대표적 인물로 윌리엄 베이트슨William Bateson(1861~1926)이 있었다. 베이트슨도 다윈처럼 어려서부터 자연학에 관심이 많았다. 커서 뭐가 되고 싶으냐는 질문에 그는 자연학자가 되고 싶지만 재능이 없으면 의사가 될 수밖에 없다고 답한 것으로 유명하다. 베이트슨은 1878년에 케임브리지대학교에 들어갔지만 두각을 나타내지 못했다. 하지만 다윈의 《종의 기원》을 읽고 큰 자극을 받은 그는 자연 선택이 어떻게 작동하는지 밝혀 보기로 했다. 그가 생각하기에 답은 종 내 개체들 사이에 차이가 생기는 메커니즘을 이해하는 데서 찾을 수 있었다. 도대체 어떤 메커니즘이 생물 개체들의 모습에 차이를 일으킬까? 완두콩에서 유전의 법칙을 발견한 그레고르 멘델의 저작을 읽고 베이트슨은 머리를 탁 치는 것 같은 느낌을 받았다. 한 세대에서 다음 세대로 전달되는 변이야말로 진화의 진수였다. 이후 그는 멘델의 저작을 영어로 번역했고 이 분야를 부르기 위해 '유전학genetics'이라는 용어를 만들었다. '기원'을 뜻하는 그리스어 'genesis'에서 파생된 단어다.

베이트슨은 이전 시대의 조프루아 생틸레르와 마찬가지로 종과 개체들 간의 차이를 분류하고 싶었다. 여기서 베이트슨은 생틸레르보다 좀 더 유리한 입장이었다. 유전학이라는 새로 성장하는 분야의 새로운 개념을 이용해 어떻게 개체들 간 변이가 진화가 일하는 방식에 영향을 미치는지 조사할 수 있었기 때문이다.

베이트슨은 이 연구에 거의 10년을 바친 끝에 1894년에 기념비적 저작 《변이 연구의 재료Materials for the Study of Variation》를 펴냈다. 그 책에서 그는 생물 개체 사이에 차이가 생기는 과정을 설명하고, 변이의 생성과 그 결과로 일어나는 진화 경로에 대한 일반 법칙을 서술했다. 가능한 한 많은 종을 검토하고 나서 그는 변이의 두 가지 유형을 기술했다. 하나는 기관의 크기나 발달 정도의 차이로, 작은 것부터 큰 것까지 연속적인 변화를 보인다. 예컨대 쥐 개체군은 사지나 꼬리 등 기관의 길이에서 개체 차이를 보인다. 이런 종류의 변이는 길이, 폭, 부피 등을 측정함으로써 쉽게 수치화할 수 있다. 또 한 가지 변이는 더 극적인 것으로 특정 기관의 유무에서 생긴다. 헤밍웨이 고양이의 다지증이 한 예다. 일반 개체가 다섯 개의 발가락을 갖는 반면 다지증 고양이는 여섯 개 이상을 갖는다. 이런 고양이들은 일반 고양이와 발가락 수가 다른 것이지 뼈 길이가 다른 것은 아니다. 이 경우는 기관의 유형이 다른 것이지 크기나 발달 정도의 차이가 아니다.

베이트슨은 기관이 원래보다 더 있는 생물을 열심히 찾았다. 그는 자연의 변칙에 깊은 인상을 받았다. 정도를 벗어난 생물들은 기관을 더 가지고 있거나 엉뚱한 자리에 기관이 자랐다. 예컨대 더듬이가 있어야 할 자리에 다리가 있는 벌, 갈비뼈를 더 가진 인간, 젖꼭지의 수가 더 많은 남성처럼. 이런 사례들에서 생물은 마치 기관을 몸 여기저기에 '잘라 붙이기' 하는 것처럼 보였다. 기관이 통째로 중복되기도 하고 몸의 다른 부위로 옮겨져 있기도 했다. 이런 기형이 왜 생기는지는 미스터리였지만 그것을 이해할 수 있다면 몸이 어떻게 만들어지고 어떻게 진화하는지에 대한 일반 법칙을 알아낼 수 있을지도 몰랐다.

16세기 이후 자연철학자들은 기형의 배후에 생물계의 본질적인 무언가가 숨어 있다고 생각해 왔는데 과연 그들이 옳았다. 필요한 건 적절한 종류의 기형과 그것을 이해하기 위한 과학 도구였다.

유전 실험의 영웅 초파리

토머스 헌트 모건Thomas Hunt Morgan(1866~1945)이 파리를 연구하기로 한 결정은 생물학 역사상 가장 중요한 결정 중 하나였다. 처음에 모건은 따개비, 벌레, 개구리를 연구하는 것으로 연구자 생활을 시작했다. 그 생물들의 세포와 배아 내부에 인간의 생리를 이해할 단서가 있다고 확신했기 때문이다. 그는 그 생물들을 마니아적인 취향이라든지 무작정 되는 대로 선택한 것이 아니었다. 그의 기준은 몸의 일부를 잃어도 완전히 재생시킬 수 있는 작은 수생 생물이었다. 예컨대 플라나리아는 재생 능력이 어떤 생물보다 뛰어나서 몸을 두 동강 내면 다시 재생하기 시작해 결국 완전한 두 마리 개체가 된다. 벌레, 물고기, 양서류 등 많은 생물이 외상을 입은 후 스스로 재생할 수 있다. 우리로서는 그 동물계 사촌들을 그저 부러움의 눈길로 쳐다볼 뿐이다. 진화의 길목 어딘가에서 포유류는 이런 능력을 잃었다.

모건이 과학에 입문했던 시절은 오늘날 우리가 상식으로 여기는 많은 부분이 완전한 미지의 영역에 속해 있었다. 체코의 수도사 그레고르 멘델은 생물의 형질이 한 세대에서 다음 세대로 전해질 수 있다는 것을 발견했지만 그런 유전의 재료가 무엇인지는 몰랐다. 사람들은 세포를 관찰했지만 DNA의 존재는 말할 것도 없고 염색체가 유전에 뭔가 역할을 한다는 사실도 몰랐다.

모건의 연구에는 기존 생명관을 근본적으로 뒤집는 사상이 내포되어 있었다. 그것은 벌레부터 불가사리까지 다양한 생물이 인간 생리의 일반 메커니즘에 대한 통찰을 제공할 수 있다는 생각으로, 오늘날 생물 의학 연구 전반의 토대가 되고 있다. 지구상의 모든 생물은 먼 과거로 거슬러 올라가면 결국 연결된다는 암묵적인 전제가 모건의 연구를 지배했다.

모건은 생물의 재생 능력을 알아보는 실험을 수년간 한 후 그 성과를 1901년에 《재생 Regeneration》으로 출간해 큰 영향을 미쳤다. 한편 모건은 유의미한 진전을 이루려 해도 그것을 위한 도구가 없다는 사실을 깨달았다. 그래서 새로운 연구 프로그램을 찾아보기로 했다. 재생 능력에서부터 몸 구조까지 모든 것의 바탕에는 유전이라는 현상, 즉 한 세대에서 다음 세대로 정보를 전달하는 일이 가로놓여 있었다. 무엇이 유전을 일으키는지 알아낼 수 있다면 생물학의 많은 수수께끼를 풀 수 있을 터였다. 모건은 유전 현상의 핵심에 닿으려면 먼저 적절한 실험동물을 찾을 필요가 있다고 생각했다. 그것은 번식과 성장이 빠르고 몸이 작아서 실험실에서 대량으로 키울 수 있는 동물이어야 했다. 유전물질이 들어 있는 곳으로 추정되지만 아직 증명은 되지 않았던 염색체를 현미경으로 볼 수 있는 생물이라면 더할 나위 없었다. 후보 목록은 꽤 길었지만 그가 가장 이해하고 싶었던 생물인 인간은 제외되었다.

당시 모건은 몰랐으나 한 곤충분류학자가 모건과는 정반대 방향에서 비슷한 임무에 도전하고 있었다. 캘리포니아대학교 버클리 캠퍼스의 교수였던 찰스 W. 우드워스Charles W. Woodworth(1865~1940)는 파리 같은 곤충들을 분류할 목적으로 곤충 몸의 신비로운 해부학적 구조를 밝히는 데 평생을 바쳤다. 이 연구를 하다가 파리 전문가가 된 그는 그중 초파리*Drosophila melanogaster*라는 종에서 실험동물로서의 잠재력을 보았다. 1900년대 초(정확한 연도는 모른다) 그는 하버드대학교의 생물학자 윌리엄 E. 캐슬William E. Castle(1867~1962)에게 연락해 초파리를 이용해 실험을 해 보는 게 어떻겠느냐고 제안했다.

캐슬은 베이트슨과 마찬가지로 유전과 변이의 메커니즘을 규명하고 싶었다. 당시에는 기니피그를 연구하고 있었고 털색과 몸의 패턴이 어떻게 세대를 건너 전해지는지 알아보고 있었다. 하지만 기니피그는 암컷이 한 번에 기껏해야 여덟 마리의 새끼밖에는 낳을 수 없는 데다 임신부터 출산까지 두 달이 걸리기 때문에 유전 연구를 하기에 애로가 있었다. 기니피그가 번식하여 여러 세대를 생산하려면 몇 달을 기다려야 했다. 초파리를 실험동물로 쓰면 어떻겠느냐는 우드워스의 제안은 분명 매력적이었다. 초파리는 평균 수명이 40~50일로 짧고 그사이에 암컷은 수천 개의 알(배아)을 낳는다. 캐슬은 초파리를 이용해 유전 실험을 하면 기니피그로 몇 년이 걸려도 할 수 없는 횟수의 실험을 한 달만에 할 수 있음을 깨달았다.

캐슬은 실험동물을 초파리로 바꾸고 번식과 사육 방법을 확립했다. 그리고 1903년에 초파리 실험에 관한 논문을 발표했는데 그 논문은 연구 성과보다는 과학계에 끼친 영향으로 더 많이 기억된다. 모건을 포함한 과학자들은 파리 연구의 장점과 위력을 보았다.

초파리는 언뜻 획기적인 발견을 이끌어 낼 유력한 후보로 보이지 않는다. 몸길이가 고작 3밀리미터이고 썩은 과일을 좋아한다. 흔히 음식물 쓰레기 주변에서 볼 수 있고, 깨물지는 않지만 주변을 맴돌며 성가시게 구는 날파리라고 하면 '아하' 할 것이다. 하지만 그렇게 귀찮을 정도로 출몰할 만큼 번식력이 왕성하기 때문에 과학 연구에 유망한 생물인 것이다.

모건은 괴물 연구의 전통에 따라 돌연변이체를 찾아 조사하기로 했다. 돌연변이체는 정상적인 유전자의 기능을 규명하는 단서가 된다. 예를 들어 눈이 없는 돌연변이체가 있다면 그것은 눈 형성을 조절하는 하나 이상의 유전자에 결함이 있다는 것이다. 이처럼 돌연변이체를 길잡이별로 삼으면 특정 기관의 발생에 관여하는 유전자를 확인할 수 있다. 그런데 돌연변이체는 드물기 때문에 수천 마리의 파리를 번식시켜야 겨우 한 마리의 돌연변이체를 얻을 수 있다. 모건과 그의 연구 팀은 수백 개의 번식 콜로니(군집)를 유지 관리하고 각 개체를 현미경으로 관찰하며 변칙을 찾았다.

우리 대부분은 모르지만 현미경 아래 드러나는 파리의 몸은 아름다울 정도로 복잡하다. 중배율로 맞추면 각 체절에서 강모(센털), 가시털, 부속지가 뻗어 있는 모습이 시야에 들어온다. 모

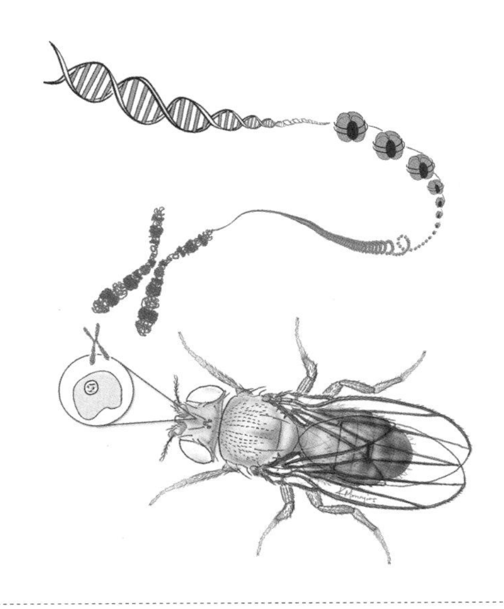

유전자는 DNA의 일부로, 다른 분자에 감긴 채 응축되어 염색체를 이루고 있다. 염색체는 세포의 핵 안에 들어 있다. 염색체의 띠를 눈여겨보라.

건의 팀은 이런 복잡한 구조를 눈감고도 알 수 있을 정도여서 아주 작은 변화도 놓치지 않고 새로운 돌연변이체를 분석할 수 있었다. 몇 시간이고 계속 현미경을 들여다보며 이상하게 생긴 날개, 새로운 줄무늬, 변형된 부속지 등 기이한 형질을 가진 파리를 찾았다.

지금은 잘 알려져 있듯이 유전자는 DNA 서열로, 단단하게 감겨 염색체를 이루고 있다. 염색체는 세포의 핵 안에 있고, 적절한 조건이 갖춰지면 현미경으로 볼 수 있다. 모건은 DNA에 대해서는 아무것도 몰랐지만 염색체를 관찰할 수 있었다. 모건에게 염색체는 유전자를 들여다보는 창이었다.

모건은 돌연변이체의 몸 구조와 유전 물질의 대응 관계를 밝히기 위해 기발한 방법을 고안했다. 그의 팀은 파리의 침샘에 거대한 염색체가 있다는 사실을 알았다. 그 염색체를 추출해 야생 이끼에서 얻은 붉은 색소로 염색하자, 염색체상에 일련의 흰 띠와 검은 띠들이 나타났다. 어떤 띠는 두껍고 어떤 띠는 얇았다. 모건은 보통의 파리와 돌연변이 파리 각각에 대해 흑백 띠무늬를 기록했다. 그리고 띠무늬를 비교해 차이가 있는 염색체상의 영역을 확인할 수 있었다. 그 부분이 해당 돌연변이를 일으킨 유전적 변화가 일어난 곳이었다.

파리가 썩은 바나나를 먹는 탓에 모건의 실험실에는 늘 퀴퀴한 냄새가 진동했다. 게다가 그곳에서 일하려면 하루 몇 시간씩 현미경을 들여다봐야 했다. 이런 조건 때문에 모건의 팀은 특별한 부류의 사람이 필요했다. 다른 건 몰라도 파리의 몸, 염색체의 띠, 돌연변이체에 집중한 채로 가만히 있을 수 있어야 했다. '어떻게 정보가 한 세대에서 다음 세대로 전달되는가?'라는 생명에 관한 최대급 수수께끼를 풀 수 있을지가 거기 달려 있었다.

모건의 실험실은 원래 컬럼비아대학교의 비좁은 공간에 있었고, 그곳에서 파리의 여러 번식 계통을 보관하고 사육해 현미경으로 관찰했다. '파리 방'이라고도 불리던 그 실험실에는 모건에 이끌려 20세기 초 생물학 명사들의 인명록이라 해도 과언이 아닌 최고의 두뇌들이 모여들었다. 모건은 컬럼비아대학교에

깔따구*Chieronomus prope pulcher* 염색체의 흑백 띠무늬.

서 14년을 보낸 후 1928년에 실험실을 통째로 칼텍으로 옮겼고 1933년에는 노벨상을 수상했다.

모건의 초기 제자 중에는 파리를 다루는 능력으로 전설이 된 사람이 있었다. 바로 캘빈 브리지스Calvin Bridges(1889~1938)였는데, 그는 돌연변이 파리를 식별하는 최고의 눈을 가졌을 뿐 아니라 그것을 찾기 위해 몇 시간이고 현미경을 들여다볼 수 있는 인내심도 갖추고 있었다. 덕분에 브리지스는 다른 사람들에게는 구별이 안 되는 사소한 차이까지도 식별해 냈다. 또한 그는 기술적 진보에도 기여했다. 쌍안 현미경을 도입해 시야의 범위를 넓

캘빈 브리지스. 그의 머리카락을 눈여겨보라.

혔으며, 그 쌍안 현미경 덕분에 파리가 한천agar을 좋아한다는 사실을 발견했다. 후자의 발견은 실험실에 중요한 변화를 가져왔고, 파리 방에서는 더 이상 썩은 바나나 냄새가 나지 않게 되었다.

물리학 법칙을 거스르듯 머리카락이 곤두서 있던 브리지스는 불안한 영혼이었다. 실험실에서 작업을 하지 않을 때는 어디론가 홀쩍 사라지곤 했다. 그러다 모습을 드러낸 어느 날 그의 손에는 직접 설계한 새로운 자동차 사진이 들려 있기도 했다. 그의 복잡한 사생활에 대한 소문이 끊이지 않아서 모건은 그것을 못마땅하게 여겼다. 브리지스는 부적절한 관계에 대한 소문 때문에 칼텍의 교수가 되지 못했다. 40대에 타계했을 때는 질투에 눈이 먼 정부의 배우자에게 살해당했다는 소문이 연구실에 파다하게 퍼졌다. 슬프게도 진상은 그 소문 못지않게 비극적이었다. 최근에 유전학자인 내 동료가 로스앤젤레스 지방 검사인 브리지스의 형제에게 부탁해 브리지스의 사망 진단서를 찾아냈는데 사인은 매독 합병증이었다.

브리지스의 사생활에 대해 연구실은 대외적으로 아무 말도 하지 않았다. 그렇지만 모건의 연구에서 브리지스가 기여한 바가 지대했으므로, 브리지스가 요절한 후 모건은 노벨상 상금의 일부를 그의 유족에게 양도했다.

브리지스는 체색, 날개 모양, 강모 배열 등의 사소한 차이에서 돌연변이 파리를 식별해 내는 능력으로 유명했지만, 그의 대표적인 발견 중 하나는 비교적 찾기 쉬운 것이었다. 그 차이는 아마추어라도 놓치기 어려웠을 것이다. 바이소락스*Bithorax*, 즉 '쌍가슴'이라는 이름이 모든 것을 말해 주듯이, 그 변이체는 가슴 체절 중 하나가 중복되어 날개 수가 통상적인 두 개가 아니라 네 개였다. 요컨대 몸의 일부에 날개를 비롯한 모든 것이 중복되어 있었다.

브리지스는 그 초파리의 몸을 스케치하고 해부 구조를 세세하게 기재했다. 그런 다음 유전학자가 돌연변이체를 발견하면 으레 하는 일을 했다. 즉, 그 파리의 번식 계통을 확립해 칼텍의 파리 방에서 사육하기 시작했다. 이 돌연변이체의 번식 군집을

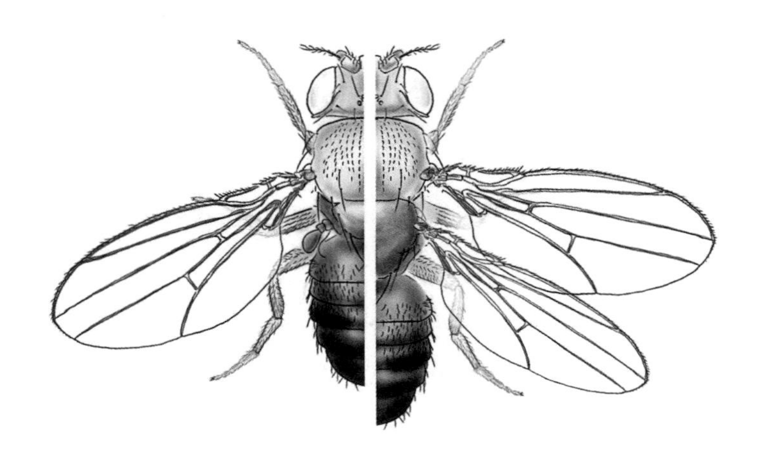

일반 초파리(왼쪽)와 바이소락스 돌연변이체(오른쪽).

만들어 무한히 유지될 수 있게 한 것이다.

브리지스는 바이소락스 변이체의 염색체에서 어느 영역에 변화가 일어났는지 찾고 싶었다. 그리고 침샘 염색체를 염색하는 모건의 기법을 이용해 날개가 중복된 이 돌연변이체의 염색체에서 정상 초파리와는 띠무늬가 다른 영역을 찾아냈다. 바이소락스 돌연변이체가 생긴 원인은 초파리 염색체의 광범위한 영역에 일어난 변화 때문이었다.

모건과 브리지스는 초파리의 단일 형질을 이해하려고 시도하면서 도전과 기회로 가득한 새로운 세계를 열었다. 두 사람과 그 밖의 연구자들이 제시한 것은 초파리의 다양한 형질이 유전된다는 사실이었다. 어떤 종류의 생체 물질이 세대를 건너 전해짐으로써 발생 중인 파리 배아에게 날개를 만들 올바른 위치를 알려 주고 있었다. 브리지스의 돌연변이체는 이 생체 물질이 초파리 염색체상에 연달아 위치해 있음을 알려 주고 있었다. 그렇다면 기관과 몸 형성에 관여하는 이 생체 물질은 무엇이며, 어떻게 그런 마법을 부리는 걸까? 그 물질을 조사하면 어떻게 생물의 몸이 만들어지고 어떻게 수백만 년에 걸쳐 진화하는지 알 수 있을까?

꿰어진 유전자 구슬

에드워드 루이스Edward Lewis(1918~2004)가 초파리에 관심을 갖게 된 것은 한 잡지 광고를 보았을 때였다. 펜실베이니아주 윌크스배리에서 태어난 그는 남다른 호기심을 채우기 위해 동네 도서관에 틀어박혀 많은 시간을 보냈다. 어느 날 도서관에서 초파리를 양도한다는 광고를 보고 자신이 활동하던 고등학교 생물 동아리 회원들에게 그 사실을 알렸다. 그 동아리는 초파리의 번식 군집을 확립했고, 루이스는 초파리를 연구하기 시작했다.

루이스는 브리지스가 타계한 이듬해인 1939년에 칼텍에 들어가 파리 방이 개척한 유전학 기법을 배웠다. 그는 과묵한 사람이었고 시계처럼 엄격한 일과를 지켰다. 이른 아침을 연구실에

친구 집 거실에서 플루트를 연주하는 에드워드 루이스.

서 보내고 오전 8시에 운동을 하고 나면 다시 혼자서 연구를 했다. 그리고 칼텍의 명물인 교수회관 애서니엄에서 점심을 먹었다. 그런 다음 연구실로 돌아와 저녁 식사 시간까지 취미인 플루트를 불었다. 루이스는 브리지스처럼 비상한 인내심으로 몇 시간 동안 현미경을 들여다보며 파리를 만지작거릴 수 있었다. 주변인들의 말에 따르면 그가 가장 좋아한 시간은 저녁 식사 후 연구실에서 보내는 조용한 시간이었다고 한다. 돌연변이 파리를 찾고 번식시키는 일은 루이스에게 일종의 명상이었다.

브리지스가 기술적으로 크게 기여한 초파리 배양실은 아직도 건재했고 그 유명한 바이소락스 돌연변이체도 그곳에서 사육되고 있었다. 루이스는 연구를 시작한 시점에 이미 바이소락스 돌연변이체를 알고 있었고 그 유전적 구성에 대해서도 짐작하고 있었다. 브리지스가 작성한 염색체 지도가 보여 주듯이 바이소락스 돌연변이 영역은 염색체상의 여러 띠에 걸쳐 있었기 때문에, 루이스는 그 돌연변이 영역에는 발생에 관여하는 유전자가 하나가 아니라 여러 개 포함되어 있을 것이라고 추측했다.

루이스는 중복된 날개를 발생시킨 유전 물질을 분리하기 위해 참신하면서도 손이 많이 가는 기법을 고안해 바이소락스 돌연변이체를 조사했다. 그는 이 연구에 수십 년을 바쳤으며, 때로는 10년 동안 논문을 한 편도 내지 않고 바이소락스 변이체 연구에 몰두했다. 1978년에 발표한 여섯 쪽짜리 논문은 혁명적이었고 그런 만큼 난해했다. 그 논문에는 오랫동안 초파리를 들여다보며 보낸 조용한 시간에서 얻은 통찰이 가득했기에, 속속들이 이해하기 위해서는 여러 번 읽어야 했다.

루이스가 개발한 새로운 기법은 실로 강력했다. 그것은 염색체의 넓은 영역을 잘라 낸 후 초파리를 발생시키고 그 영역이 없을 때 초파리의 몸에 어떤 영향이 나타나는지 보는 것이었다. 그런 다음에 그 영역의 각 부분을 차례로 되돌리면서 몸에 어떤 영향이 나타나는지 보았다. 이 기법 덕분에 염색체의 개별 부분이 단독으로 무엇을 할 수 있는지 알 수 있었다.

이 기법에 대해 이야기하다 보면 한때 인기를 끈 '해독 요법'

이라는 식이 요법이 떠오른다. 며칠 동안 단식한 후 식단에 서로 다른 식품군을 차례로, 혹은 여러 개를 조합해 넣는 것이다. 예컨대 음식을 완전히 끊었다가 며칠에 걸쳐 유제품만 섭취하면 달걀, 우유, 치즈가 그 사람의 체력과 기분에 어떤 영향을 주는지 알 수 있다. 다시 단식한 후 각 식품군을 이렇게 저렇게 조합해 먹으면, 그 상호 작용(가령 진한 잎채소와 유제품의 상호 작용)을 알 수 있다. 루이스는 이와 똑같은 일을, 바이소락스 돌연변이에 관여하는 염색체의 넓은 영역에서 시도했다. 즉, 넓은 영역을 통째로 잘라 낸 후 파리를 발생시켜 그 영향을 기록하고, 넓은 영역의 각 부분을 개별적으로 혹은 몇 개를 조합하여 다른 배아들로 되돌리고 배아가 성체가 될 때까지 몸에 어떤 영향이 나타나는지 살펴보았다.

루이스는 염색체 잘라 붙이기를 통해 바이소락스 돌연변이체가 하나의 유전자가 아니라 다수의 유전자에 의해 발생했다는 사실을 밝혀냈다. 이 유전자들은 마치 진주 목걸이의 진주처럼 염색체 위에 일렬로 늘어서 있었다. 루이스는 이 유전자군이 함께 어울려 배아를 형성하며 각각의 유전자는 독자적인 기능을 갖고 있을 것이라고 추측했다. 하지만 정말 놀라운 점은 따로 있었다.

파리의 몸은 여러 개의 체절이 앞뒤로 이어져 있다. 머리, 가슴, 배, 세 부분으로 나눠지는 각 체절에는 부속지가 있다. 머리에는 더듬이(촉각)와 구기(절지동물의 입 부분을 구성하는 기관을 통틀어 이르는 말—옮긴이)가 있고, 가슴에는 날개가 있으며, 배에는 다리와 가시털이 있다. 루이스는 바이소락스 영역에 있는 각 유전자가 초파리 몸의 각기 다른 체절을 조절하고 있음을 알아냈다. 한 유전자는 머리에 더듬이를 발생시키고, 다른 유전자는 흉부에 날개를 발생시키고, 또 다른 유전자는 복부에 다리를 발생시킨다. 이들 유전자는 몸의 기본적인 구조(체제)를 구축하는 역할을 했다. 몸의 앞뒤 조직에 대한 정보가 유전자에 코드화되어 있는 것이었다. 게다가 놀랍게도 몸의 조직은 염색체상의 유전자 배치와 대응하고 있었다. 머리에서 발현되는 유전자가 한쪽 끝에 있고, 복부에서 발현되는 유전자가 다른 쪽 끝에 있으며, 흉부에서 발현되는 유전자는 그 중간에 있었다. 몸의 조직이 유전자의 구조와 활동에 거울처럼 반영되어 있는 것이다.

루이스의 발견은 모두를 흥분시켰지만, 생물학의 상식으로 보면 그것이 파리에만 해당할 우려도 있었다. 우선 파리의 체절은 물고기, 쥐, 사람 등 동물들이 가진 몸 부위와는 다르다. 파리의 몸에는 등뼈나 척수처럼 척추동물의 몸에서 볼 수 있는 구조들이 없다. 반대로 물고기, 쥐, 그리고 사람의 몸에는 더듬이, 날개, 강모가 없다.

게다가 훨씬 더 큰 차이가 파리가 발생하는 방식에 도사리고 있다. 대부분의 동물은 발생 중에 수백만 종류의 세포를 갖게 되고, 각 세포는 독자적인 핵을 지닌다. 반면 파리 배아는 다수의 핵을 가진 단일 세포처럼 보인다. 유전 물질이 담긴 거대한 자루라고나 할까. 동물 일반의 발생과 진화를 이야기할 때 거론할 동물로서 파리만큼 이상한 동물도 좀처럼 없을 것이다.

돌연변이 페이스트

1978년에 루이스가 바이소락스에 대한 논문을 발표했을 때 생물학계에는 기술 혁명이 일어나고 있었다. 모건의 시대에는 유전자가 일종의 블랙박스였다. 모건과 그의 팀은 이런저런 사실을 끼워 맞춰 유전자가 몸에 미치는 영향과 유전자의 염색체상의 위치를 밝혀낼 수 있었지만, 유전자가 DNA의 일부라는 것은 말할 것도 없고 심지어 유전자가 어떻게 작동하는지도 몰랐다.

루이스가 논문을 발표한 지 몇 년 후인 1980년대가 되었을 때 생물학자들은 유전자 염기 서열을 분석할 수 있었을 뿐 아니라, 유전자가 몸의 어디서 발현되어 단백질을 합성하는지도 확인할 수 있었다. 마이크 러빈Mike Levine과 빌 맥기니스Bill McGinnis는 스위스의 발터 게링Walter Gehring(1939~2014)의 연구실에 재직할 때 머리 부분에 더듬이 대신 다리가 돋아난 돌연변이 파리를 입수할 수 있었다. 그 파리의 머리는 다리가 붙어 있는 것만 빼면 정상이었다. 날개가 중복된 브리지스의 돌연변이체나 몸속 기관을 잘라 붙이기 한 베이트슨의 돌연변이체와 마찬가지로, 이 돌연변이체도 몸 부위가 뒤바뀌어 다른 곳은 멀쩡한데 머리 체절에만 결함이 있었다.

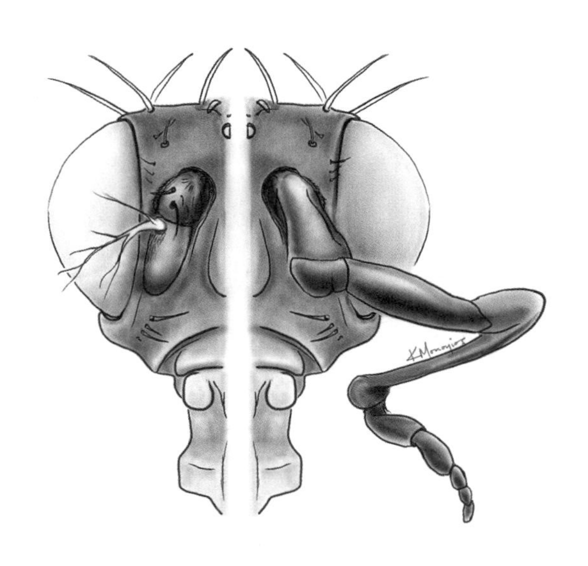

일반 파리(왼쪽)와 돌연변이체(오른쪽). 안테나피디아라는 돌연변이체의 이름은 본래 더듬이가 있어야 할 자리에 다리가 돋아난 데서 유래했다.

러빈과 맥기니스는 브리지스는 상상조차 못 했던 DNA 기술을 이용해 그 돌연변이체의 원인 유전자를 분리할 수 있었다. 다음으로 그들은 특수한 DNA 단편을 제작해, 발생 중에 해당 유전자가 몸 어디서 발현되는지 살펴보았다. 유전자가 발현되면 단백질이 합성된다는 사실을 떠올려 보라. 유전자는 단백질을 합성할 때 RNA라는 분자를 중계자로 이용한다. 따라서 유전자가 어디서 발현되는지 알기 위해서는 RNA가 어디서 만들어지고 있는지 확인해야 한다. 두 사람은 그 RNA와 상보적인 염기서열을 가진 DNA 분자를 합성해 형광 염료를 붙인 다음 파리 몸에 넣고 그 RNA가 있는 모든 곳을 수색했다. 형광 염료를 붙인 표지자 DNA를 발생 중인 파리 배아에 삽입하면 변이의 원인 유전자가 발현된 부위로 갈 것이고, 그러면 배아에서 형광을 띠는 부분을 현미경으로 확인할 수 있었다.

머리에 다리가 돋아나는 안테나피디아Antennapedia 돌연변이체의 원인 유전자는 파리 몸에서 통상적으로 머리에서만 발현되었다. 더욱이 이 유전자는, 더듬이든 머리에 돋아난 다리든 머리에서 형성되는 기관을 제어했다. 이 이야기가 귀에 익는다면 그것은 에드워드 루이스가 몇 년 전 바이소락스의 염색체를 조사하다가 알게 된 것과 같기 때문이다. 루이스는 염색체상에 연달아 놓인 일련의 유전자를 발견한 데다, 각 유전자가 한 체절에만 대응하여 그곳에서 발생하는 기관의 종류를 제어한다는 것을 알아냈다. 이번에도 이 머리 유전자는 앞으로 이어질 발견들의 전조처럼 보였다. 즉, 파리의 각 체절 발생을 제어하는 일군의 유전자들이 발견될 가능성이 있었다.

러빈은 루이스의 1978년 논문을 찾아 읽었다. 50번 넘게 읽으며 그 논문과 자신의 결과를 비교해 봤는데도 본인 말대로 "완전히 이해하지는 못했다."

러빈과 맥기니스는 루이스의 논문을 토대로 루이스가 예측한 것 중 하나를 확인해 보기로 했다. 그것은 염색체상에는 비슷한 염기 서열을 가진 유전자들이 구슬처럼 연결되어 존재할 것이란 예측이었다. 안테나피디아 돌연변이체의 원인 유전자 서열을 알고 있으니 그 근처에 비슷한 서열의 유전자가 있는지 알아보기로 했다. 사용한 기법은 조야한 것으로, 그들은 파리 몸을 짓이겨 페이스트로 만들고 거기서 DNA를 추출해 전기영동 겔에 넣었다. 그리고 분리해 낸 안테나피디아 유전자에 형광 염료를 붙였다. 그 유전자는 분자 끈끈이처럼 기능해 자신과 비슷한 염기 서열을 가진 모든 유전자에 달라붙을 테니, 형광 염료를 보고 그 유전자들을 찾아 분리하면 되었다.

결과는 예상대로였다. 파리 게놈에서 안테나피디아 유전자와 비슷한 서열의 유전자가 다수 발견된 것이다. 각 유전자의 염기 서열을 분석해 보니, 형광 꼬리표로 식별해 낸 유전자들은 모두 거의 동일한 짧은 DNA 영역을 포함하고 있었다. 놀라운 우연의 일치로, 인디애나대학교의 맷 스콧Matt Scott도 독자적으로 똑같은 발견을 했다.

이제 그 유전자군의 염기 서열은 밝혀졌다. 그렇다면 같은 기법을 더 폭넓게 사용하면 그 유전자군이 발생 중인 파리 몸 어디에서 발현되는지, 또 염색체상 어디에 있는지 알아낼 수 있을 터였다. 그리하여 모든 것의 시작이 된 돌연변이체에 두 사람이 사용한 기법을 전 세계 연구자들이 사용한 결과, 놀랍도록 아름다운 사실이 밝혀졌다. 이 유전자군은 실제로 염색체상에서 나란히 놓여 있었으며, 각 유전자는 파리의 각기 다른 체절에서 발현되고 있었다.

이 실험이 한창 진행되고 있을 때 러빈은 다른 실험실의 어느 과학자로부터 파리 외에도 체절을 가진 동물들이 있다는 지적을 받았다. 지렁이의 몸은 입에서 항문까지 블록 모양의 체절이 이어져 있는 관과 같다. 그러니 지렁이도 조사해 보면 어떨까? 아마 지렁이도 각기 다른 체절에서 발현되는 유전자군을 가지고 있을 것이다.

동료가 무심코 던진 한마디에 러빈과 맥기니스는 연구동 뒷마당으로 달려 나가 벌레, 곤충, 파리 등 기어 다니는 생물을 닥치는 대로 잡았다. 그리고 각 생물의 DNA를 추출한 후 그 생물들도 비슷한 서열의 유전자군을 가지고 있는지 조사했다. 예상대로 가지고 있었다. 게다가 그것이 끝이 아니었다. 후속 연구에서 개구리, 생쥐, 나아가 사람의 DNA에도 비슷한 서열이 있는 것으로 밝혀졌다.

지렁이, 파리, 물고기, 쥐에 대한 후속 연구에서 동물의 몸에 관한 보편적인 사실이 드러났다. 파리의 몸을 만드는 유전자군과 기본적으로 같은 것이, 지렁이부터 사람까지 거의 모든 동물에게서 발견된 것이다. 이 유전자군은 줄에 엮인 구슬처럼 염색체상에 연달아 놓여 있었다. 그리고 각 유전자는 몸의 특정 체절—머리, 가슴, 배—에서만 발현되는 것 같았다. 게다가 루이스가 처음 확인한 것처럼 염색체상에서 각 유전자의 위치는 체절의 앞뒤 순서와 일치했다.

40여 년 전 나를 유전학과 분자생물학으로 인도한 논문 더미에는 이 유전자군을 기술한 논문도 포함되어 있었다.

1995년에 노벨상 위원회는 에드워드 루이스가 생물학의 새로운 세계를 개척한 공적을 인정했다. 시상식에서 루이스는 관례에 따라 겸손했다. 수상 소감에서 그는 첫사랑인 "파리와 파리 연구"에 비하면 상은 아무것도 아니라고 말했다.

곤충, 파리, 지렁이의 세계는 다종다양한 생물로 가득하고 체절의 수도, 그 체절에서 돋아나는 부속지의 종류도 다양하다. 예를 들어 가재는 머리부터 차례로 더듬이, 큰 집게발, 작은 집게발, 다리가 나 있다. 각각의 부속지는 반드시 하나의 체절에서 발생한다. 지네류는 체절마다 똑같은 다리가 하나씩 나 있다. 날아다니는 곤충은 특정 체절에 다리 대신 날개가 자란다. 사람은 머리에서 엉덩이에 걸쳐 척추, 갈비뼈, 팔다리가 있다. 연구자들은 몸을 만드는 유전자군을 알게 되면서 동물 몸의 기본 구조가 어떻게 탄생했고 어떻게 진화했는지 물을 수 있게 되었다.

캘빈 브리지스는 파리에서 날개를 한 쌍 더 만드는 염색체 영역을 대략적으로 파악했다. 에드워드 루이스는 그 영역에는 많은 유전자가 있으며 저마다 몸의 특정 부위에서 발현되고 있음을 밝혔다. 러빈과 맥기니스와 스콧은 그 유전자군이 모든 동물에 공통되는 것으로 오랜 기원을 가지고 있음을 보여 주었다. 이제는 새로운 세대의 연구자들이 선배들의 연구를 발판 삼아 이 유전자군이 어떻게 작동하는지 밝혀낼 차례였다.

생물판 잘라 붙이기

아직 어렸던 내 아이들을 코드곶 해변에 데려갔을 때 그들은 모래사장에서 새우와 비슷한 작은 동물들을 찾아냈다. 아이들은 그것을 찔러 보고 반응을 지켜보더니 '뜀벌레'라는 별명을 붙였다. 일반적으로 '스커드scuds' 또는 '갯뜀벌레'로 알려진 이 생물은 몸길이가 0.5인치(1.3센티미터) 정도로 몸이 투명하며 해변의 모래에 굴을 파고 숨어 있다. 건드리면 몸을 웅크렸다가 1피트(30센티미터)쯤 공중으로 뛰어오른다. 해변에서 흔히 볼 수 있는 이 종은 지금까지 발견된 8000여 종 가운데 한 종에 불과하다. 모든 종이 헤엄치거나 땅을 파거나 뛰어오르는 등 놀라운 이동 능력을 갖추고 있다. 이렇게 할 수 있는 것은 아마 스위스 군용 칼이라고 할 만한 다리들 덕분일 것이다. 어떤 다리는 크고, 어떤 다리는 작으며, 어떤 것은 앞을 향하고, 어떤 것은 뒤를 향한다. 이들을 부르는 앰피포드amphipod(단각류)라는 명칭은 앞과 뒤를 향하는 다리를 모두 가지고 있음을 그리스어로 표현한 것이다. 'amphi'가 '이중'을 뜻하고 'pod'는 '다리'를 뜻한다.

생물학자 니팸 파텔Nipam Patel은 1995년 시카고에서 독립적인 연구소를 차리고 유전자가 어떻게 몸을 만드는지 조사하기에 이상적인 동물을 찾기로 했다. 다종다양한 다리를 지닌 단각류가 루이스의 유전자군을 조사하기에 적격일 것 같았다. 그는 이후 몇 년에 걸쳐 19세기 독일 논문을 샅샅이 뒤지며 연구 대상으로 이상적인 단각류를 찾았다. 1800년대는 해부학 도판과 기재가 정점에 이른 시기로, 도서관 서가에는 각기 다른 동물군을 위한 공간이 따로 마련되어 있을 정도였다. 파텔은 해부학적 기재와 석판화 도판에서 중요한 지식을 얻은 다음, 연구 재료를 찾기 위해 계획을 세웠다. 그리고 그 과정에서 자신의 오랜 취미를 활용했다.

시카고에 있는 파텔의 집에 가면 거실 한복판에 바닷물을 채운 거대한 수족관이 있다. 열성적인 수족관 애호가였던 파텔은 자기 집 수족관에 있는 여과 장치에서 아이디어를 얻었다. 여과 장치는 정기적으로 청소해야 하며, 특히 여과 장치 위에 모여 자라는 작은 무척추동물을 제거해 줘야 한다. 파텔이 청소를 하다 보면 찌꺼기 속에 숨어 있는 작은 무척추동물이 눈에 띄었다. 아무래도 그 무척추동물들은 여과 장치 위에 영양가 있는 입자들이 풍부한 것을 알고 그곳에 눌러살게 된 것 같았다.

파텔은 거기서 아이디어를 얻었다. 작은 생물들이 집 안의 소형 여과 장치를 좋아한다면, 시카고의 쉐드 수족관의 거대한 수조를 살펴보면 어떨까? 그곳의 여과 장치에 붙어 있는 끈적한 덩어리에는 얼마나 다종다양한 생물이 있겠는가. 수족관의 대형 수조에는 상어와 홍어를 포함해 50종이 넘는 대형 물고기가 살고 있었고, 간혹 스쿠버 장비를 갖추고 물속에 들어가는 사육사도 있었다. 파텔은 제자인 대학원생에게 양동이를 들려 쉐드 수족관으로 보내면서 수조의 여과 장치를 조사하라고 일렀다. 필터에 붙은 끈적끈적한 덩어리에서 실험에 쓸 만한 작은 동물이 발견될 것이라는 직감이 들었다.

과연 쉐드 수족관의 필터는 소형 무척추동물들의 낙원이었다. 파텔의 대학원생은 필터를 긁어내 그곳에 서식하는 생물들을 현미경으로 관찰했다. 그중 한 종류인 옆새우*Parhyale*라는 단각류가 연구 대상으로 매우 유망해 보였다. 옆새우는 작고 성장과 번식 속도가 빠르다. 또한 여러 종류의 부속지도 가지고 있다. 실로 완벽한 실험동물로 보였다. 파텔은 옆새우를 연구실에서 번식시켜 실험을 시작했다. 모건이 초파리를 이용해 유전 메커니즘을 밝혀냈다면, 파텔은 단각류를 이용해 유전자가 생물의 몸을 어떻게 만드는지 알아낼 작정이었다.

시카고의 쉐드 수족관에서 옆새우를 손에 넣은 지 얼마 지나지 않아 파텔은 캘리포니아대학교 버클리 캠퍼스로 옮기고 거기서 이 단각류를 중심으로 연구 프로그램을 짰다. 버클리, 파텔, 옆새우는 알고 보니 완벽한 조합이었다. 왜냐하면 버클리에는 새로운 게놈 편집 기술인 크리스퍼-카스CRISPR-Cas를 개발한 과학자 중 한 명인 제니퍼 다우드나가 있었기 때문이다. 게놈의 특정 영역을 표적으로 삼을 수 있는 이 기법은 DNA를 절단하는 분자 메스와 그 메스를 원하는 영역으로 이끄는 '가이드'라는 두 가지 도구로 이루어져 있다. 2013년, 다우드나는 세계 각지의 동료들과 함께 다양한 종의 DNA를 매우 정밀하게 잘라 붙일 수 있음을 증명해 보였다. 크리스퍼 메스를 사용하면 게놈에서 원하는 유전자를 잘라 낼 수 있다. 유전자 중 하나를 잘라 낸 뒤 배아를 발생시키면 그 유전자가 없을 때 나타나는 영향을 볼 수 있다. 또한 유전자 염기 서열을 다른 것으로 치환하거나 편집하는 더 복잡한 조작도 할 수 있다.

이 기술의 위력을 알게 된 파텔에게 한 가지 아이디어가 떠올랐다. 옆새우의 유전자를 편집해 몸의 한 체절에서 발현되는 유전자 조합을 다른 체절에서 발현되는 유전자 조합과 비슷하게 만들면 어떻게 될까? 혹시 부속지나 몸의 부위를 이리저리 움직일 수 있지 않을까?

옆새우는 몸의 앞뒤축을 따라 부속지가 나고, 체절마다 각기 다른 부속지가 있다. 머리의 앞쪽 체절에는 더듬이가 있으며, 뒤따르는 체절들에는 턱부위들이 위치한다(우리는 무척추동물의 턱부위들을 부속지라고 부르는데, 그것이 부속지처럼 체절에서 뻗어 나오기 때문이다). 가슴에는 더 큰 다리가 나 있는데, 앞쪽을 향한 것과 뒤쪽을 향한 것이 있다. 배에도 작은 다리가 있다. 앞쪽 체절의 다리는 텁수룩하고 뒤쪽 체절의 다리는 짧고 뭉툭하다.

루이스의 유전자군 중 여섯 개가 옆새우의 체축이 발생할 때 발현된다. 각 체절의 속성은 파리와 마찬가지로 거기서 나오는 부속지의 종류와 여섯 개 유전자 중 어느 것이 체절 발생 중에 발현되느냐로 결정된다. 그렇다면, 각 체절에서 발현되는 유전자 조합을 바꿀 수 있다면 어떻게 될까? 예컨대 가슴 체절에서 본래 배에서 발현되어야 할 유전자를 발현시킬 수 있다면? 그럴 수 있다면 가슴 체절에서 나오는 부족지의 종류가 바뀔까? 파텔은 버클리의 동료가 개발한 유전자 편집 기법을 이용해 유전자를 하나씩 잘라 냈다.

파텔이 실시한 실험의 우아함은 디테일에 있다. 루이스의 유전자군 중 세 개인 Ubx, abd-A, Abd-B는 발생 중인 옆새우 몸의 뒷부분에서 발현된다. 그리고 세 유전자의 발현 패턴에 따라 네 개의 영역으로 구분된다. 머리와 가까운 쪽부터 차례로 Ubx만 발현된 영역, Ubx와 abd-A가 발현된 영역, abd-A와 Abd-B가 발현된 영역, Abd-B만 발현된 영역이다. 이 네 개의 영역은 영역 내부에서 발현되는 유전자 조합으로 결정되는 유전자 주소를 가지고 있는 셈이다. 그리고 이 유전자 조합은 각 영역에 나 있는 부속지의 종류에 대응한다. Ubx만 발현되는 체절에서는 뒤쪽을 향하는 부속지가 생기고, Ubx와 abd-A가 발현되는 체절에서는 앞쪽을 향하는 부속지가 생기고, abd-A와 Abd-B가 발현되는 체절에서는 털이 많은 부속지가 생기고, Abd-B 체절에서는 뭉툭한 부속지가 생긴다.

파텔은 게놈에서 유전자를 잘라 내 각 체절의 주소를 바꿔 보기로 했다. 각 체절의 유전자 발현 패턴을 바꾸면 어떤 일이 벌어질까?

파텔이 abd-A 유전자를 잘라 내자 전에는 Ubx/abd-A라는 주소를 갖고 있던 영역에서 Ubx만 발현되었다. abd-A/Abd-B라는 주소를 갖고 있던 영역에서는 abd-B만 발현되었다. 이렇

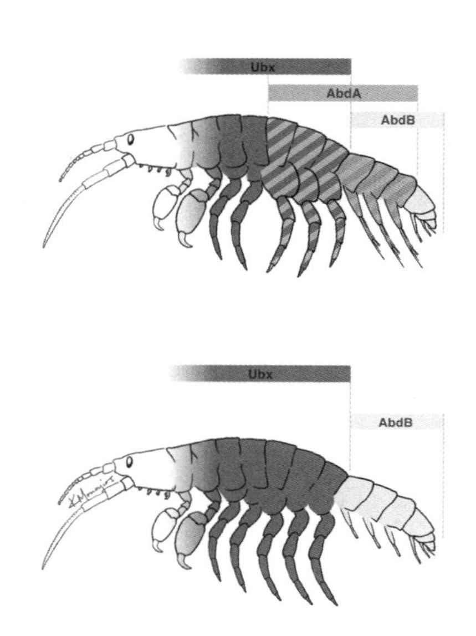

유전자 발현 패턴(위쪽 그림, 발현 영역을 음영으로 표시했다). 유전자를 잘라 내 각 체절에서 발현되는 유전자 조합을 바꾸면(아래쪽 그림), 체절에서 나오는 부속지의 종류가 바뀐다.

게 주소를 변경하자 실험동물이 아름다운 괴물로 변모했다. 그 괴물은 앞쪽을 향하는 부속지가 있어야 할 체절에 뒤쪽을 향하는 부속지가 생겼고, 텁수룩한 부속지가 나야 할 체절에 뭉툭한 부속지가 생겼다. 각 체절의 유전자 발현 패턴을 바꾸자 각 체절에서 나오는 부속지의 종류가 바뀐 것이다.

파텔은 유전자 주소를 바꾸어 몸의 부속지를 마음대로 옮길 수 있다는 사실을 알아냈다. 그것은 단순히 괴물을 창조하는 행위가 아니라 자연계의 생명 다양성을 모방하는 행위이기도 했다.

단각류를 그 사촌인 등각류와 비교해 보자. 감이 오지 않는 사람은 등각류 중 우리에게 가장 친숙한 종인 공벌레를 떠올려 보라. 등각류isopod('똑같은 다리'를 뜻하는 그리스어)라는 이름에서 알 수 있듯이, 이 종들은 앞쪽과 뒤쪽을 향하는 다리를 모두 가지고 있는 단각류와 달리 앞쪽을 향하는 다리만 가지고 있다. 파텔은 단각류의 게놈에서 abd-A를 잘라 냄으로써 등각류처럼 생긴 생물을 탄생시킨 것이다. 즉, 그 생물은 앞쪽을 향하는 다리만 가지고 있었다. 그는 또한 자연을 모방한 것이기도 했다. 왜냐하면 등각류는 정상적인 발생에서도 abd-A가 발현되지 않기 때문이다.

이 유전자군의 발현 패턴에서 볼 수 있는 차이가 바닷가재와 지네류처럼 다른 생물들의 차이를 초래한다. 바닷가재는 큰 집게발이 나는 체절과 다리가 나는 체절에서 발현되는 유전자 조합이 다르다. 반면 지네와 같은 생물은 모든 체절에 같은 종류의 다리가 생기며 각 체절에서 비슷한 유전자가 발현된다. 곤충이든 지렁이든 파리든 이 유전자군이 몸을 만드는 로드맵이 된다.

우리 안의 괴물 유전자

옆새우, 바닷가재, 파리는 시작에 불과하다. 개구리와 생쥐, 그리고 사람도 이 유전자군과 기본적으로 같은 것을 가지고 있다. 다만 사람과 여타 포유류에서는 이 유전자군을 부르는 이름이 다르다. abd-A, Abd-B 대신 혹스Hox 유전자군이라고 부르고 그

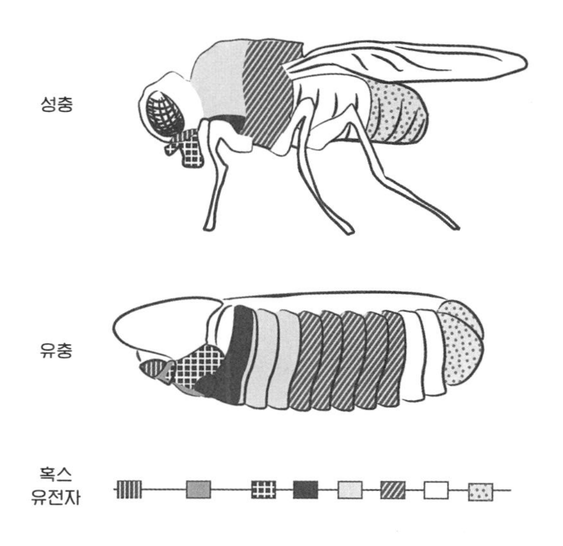

끈에 엮인 구슬처럼 줄지어 늘어선 혹스 유전자군은 파리와 쥐의 각 체절에서 발현된다.

것을 구성하는 유전자는 숫자를 붙여 혹스 1, 혹스 2 등으로 부른다. 게다가 파리, 지렁이, 곤충은 이 유전자군을 한 염색체에 한 세트를 가지고 있지만 우리는 서로 다른 네 염색체에 하나씩 총 네 세트를 가지고 있다.

이 유전자군은 쥐와 사람의 체축을 따라 발현되고, 파리와 옆새우처럼 각 유전자가 다른 체절에서 발현된다. 우리 체절에서는 날개도, 여러 방향을 향하는 다리도 돋아나지 않는다. 대신 척추뼈와 갈비뼈가 생긴다. 이런 차이에도 불구하고 '인간의 발생 방식이 옆새우나 파리의 발생 방식과 같을까?' 예를 들어 발생 중 유전자의 발현 패턴을 바꾸면 갈비뼈나 척추뼈의 수가 다른 돌연변이체를 만들어 낼 수 있을까?

포유류의 등뼈는 배열이 정해져 있다. 7개의 경추, 저마다 갈비뼈가 하나씩 붙어 있는 12개의 흉추, 그리고 5개의 요추가 차례로 놓인다. 그 뒤로 천골과 꼬리가 따른다. 인간의 경우 꼬리는 작은 척추뼈 여러 개가 융합되어 '미골'이 되어 있다.

파리나 엷새우와 마찬가지로 우리 몸도 체절마다 발현되는 유전자 조합이 다르다. 예를 들어 바이소락스와 비슷한 유전자들의 조합은 목 부분에서 발현되고, 또 다른 조합은 가슴 부분에서 발현된다. 마찬가지로 흉추 부위와 요추 부위, 그리고 천골 부위에서도 발현되는 유전자 조합이 다르다.

그렇다면 한 유전자 주소가 다른 주소로 바뀌면 무슨 일이 벌어질까? 쥐에서 돌연변이체를 만드는 일은 파리나 엷새우의 경우보다 훨씬 더 어렵다. 세대가 길고, 돌연변이에 가담하는 유전자가 많기 때문에 수년이 걸릴 수 있다. 하지만 그 결과는 기다릴 만한 가치가 있다.

요추와 천골을 예로 들어 보자. 요추가 형성되는 영역에서는 혹스 10이라는 유전자가 발현된다. 한편 그 뒤로 이어지는 천골 영역에서는 혹스 10과 혹스 11이라는 두 유전자가 발현된다. 따라서 혹스 11 유전자가 잘려 나간 돌연변이체에서는 원래 천골이 되어야 할 체절에 요추의 유전자 주소가 부여된다. 그렇다면 이 체절은 어떻게 될까? 천골이 통째로 요추로 바뀐 쥐가 탄생한다.

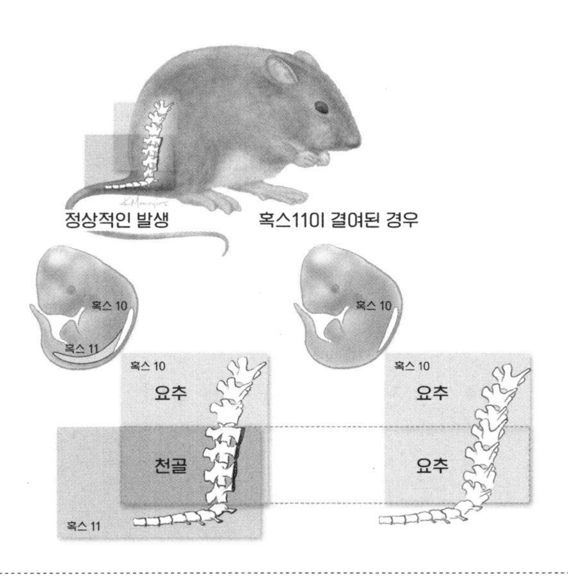

혹스 유전자 발현 패턴을 바꾸면 천골을 요추로 바꿀 수 있다.

후속 실험들은 다른 유전자와 몸 부위에서도 이 패턴이 반복될 수 있음을 보여 준다. 흉추에는 갈비뼈가 있는데, 몇몇 유전자를 잘라 냄으로써 등뼈의 뒷부분에 흉추의 유전자 주소를 부여할 수 있다. 그 결과는 갈비뼈가 꼬리까지 이어지는 쥐다. 파텔이 옆새우를 이용하여 했듯이, 유전자의 발현 패턴을 바꾸면 체절과 그 체절에서 발생하는 기관을 바꿀 수 있다.

이런 실험의 산물을 괴물이라고 불러도 상관없지만, 그러면 그런 생물들이 생명의 다양성을 만드는 메커니즘을 얼마나 멋지게 밝혀냈는지가 덮인다. 19세기의 생물 관찰, 20세기 파리 방에서의 발견, 그리고 현대의 게놈 생물학이 어우러져 동물의 몸 안에 내재된 아름다움이 드러났다. 파리, 생쥐, 그리고 사람의 몸을 만드는 유전자군을 살펴보면 우리 모두가 한 주제의 변주에 불과하다는 것을 알 수 있다. 생명의 계통수는 공통의 도구 상자를 사용해 수많은 가지를 내 온 것이다.

유전자의 재사용과 재배치

루이스의 유전자군이 다양한 종에 두루 존재한다는 사실이 밝혀지면서, 잊힌 지 오래인 19세기의 난해한 연구 논문들이 재조명을 받게 되었다. 1990년대 초, 윌리엄 베이트슨 같은 정통 자연철학자들의 관찰과 고찰을 바탕으로 최첨단 실험이 이루어졌다. 베이트슨의 관찰에 따르면 가장 흔한 유형의 변이는 기관의 수가 달라져 있거나 기관이 엉뚱한 곳에서 자라는 것이다. 캘빈 브리지스와 에드워드 루이스 같은 후대 분자생물학자들은 거의 1세기 전에 놓인 길을 따라가고 있었다. 그리고 19세기에도 그랬듯이, 연구 활동의 중심축은 실험실에서 만들어진 것이든 야생에서 발견된 것이든 괴물과 돌연변이체였다.

나는 화석, 박물관 표본, 발굴 조사의 세계에 속해 있었다. 하지만 한 연구 결과를 계기로 가능한 한 빨리 분자생물학을 배워야겠다고 마음먹었다.

세계 각지의 연구자들이 쥐의 혹스 유전자 발현 패턴을 조사하다가 전혀 예상치 못한 사실을 발견했다. 쥐의 혹스 유전자군은 몸의 앞뒤축을 따라 척추뼈와 갈비뼈의 형성을 제어할 뿐 아니라, 머리와 사지에서부터 소화관과 생식기에 이르기까지 배아의 다양한 기관에서 발현되고 있었다. 마치 혹스 유전자군이 온몸을 휘젓고 다니면서 분절 구조를 가진 기관이라면 무엇이든 손을 대고 있는 것처럼 보였다. 이런 유전자 발현 패턴에서 나온 것은 '생물판 잘라 붙이기'라고 불러 마땅한 구조였다. 즉, 몸의 앞뒤축을 형성하는 유전적 과정이 몸 안의 다른 기관을 만드는 데도 이용되었다.

1990년대 초, 혹스 유전자군의 사지에서의 발현 패턴이 몸의 앞뒤축에서의 발현 패턴과 흡사하다는 것이 많은 실험을 통해 밝혀졌다. 즉, 이 유전자군은 발생의 다양한 단계에서 발현되어 사지의 각 부위에 유전자 주소를 부여하는 것처럼 보인다. 개구리의 다리부터 고래의 지느러미발까지 모든 사지는 어떤 종이든 비슷한 골격 배열을 하고 있다. 먼저 팔 기부에 상완골이라는 한 개의 뼈가 있다. 다음으로는 팔꿈치에서 요골과 척골이라는 두 개의 뼈가 뻗어 있다. 그리고 말단에는 손목뼈들과 손가락뼈가 있다. 날기 위해 날갯짓을 하는 동물, 헤엄치기 위해 지느러미를 사용하는 동물, 피아노를 치기 위해 손을 사용하는 동물은 뼈의 크기도 모양도 수도 저마다 다르지만 '한 개-두 개-손목의 작은 뼈들-손가락뼈'라는 배열은 항상 같다. 이것은 동물의 몸이 갖는 대주제이며, 사지 골격을 가지는 모든 동물의 다양성은 이 태고의 배열을 바탕으로 생겨난다.

더욱이 동물의 사지에 있는 세 부위—위팔, 아래팔, 손—은 서로 다른 혹스 유전자군이 발현되는 세 영역에 대응한다. 동물의 사지에서도 파리, 옆새우, 쥐의 몸에서와 마찬가지로 영역마다 각기 다른 유전자 발현 주소가 할당되어 있다.

그러면 연구자들은 이제 이렇게 물을 수 있었다. 사지의 각 마디에서 유전자 발현 패턴을 바꾸면 무슨 일이 벌어질까? 체절의 경우, 옆새우와 쥐의 앞뒤축에서 그랬듯이 각 체절에서의 유전자 발현 패턴을 바꿈으로써 그 체절에서 발생하는 기관을 뜻대로 바꿀 수 있었다.

1990년대에 프랑스의 한 연구 팀이 파텔이 옆새우로 시도한 것과 같은 방법으로 쥐에서 혹스 유전자를 잘라 내 돌연변이체를 만들었다. 꼬리에서 발현되는 혹스 유전자를 잘라 내면 꼬리가 없는 돌연변이 쥐가 탄생했다. 그런 다음에 똑같은 실험을 사지로 시도했다. 꼬리를 만드는 혹스 유전자들이 사지에서도 발현되고 있었다. 이 유전자들의 역할은 사지의 말단인 손이나 발을 만드는 것이다. 프랑스 연구 팀이 사지에서 발현되는 유전자들을 잘라 냈더니, 사지의 골격이 '한 개-두 개'까지밖에 형성되지 않은 쥐 집단이 탄생했다. 이들 유전자가 삭제된 채로 발생한 쥐는 손발이 없었다.

나는 연구자가 된 뒤로 줄곧 물고기 지느러미에서 손과 발이 어떻게 진화했는지 연구해 왔다. 동료들과 함께 6년 동안 화석을 조사한 끝에 마침내 팔뼈와 손목뼈를 지닌 물고기를 발견했다. 그때 갑자기 손 형성에 필수적인 유전자군이 있다는 증거가 발견된 것이다.

프랑스 팀의 연구 결과를 알고 난 뒤 나는 새로운 길을 모색하게 되었다. 화석을 수집하는 것 외에 유전자 실험도 해내야 했다. 그 도구 상자를 손에 넣는다면 새로운 물음에 도전할 수 있을 터였다. 물고기도 이 유전자군을 가지고 있을까? 만일 그렇다면 이 유전자군은 물고기 지느러미에서 무엇을 할까? 동물의 손에서 발현되고 있는 유전자군을 살펴보면 물고기 지느러미에서 동물의 사지가 진화한 경위를 밝혀낼 수 있을까?

여러분이 시장이나 물속, 또는 수족관에서 볼 수 있는 물고기에는 손발가락이 없고 지느러미는 일련의 가시와 그 사이의 막으로 이루어져 있다. 지느러미 가시의 뼈는 손발가락의 뼈와 다르다. 손발가락의 뼈는 연골성 전구체에서 생기는 반면, 지느러미 가시는 피부밑에서 직접 발생한다. 화석 기록에서 알 수 있듯이 지느러미에서 사지가 진화했을 때 두 가지 큰 변화가 있었다. 바로, 손발가락의 획득과 지느러미 가시의 상실이다.

프랑스 연구 팀이 쥐에서 손발 형성에 필수적인 유전자군을 밝혀냈기 때문에, 여러분은 그 유전자군이 사지를 지닌 동물에만 있는 것이라고 생각할지도 모른다. 그런데 그렇지 않다. 물고기도 그 유전자군을 가지고 있다. 그렇다면 손발을 형성하는 유전자군은 물고기 지느러미에서 무엇을 하고 있을까?

시카고의 내 연구실에 있는 두 젊은 생물학자가 이 질문에 꼬박 4년을 매달렸다. 먼저 나카무라 테츠야가 포유류 유전자 실험을 물고기 지느러미로 재현하는 시도를 했다. 그는 손발을 형성하는 유전자군을 정성스럽게 잘라 냈다. 그랬더니 이 유전자군이 없는 물고기는 제대로 성장하지 못했다. 여기서 이 유전자군이 척추뼈 형성에도 관여한다는 사실을 떠올려 보라. 따라서 돌연변이 물고기는 헤엄을 잘 치지 못했다. 돌연변이체를 만들고 성장시키는 실험을 3년 동안 실시한 후 나카무라는 놀라운 현상을 목격했다. 게놈에서 그 유전자군이 제거된 돌연변이 물고기는 지느러미 가시가 없었다.

내가 두 번째 젊은 과학자를 처음 만난 건 1983년이었다. 당시 내 해부학 교수였던 리 거키Lee Gehrke가 갓 태어난 아들을 강의에 데려왔을 때였다. 그 아기였던 앤드루 거키가 20년 후 내 연구실에서 박사 과정을 밟게 될 줄은 꿈에도 몰랐다. 거키는 나카무라와 마찬가지로 거의 날마다 새벽 3시까지 연구실에 남아 실험 계획을 짰다. 캐나다의 한 연구실에서 실시한 한 실험에서, 쥐의 손을 형성하는 유전자군에 표지를 하고 발생 과정을 추적했더니 그 유전자군이 발현된 세포들의 거의 전부가 손목과 손가락에서 발견되었다. 여기까지는 그리 놀랍지 않다. 진짜 놀라운 점은 물고기 지느러미에 있었다. 어느 늦은 밤 거키는 물고기 지느러미에서 그 유전자군의 발현 패턴을 추적하다가 한 장면을 사진에 담았다. 그 사진은 《뉴욕타임스》 1면을 장식했다. 그것이

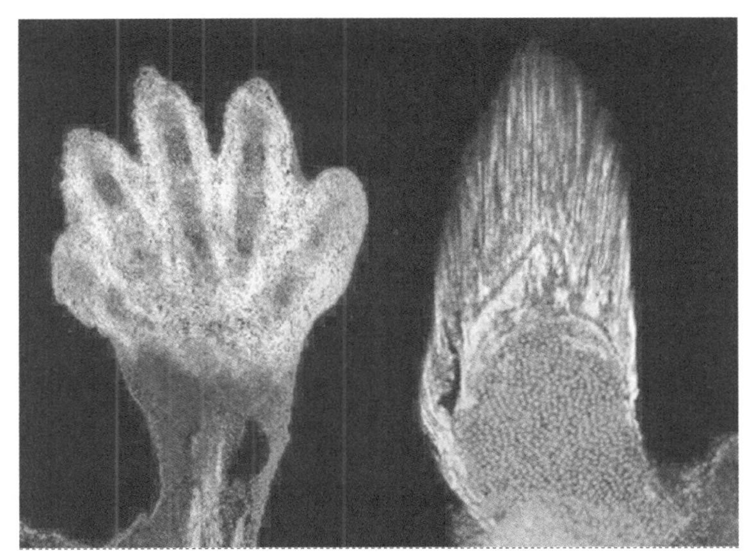

손 형성에 필요한 유전자의 발현 패턴(왼쪽)은 물고기에도 존재하고 지느러미 말단부를 형성한다. 밝은 부분은 발생 과정에서 혹스 유전자군이 발현되는 영역을 나타낸다.

'빅 스토리'를 들려주었기 때문이다. 쥐와 사람의 손을 형성하는 데 필수적인 유전자군은 물고기에도 존재했을 뿐 아니라, 지느러미 골격의 말단부에 있는 뼈인 지느러미 가시를 형성하는 데도 관여하고 있었다.

지느러미에서 사지로의 진화는 모든 수준에서 용도 변경이 일어난 결과다. 손발 형성에 관여하는 유전자군은 물고기에도 존재하면서 지느러미 말단부를 만들고, 같은 종류의 유전자군이 파리와 여타 동물에서 몸의 말단부 형성에 관여하고 있다. 생명에 대변혁이 일어나기 위해 꼭 새로운 유전자, 기관, 생활 방식이 일제히 발명되어야 하는 것은 아니다. 오래된 형질을 새로운 용도로 활용함으로써 자손들에게 새로운 가능성을 열어 줄 수도 있다.

옛 유전자의 변경, 전용, 재배치는 진화의 연료가 된다. 몸에 새로운 기관을 만들기 위한 유전 레시피가 무에서 생겨날 필요는 없다. 이미 있는 유전자들과 그 유전자들의 네트워크를 가져와 개편하면 놀랍도록 새로운 것을 만들어 낼 수 있다. 낡은 것을 이용해 새것을 만들어 내는 수법은 생명사의 모든 수준에서 찾아볼 수 있다. 심지어 유전자 자체를 발명하는 데도 그 수법이 쓰인다.

5장

흉내쟁이

표절과 도용은 유전적 발명의 어머니

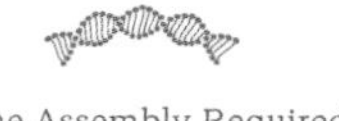

Some Assembly Required

17세기부터 18세기까지 과학자들에게 동물의 몸은 지구의 머나먼 장소로의 탐험 못지않게 경외를 불러일으키는 변경이었다. 당시는 세계의 변경에서 수집한 다양한 생물에 대해서는 말할 것도 없고, 인간의 기본적인 해부학적 특징조차 밝혀지지 않았을 때였다. 봉우리나 강의 이름과 마찬가지로, 인체 부위에도 발견자의 이름이 붙는 경우가 많다. 그 이름들을 통해 우리는 최초로 몸의 구조를 조사한 수많은 위인을 기억한다. 심장에 있는 전기 신호의 경로인 바흐만다발Bachmann's bundle도 그중 하나다. 눈에는 시신경을 묶는 고리 모양의 섬유 조직인 찐씨공통힘줄고리annular tendon of Zinn가 있다. '헨리의 움직이는 뭉치Mobile Wad of Henry'는 아래팔의 표층에 있는 근육 덩어리의 이름이라기보다는 유치한 농담처럼 들린다.

이런 이름을 생각해 낸 발견자들은 단순히 몸의 각 기관에 자신의 깃발을 꽂고 있었던 것이 아니다. 그들은 자연의 심원한 패턴을 발견하고 있었다. 프랑스 의사 펠릭스 비크다지르Félix Vicq d'Azyr(1748~1794)는 두 가지 구조에 자신의 이름을 남겼다. 비크다지르밴드와 비크다지르다발인데 둘 다 뇌 안에 있다. 현대 신경해부학을 창시했고 그 후 비교해부학을 창시한 그는 과학사에서 저평가된 인물이다. 비크다지르는 체내 기관이 왜 지금과 같은 모습을 하고 있는가를 설명하는 규칙을 알아내기 위해 다양한 동물의 해부 구조를 비교한 최초의 인물 중 한 명이었다.

비크다지르는 동물종 간의 유사한 해부 구조들을 비교했을 뿐 아니라 몸 안에 숨어 있는 질서를 찾았다. 예를 들어 그는 인간의 팔다리를 해부하면서 팔과 다리가 기본적으로 서로의 사본임을 깨달았다. 팔과 다리의 골격은 '하나의 뼈-두 개의 뼈-여러 개의 뼈-손발가락'이라는 비슷한 배열을 따른다. 비크다지르는 이 비교를 더 진행하며 팔과 다리의 근육들도 유사한 배열을 하고 있는 것을 보고, 마치 한 세트의 기관이 여러 번 복제되어 반복적으로 나타나는 것 같다는 인상을 받았다.

그로부터 약 70년 후, 영국의 해부학자 리처드 오언 경Sir Richard Owen(1804~1892)이 비크다지르의 발상을 사지뿐 아니라 온몸으로, 또한 사람뿐 아니라 모든 동물의 골격으로 넓혔다. 갈비뼈와 척추뼈, 그리고 팔다리뼈는 형태, 크기, 체내 위치에 사소한 차이가 있을 뿐 전반적인 설계가 비슷해서 서로의 변형된 사본처럼 보인다. 오언은 이 발상이 매우 마음에 들어서, 물고기부터 사람까지 모든 동물 골격의 원형은 척추뼈와 갈비뼈가 머리부터 꼬리까지 이어져 있는 단순한 생물이었다고 주장했다.

비크다지르와 오언이 해명하려고 했던 것은 단순히 몸의 기본적인 패턴이 아니었다. 사실 그들은 생명 그 자체, 그중에서도 특히 DNA에 대한 진실을 밝히고 있었다.

유전자 중복의 시대

18~19세기에 행해진 정성스런 동물 해부는 20세기에 모건의 파리 방에서 행해진 고행에 비하면 전주곡에 불과했다. 1913년, 모건의 제자 중 한 명인 사브라 코비 타이스Sabra Cobey Tice는 눈이 극단적으로 작은 수컷 초파리 한 마리를 발견했다. 이 돌연변이체는 수백 마리의 정상 자손들 속에 딱 하나 섞여 있을 정도로 드문 것이었다. 타이스는 실험실에서 초파리를 사육하며 수개월에 걸쳐 수컷과 암컷을 모두 찾아냈고, 마침내 그 돌연변이체를 대량으로 번식시키는 데 성공했다.

캘빈 브리지스는 죽기 2년 전인 1936년, 매우 정밀한 신기술을 이용해 작은 눈 돌연변이체의 유전 물질을 조사해 보기로 했다. 그 신기술은 정교한 손기술을 자랑하는 브리지스에게 딱 맞았다. 그는 초파리 침샘에서 작은 세포 덩어리를 떼어 내 가열한 다음 슬라이드 위에 올리고 현미경 아래서 고배율로 보았다. 이 과정을 제대로 하면 세포 안의 염색체를 볼 수 있다. 브리지스는

DNA에 대해서는 몰랐지만 염색체 안에 유전자가 들어 있다는 것은 알고 있었다.

동식물의 염색체는 개수도, 모양도, 크기도 다양하다. 바이소락스에서 보았듯이, 브리지스가 사용한 기법으로 염색체를 처리하면 염색체에 띠무늬가 나타난다. 어떤 것은 두껍고 어떤 것은 얇은 희고 검은 띠가 번갈아 반복되는 그 무늬는 언뜻 보기에 무작위 패턴으로 보인다. 그런데 이 띠무늬의 구성이 문제를 푸는 열쇠다. 모건 팀은 그 띠무늬를 좌표 삼아 각 유전자의 염색체상 위치를 알아냈다. 유전자가 DNA의 일부이며 DNA는 접히고 꼬여 염색체를 이룬다고 했던 것을 떠올려 보라. 유전자의 위치는 그것이 염색체상의 반복되는 흑백 띠무늬 안에서 어디 있는가로 식별되었다. 돌연변이가 일어나면 띠무늬의 어느 한 곳이 바뀐다. 흑백 띠무늬는 인공위성 신호가 잘 잡히지 않는 GPS 장치와 같아서, 돌연변이체에서 유전적 결함이 있는 위치를 알려주긴 하지만 정확하지는 않다.

브리지스는 작은 눈 돌연변이 초파리의 염색체를 처리해 그 띠무늬를 정상 초파리의 그것과 비교했다. 띠무늬는 한 곳을 제외하고는 동일했다. 작은 눈 돌연변이체는 염색체 하나가 매우 길었고, 그 염색체에서는 한 흑백 띠무늬 구역이 이웃 구역에서 통째로 반복되고 있었다. 브리지스는 그것이 게놈의 한 구역이 중복되었음을 나타낸다고 확신하고 관찰 결과를 자세하게 기록했다. 비정상적으로 작은 눈과 보통보다 긴 염색체를 갖게 된 원인은 어떤 변칙적인 유전자 복제 때문인 것 같았다.

비크다지르와 오언, 그리고 그들의 동시대 연구자들이 동물의 몸이 반복되는 부위로 이루어져 있다고 상상했다면, 캘빈 브리지스는 게놈에서 그런 복사본을 찾아내고 있었다. 유전자 중복이라는 개념이 막 떠오르고 있었다.

정크 DNA의 발견

스티브 잡스는 일찍이 이렇게 말했다. "'훌륭한 화가는 흉내 내고 위대한 화가는 훔친다'고 피카소가 말했듯이, (애플사의) 우리는 언제나 위대한 아이디어를 뻔뻔하게 훔쳐 왔다." 미술과 기술에 해당하는 사실은 유전자에도 해당한다. 베끼거나 훔칠 수 있는데 왜 처음부터 새로 만들겠는가?

잡스가 이렇게 말하기 수십 년 전, 주로 혼자서 일하던 조용한 연구자가 같은 생각을 유전자에 적용했다. 오노 스스무(1928~2000)는 캘리포니아의 암 전문 병원 시티 오브 호프City of Hope에 재직할 무렵 단백질 구조를 바이올린과 피아노를 위한 협주곡으로 번역하는 취미를 가지고 있었다. 단백질이 일련의 아미노산들로 이루어져 있음을 알고 그는 각 아미노산 분자에 음을 배정했다. 그리고 그렇게 만들어진 음악은 거의 신비롭게 느껴질 정도로 가슴에 깊이 와닿았다. 악성 종양의 원인 단백질로 만든 곡은 쇼팽의 장송 행진곡처럼 들렸고, 체내에서 당을 분해

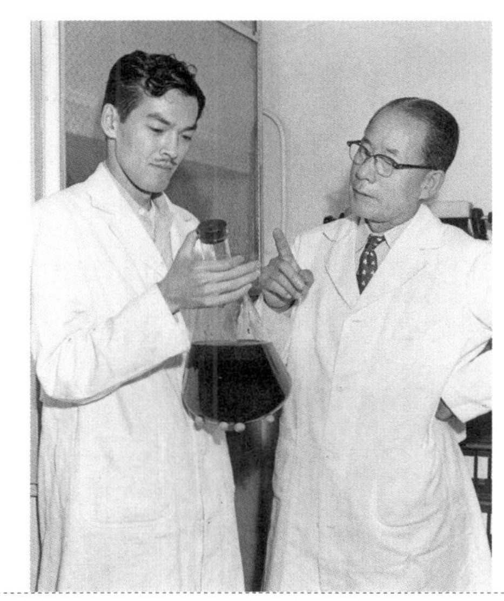

오노 스스무(왼쪽).

하는 단백질 서열로 만든 곡은 자장가 같았다. 그런데 오노는 유전자와 단백질에서 슬프고 아름다운 선율 이상의 것을 발견했다. 생물에게 생긴 발명에 대한 새로운 관점을 발견한 것이다.

일본인인 오노는 식민 지배기 한국에서 태어나 조선 총독부 교육부 장관을 지낸 아버지 밑에서 자랐다. 덕분에 그는 어려서부터 교육의 기회를 누리며 지적 도전을 즐길 수 있었다. 본인 말대로, 그가 평생을 매달린 연구는 어릴 적 말에 대한 사랑에서 비롯되었다. 주말마다 승마를 하면서 "말이 훌륭하지 않으면 사람이 어찌해 볼 도리가 없다"는 것을 깨달았다. 오노에게 말 개체들 간의 차이를 이해하는 열쇠는 말을 더 빠르거나 느리게, 더 강하거나 약하게, 또는 더 크거나 작게 만드는 유전자를 이해하는 것에 있었다. 일본과 UCLA에서 유전학을 공부한 그는 모건과 브리지스의 연구를 속속들이 알고 있었고, 염색체를 관찰하며 생물들 간의 유사성과 차이를 설명하는 패턴을 찾았다.

1960년대에 오노는 수십 년 전 브리지스가 사용한 것과 별반 다르지 않은 기법으로 다양한 포유류 종의 세포를 화학 물질로 염색해 염색체에 띠무늬가 나타나게 했다. 그런 다음 염색체 사진을 찍고 종이 인형처럼 오려 내 책상 위에 늘어놓았다. 그리고 오려 낸 종이 염색체를 보면서 이런 의문을 품었다. '다양한 종의 염색체들 사이에 어떤 차이가 있을까?' 그는 이 기발한 '로테크low-tech' 기법을 이용해 종들을 다르게 만드는 유전적 변화가 무엇인지 알아보기로 했다.

먼저 작은 뒤쥐부터 기린까지 여러 포유류 종의 염색체를 비교했다. 동물원과 그 밖의 공급처로부터 다양한 종의 세포를 얻은 후 그가 가장 먼저 알아차린 사실은 종마다 염색체의 총수가 크게 다르다는 점이었다. 적게는 오레곤초원쥐의 17쌍부터 많게는 검은코뿔소의 84쌍까지 있었다.

오노가 다음에 한 일은 우아할 정도로 간단하면서도 중요한 의미를 내포하고 있었다. 그는 각 포유류 종마다 종이 염색체의 무게를 쟀다. 종이 염색체의 무게를 한 생물의 세포 내 유전 물질의 총량을 알아내는 대리 지표로 쓸 수 있다는 생각에서였다. 그는 염색체 자체가 아니라 두꺼운 인화지에 인쇄한 염색체 사진을 오려 낸 것의 무게를 쟀지만, 여기서 중요한 것은 상대적 무게였다. 이 실험이 성공하기 위해서는 사진에서 염색체를 정확하게 오려 낼 필요가 있었다. 오레곤초원쥐의 염색체 17개를 오려내고 검은코뿔소 염색체 84개를 오려 내 무게를 쟀더니 두 종의 총 중량이 거의 비슷했다. 사실 코끼리부터 뒤쥐까지, 비교한 모든 포유류 종에서 종이 염색체의 무게가 같았다. 오노는 종이 염색체 무게가 비슷하다는 것은 다양한 포유류 종의 염색체 무게에 차이가 없다는 뜻이라고 결론지었다. 이 유사성은 종마다 염색체 수에 큰 차이가 있음에도 흔들리지 않았다.

오노는 이 비교를 다른 생물들에서도 시도했다. 양서류와 어류의 다양한 종들도 유전 물질의 양이 똑같을까? 도롱뇽의 종들은 비슷하게 생긴 경향이 있으므로, 오노는 그들의 유전 물질이 비슷할 것이라고 추측했다. 그런데 막상 염색체 사진을 오려 무게를 재 보니 놀라운 결과가 나왔다. 도롱뇽의 다양한 종들은 해부 구조가 비슷함에도 세포 내 DNA의 양에 상당한 차이가 있는 것 같고, 경우에 따라서는 5배에서 10배씩 차이가 나는 것 같았다. 개구리 종들도 마찬가지였다. 게다가 이 두 종류의 양서류가 가진 유전 물질의 양은 인간 등의 포유류보다 훨씬 많았다. 어떤 도롱뇽과 개구리 종은 유전 물질의 양이 사람보다 25배나 많았다.

오노가 종이 염색체를 사용해 발견한 사실은 수십 년 뒤 수십억 달러 규모의 게놈 프로젝트에서 확인되었다. 동물의 복잡성과 종들 간의 차이는 세포 내 유전 물질의 양에 대응하지 않는다. 도롱뇽 종들은 대개 비슷하게 생겼는데도 DNA의 양에 최대 10배의 차이가 있으며, 그 여분의 유전 물질은 도롱뇽의 몸에서 관찰할 수 있는 어떤 차이와도 관련이 없어 보였기 때문에 오노는 도롱뇽과 여타 종들의 게놈에는 무의미한 부분이 많다고 추측했다. 그런 DNA를 그는 '정크junk' DNA라고 불렀다.

오노는 게놈의 크기가 매우 큰 도롱뇽은 대개 염색체상에 이상한 띠무늬가 나타난다는 것을 알아챘다. 염색체의 특정 영역에 띠무늬가 반복되어(혹은 중복되어) 나타나는 것처럼 보였다. 어쩌면 도롱뇽과 개구리의 세포에 있는 여분의 DNA는 모두 유전자 중복으로 인해 생겼을 수도 있었다. 마치 DNA의 일부가 여러 번 반복해서 복사된 것처럼 보였다. 그 모든 '정크'는 복제 과정이 제대로 제어되지 않아 생긴 것이었다. 오노는 제어되지 않는 복제가 생명사에 일어난 대변화의 주된 원인이 아닐까 추측했다. 그래서 명탐정처럼, 어떻게 이런 일이 일어났는지 그리고 그것이 진화사에 대해 무엇을 알려 줄 수 있는지 알아보기로 했다.

세포 분열 도중 염색체가 복제될 때 가끔 오류가 일어난다는 것을 오노는 알고 있었다. 과거 파리 방의 T. H. 모건 연구 팀은 세포가 분열하는 모습을 관찰했다. 그들은 띠무늬가 나타나도록 염색체를 염색한 후 염색체가 어떻게 복제되는지, 그리고 세포 안에서 어떤 종류의 오류가 일어나는지 보았다. 대부분의 동물은 각 세포에 부모 각각으로부터 한 세트씩 받은 두 세트의 염색체를 가지고 있다. 인간은 쌍을 이루는 23개의 염색체를 어머니와 아버지에게서 하나씩 받아 총 46개의 염색체를 가지고 있다. 대부분의 세포가 각 염색체를 두 개씩 갖는 반면 정자와 난자는 한 개씩만 갖는다. 정자와 난자가 만들어질 때는, DNA가 복제되어 염색체 사본이 만들어지면 정자와 난자에 염색체가 한 세트만 배분된다. 그런데 여기서 때때로 실수가 생긴다. 염색체 사본이 만들어질 때 새로운 염색체 쌍은 대개 유전 물질의 일부를 교환한다. 이때 교환이 1대 1로 이뤄지지 않을 경우, 한 염색체는 유전자 사본을 추가로 가져가고 상대 염색체는 모자라게 가져가게 된다. 그러면 같은 유전자의 사본을 많이 가져서 보통보다 큰 게놈을 가진 자손이 태어날 수 있다. 브리지스가 작은 눈 초파리에서 본 것, 또는 오노가 종이 염색체에서 본 것이 이와 같은 경우였다.

또 다른 유형의 실수가 일어나면 게놈이 통째로 바뀔 수 있다. 염색체는 복제된 후 새로운 정자 세포와 난자 세포로 간다. 그런데 만일 그중 일부가 새집에 제대로 들어가지 못하면 일부 정자나 난자가 여분의 염색체를 가지게 된다. 이때 중복이 일어나는 것은 하나의 유전자만이 아니라, 그 염색체에 있을 수 있는 수천 개 유전자다. 그 정자나 난자에서는 정상적인 두 세트의 염색체를 가진 배아가 아니라, 한 염색체의 길 잃은 사본을 추가로 가지거나 완전한 염색체 세트가 통째로 중복된 배아가 탄생하게 된다. 그러한 배아는 각 염색체를 두 개씩 갖는 게 아니라 세 개 이상씩 가질 수 있다.

배아에 여분의 염색체가 있으면 극적인 변화가 일어날 수 있다. 유전 물질의 균형이 깨져 정상적인 발생에 꼭 필요한 유전자들 간의 섬세한 상호 작용에 혼란이 생긴다. 그 여파로 일어나는 한 가지 결과가 선천적 기형이다. 다운 증후군은 배아에 21번 염색체 사본이 하나 더 있을 때 발생한다. 다운 증후군은 몸 전체에 영향을 미친다. 신경계, 턱, 눈에 변화가 생기고 손바닥을 일자로 가로지르는 손금이 나타난다. 유전학자들이 정리한 염색체 이상 목록에는 배아에 13번 염색체가 하나 더 있어서 생기는 파타우 증후군부터 18번 염색체가 하나 더 있어서 생기는 에드워드 증후군까지 다양한 증후군이 포함되어 있다. 두 증후군 모두 뇌와 골격, 그리고 장기—사실상 몸의 모든 기관—에 영향을 미친다.

배아에 염색체 세트가 통째로 중복되는 것은 염색체가 하나 더 있는 것과 차원이 다르다. 그럴 때 생물에 마법이 일어날 수 있다. 각 유전자의 사본이 둘 대신 셋, 넷, 심지어는 16개씩 있을 수 있으며 그 이상도 가능하다. 실제로 우리는 식사를 할 때마다 여분의 염색체 세트를 가진 생물들을 먹는다. 바나나와 수박은 3세트이고 감자와 부추, 땅콩은 4세트이며 딸기는 8세트나 된다. 일찍이 식물 육종가들이 깨달았듯이 게놈이 통째로 중복된 식물을 교배시키면 때때로 여분의 염색체 세트를 가진 자손이 탄생하며 이런 개체들은 더 튼튼하거나 맛이 더 좋다. 이유는 모르지만, 일각에서는 여분의 유전 물질이 새로운 용도로 쓰이면서 성장과 대사가 더욱 왕성해지는 것 아니냐는 견해를 제시한다.

염색체 증가는 자연에서 늘 일어나는 일이다. 여분의 염색체 세트를 가진 정자가 여분의 염색체 세트를 가진 난자와 만나면 그 배아는 생존이 가능할 뿐 아니라 더 튼튼해진다. 이 새로운 개체는 같은 종의 다른 개체들과는 다를 것이다. 때로는 그 개체의 게놈이 부모나 형제의 게놈과 너무 달라서, 여분의 염색체 세트를 가진 개체들과만 번식이 가능할 수도 있다. 이런 개체들은 일종의 유망한 괴물이다. 즉, 정자와 난자에 배분되는 염색체 수가 달라짐으로써 단번에 생긴 유전적 돌연변이다. 전 세계에 꽃을 피우는 식물은 60만 종이 넘는다. 그 가운데 절반 이상이 중복된 염색체 세트를 가지고 있는데 이런 종들은 정자와 난자가 만들어지는 과정에 일어난 간단한 변화로 탄생했다.

이 현상은 식물에서는 흔하지만 동물에서는 드물다. 포유류와 조류, 일부 파충류에서는 이런 돌연변이체가 대개 살아남지 못한다. 파충류, 양서류, 어류에는 여분의 염색체 세트를 가진 종이 상당수 있고, 도마뱀은 흔히 여러 세트의 염색체를 가지고 태어난다. 이런 조건을 가진 개체들은 정상적으로 성장하고 정상적인 모습을 띠지만 대개 불임이다. 하지만 개구리나 어류의 종들은 여러 세트의 염색체를 가지고도 정상적으로 번식할 수 있다.

오노는 염색체 사진을 오려 내는 방법으로 세포에서 일어난 단순한 오류가 염색체 중복을 일으킬 수 있음을 알았다. 염색체의 일부가 중복되기도 하고, 심지어는 염색체 세트가 통째로 중복되기도 한다. 따라서 그는 이 세계가 사본과, 사본의 사본들로 이루어져 있다고 생각했다. 그에게 중복은 발명의 어머니였다.

사진을 찍어 오려 낸 도롱뇽과 개구리의 염색체는 생명사에 있었던 유전적 발명에 대한 새로운 관점을 가져다주었다. 지배적인 통념은 유전자의 작은 변화가 자연 선택에 의한 진화의 연료라는 것이었다. 그런데 오노는 진화의 원동력이 유전자 중복이었을지도 모른다고 생각했다. 이 경우 발명은 이미 만들어진 것을 새로운 용도로 사용하기만 하면 될 것이다. 한 유전자가 중복되면, 유전자가 하나만 있던 자리에 두 개가 존재하게 된다. 이런 종류의 중복이 일어나면 한 개의 유전자는 변이하지 않은 채 하던 기능을 유지하고, 새로운 사본은 변이하여 새로운 기능을 얻을 수 있다. 이렇게 개체가 치르는 비용은 거의 없이 새로운 유전자가 단번에 생길 수 있는 것이다.

중복은 게놈의 모든 수준에서 변화의 토대가 될 수 있다. 이미 있는 유용한 부품을 새로운 방향으로 바꾸기만 하면 된다. 낡은 것을 이용해 새것을 창조할 수 있는 것이다.

오노가 종이 염색체를 이용한 연구를 마칠 무렵, 다양한 단백질의 아미노산 서열이 차츰 밝혀지고 있었다. 이 서열들은 게놈에 일어난 중복의 규모를 확인시켜 주었다. 모든 것이 중복이었다. 게놈 전체가 중복되기도 하고, 유전자가 중복되기도 하고,

심지어는 단백질의 일부분조차 반복되는 서열을 가지고 있는 것 같았다. 이런 중복된 서열을 가진 단백질들은 오노에게 특별한 음악을 들려주었다. 오노는 종종 가수인 아내 미도리와 함께 모임에 초청받아 중복된 분자들의 음악을 연주하곤 했다.

새 유전자보다 베낀 유전자가 많다

게놈은 음악과 닮았다. 같은 소절을 여러 방식으로 반복함으로써 무수히 다양한 곡을 만들 수 있기 때문이다. 실제로 자연이 작곡가였다면 역대 최고의 저작권 위반자로 등극할 것이다. DNA의 일부분부터 유전자와 단백질에 이르기까지 모든 것이 원본의 변형된 사본이니 말이다. 게놈에서 중복을 보기 시작하면 마치 새로운 안경을 쓴 것처럼 세계가 이전과는 다르게 보인다. 일단 게놈에서 중복을 발견하면 그때부터는 게놈이 중복투성이로 보인다. 새로운 유전 물질인 줄 알았던 것이 옛것의 복사본처럼 보인다. 진화는 창조자라기보다는 모방자에 가깝다. 수십억 년에 걸쳐 옛 DNA와 단백질, 심지어는 기관의 설계도까지 베끼고 변형해 왔으니 말이다.

주커칸들과 폴링 등 단백질의 아미노산 서열을 처음 본 사람들도 중복과 마주쳤다. 혈류에서 산소를 운반하는 단백질인 헤모글로빈은 여러 유형이 있어서 각기 다른 생활 조건에 대응한다. 태아와 성인은 각각 다른 헤모글로빈 기능을 필요로 한다.

자궁 안의 태아는 어머니의 혈류에서 산소를 얻는 반면 성인은 폐에서 산소를 얻는다. 따라서 성장 단계에 따라 필요한 헤모글로빈 유형이 달라지는데 이들도 서로의 복사본이다.

단백질에 존재하는 다양한 아미노산 서열은 서로가 서로의 변형처럼 보인다. 그런 예는 피부, 혈액, 눈, 코 등 모든 조직과 기관에 존재한다. 케라틴은 손톱, 피부, 머리카락에 특수한 물리적 성질을 부여하는 단백질이다. 조직마다 각기 다른 종류의 케라틴이 있는데, 어떤 것은 유연하고 어떤 것은 단단하다. 케라틴 유전자군은 한 오래된 케라틴 유전자가 중복되어 각 조직을 위한 케라틴을 만들게 되면서 탄생했다.

색각은 옵신이라 불리는 단백질의 작용으로 생긴다. 사람이 광범위한 색깔을 지각할 수 있는 것은 눈에 세 종류의 옵신이 있어서 각각이 다른 파장의 빛—붉은색, 녹색, 파란색—에 대응하기 때문이다. 이들 옵신도 중복의 산물로, 한 개가 세 개가 되면서 시각 기능을 향상시켰다.

후각을 돕는 분자들도 비슷한 패턴을 보인다. 한 동물이 지각할 수 있는 냄새의 레퍼토리는 대체로 그 동물이 가지고 있는 후각 수용체 유전자 수에 따라 결정된다. 인간은 약 500개를 가지고 있지만 개나 쥐에 비하면 그 정도는 아무것도 아니다. 그들은 각기 1000개와 1500개를 가지고 있다(어류는 약 150개다). 시각, 후각, 호흡 등 사실상 동물이 하는 거의 모든 일이 중복 유전자에 의해 실현된다. 몸 안의 거의 모든 단백질은 옛 단백질이 중복되고 변형되어 새로운 기능을 위해 쓰이는 것이다.

루이스와 그의 후예들이 깨달았듯이, 몸을 만드는 유전자들은 대개 서로의 변형된 사본들이다. 루이스의 유전자군도, 초파리의 바이소락스 유전자군도, 쥐의 혹스 유전자군도 중복의 산물이다. 몸을 만드는 데 깊이 관여하는 일련의 혹스 유전자들은 오랜 시간에 걸쳐 수를 늘려 대규모 유전자군이 되었다. 인간은 쥐처럼 39개의 혹스 유전자를 가지고 있는 반면 초파리는 8개뿐이다. 동물의 몸을 만드는 그 밖의 중요한 도구 상자 유전자들도 마찬가지다. 팍스Pax 유전자군은 눈, 귀, 척수, 그리고 내부 기관의 형성에 관여한다. 팍스 유전자는 총 9개다. 팍스 6은 눈 형성에 관여하고, 팍스 4는 췌장 형성에 관여한다. 팍스 유전자가 결손된 배아에서는 이런 기관들이 형성되지 않는다. 팍스 유전자군은 조상 유전자였던 하나의 팍스 유전자가 중복된 것으로, 각각의 사본이 새로운 기능을 획득하여 다양한 조직과 기관에서 일하게 되었다.

현재 우리는 게놈 내 유전자들이 필수 서열을 공유하는 유전자군을 이루고 있으며, 그 유전자군은 중복 유전자투성이임을 알고 있다. 유전자군은 저마다 다른 기능을 가진 두세 개 유전자로 이루어질 수도 있고, 수천 개 유전자로 이루어질 수도 있다. 그리고 이런 유전자들은 진화가 일하는 방식에 대해 말해 준다.

오노가 깨달았듯이, 사본은 발명의 씨앗이 될 수 있다. 시카고대학교의 내 동료 만위안 롱Manyuan Long은 초파리를 조사하며 다양한 종에서 어떻게 새로운 유전자가 생겼는지 알아보기로 했다. 롱은 당시 구할 수 있었던 초파리 종들의 게놈 서열을 이용했다. 일부 종에서만 볼 수 있는 새로운 유전자는 500여 개로 전체 게놈의 약 4퍼센트를 차지했다. 그중에는 우리가 아직 모르는 과정으로 생긴 유전자도 있었지만, 새로운 유전자의 대부분은 옛 유전자의 중복으로 생긴 것이었다. 복사할 수 있는데 왜 처음부터 새로 발명하겠는가?

유전자 중복은 인간의 몸에서도 일어난다.

사람의 뇌가 커진 이유

인간의 대표적인 형질은 영장류 사촌들에 비해 큰 뇌다. 그 뇌의 유전적 기반을 알면 사고와 언어처럼 인간만이 가진 독특한 능력들이 어떻게 생겨났는지 알 수 있을 것이다. 화석 기록으로 미루어 볼 때, 인간의 뇌 용량은 300만 년 전 생존했던 오스트랄로피테쿠스 조상보다 세 배 가까이 늘었다. 뇌는 특정 부위가 커졌는데 무엇보다 사고와 계획, 그리고 학습에 관여하는 대뇌 피질이 눈에 띄게 커졌다.

화석 기록에 따르면 뇌의 확대는 다른 변화들과 관련이 있으며, 특히 우리 조상들이 만들고 사용한 도구의 종류가 복잡해진 것과 관련이 깊다. 현재는 게놈 기술의 등장으로 인간을 인간답게 만드는 유전자가 무엇인지 밝힐 새로운 방법이 생겼다.

한 가지는 인간과 침팬지의 게놈을 비교하는 것이다. 이런 비교를 통해 인간에게는 있지만 침팬지에는 없는 유전자 목록을 얻을 수 있을 것이다. 그런데 그 목록은 유익하긴 하겠지만 이것으로는 인간 뇌의 기원에 어떤 유전자가 중요했는지는 알 수 없다. 인간에게만 있는 유전자들은 인간을 다른 영장류와 다르게 만드는 인간만의 어떤 특징과 관련이 있을 수도 있고, 아무 관련이 없을 수도 있다.

이 문제를 해결하는 방법은 마치 과학 소설에 나오는 한 장면 같다. 바로, 접시에서 뇌를 배양하는 것이다. 그런 인공 기관을 부르는 오가노이드(장기 유사체)라는 명칭까지 더해지면 과학 소설의 느낌이 한층 강해진다. 이 방법은 발생 중인 동물 배아에서 뇌세포를 채취해 접시에 넣고 어떤 조건에서 뇌 구조가 만들어지는지 알아보는 것이다. 접시에서 배양한 생체 조직을 연구하는 것은 배아 내부에 있는 조직을 연구하는 것보다 훨씬 쉽다. 특히 발생의 대부분이 자궁 안에서 일어나는 포유류의 경우는 더더욱 그렇다.

캘리포니아의 한 연구 팀은 인간과 히말라야원숭이의 뇌 오가노이드를 비교해 차이를 정리했다. 인간 오가노이드에서는 인간 특유의 피질 부위가 형성되었지만 원숭이의 오가노이드에서는 형성되지 않았다. 연구진이 이 영역의 조직이 형성될 때 발현되는 유전자들을 조사해 보니 인간의 세포에서 두루 발현되지만 원숭이 조직에서는 발현되지 않는 유전자가 하나 있었다.

NOTCH2NL이라는 발음하기 어려운 이름을 가진 이 유전자는 이어지는 이야기와 관련이 있다.

같은 시점에 6000마일(약 9650킬로미터) 떨어진 네덜란드의 한 실험실에서 유산이나 의학적으로 필요했던 낙태로 인해 사망한 태아의 뇌 조직을 이례적으로 입수할 수 있었다. 이 조직은 뇌가 형성되고 있는 배아에서 유래했다는 점에서 매우 가치가 높았다. 연구진은 태아의 뇌 조직에서 발현된 유전자들을 조사하여 뇌 형성에 적합한 특징을 갖춘 유전자(발생의 적절한 시점에 발현해 활발하게 단백질을 합성하고 있는 것)를 몇 개 찾아낼 수 있었다. 그중 하나가 앞에서 말한 배양 실험에서 확인된 유전자인 NOTCH2NL이었다.

그 네덜란드 연구 팀이 인간의 NOTCH2NL을 쥐에 넣었을 때 그 결과는 더더욱 과학 소설 같은 냄새를 풍겼다. 인간과 쥐의 키메라가 탄생한 것이다. 그것은 인간의 뇌에서와 같이 뇌의 피질 세포가 강화된 쥐였다.

다음으로 캘리포니아 연구 팀은 인간, 네안데르탈인, 기타 영장류의 게놈을 서로 비교했다. 그 결과 NOTCH2NL이 인간 뇌에서 일하는 세 유전자 중 하나이며, 셋 모두 NOTCH라는 유전자와 비슷하다는 사실을 알아냈다. NOTCH는 파리에서부터 영장류까지 모든 동물에 존재하며 다양한 기관의 발생에 관여한다. 그렇다면 인간의 뇌에 있는 그 세 유전자는 어떻게 생겨났을까? 영장류 조상들이 가지고 있던 원시 NOTCH 유전자의 중복에 의해서다. 이후 각 사본은 새로운 기능을 얻었다.

유전자 중복은 과거를 설명하는 데 도움이 될 뿐 아니라 현재에도 영향을 끼친다. NOTCH의 중복으로 생긴 세 유전자는 인간 게놈에서 나란히 놓여 있다. 이런 구조 탓에 그 부위는 불안정해져 있어서 세포 분열로 유전자가 복제될 때 망가질 수가 있다. 망가진 곳에서는 염색체가 손상을 입기 쉽다. 이런 변화는 유전자와 뇌 기능에도 영향을 미친다. 세포 분열 시 염색체의 그 부위가 중복되거나 결손되는 것이다. 중복된 경우는 더 큰 뇌를 갖고 결손된 경우는 더 작은 뇌를 갖는다. 이런 유전적 변화를 겪어도 뇌 기능이 정상인 사람들도 있지만 대부분의 사람은 조현병이나 자폐증의 증상을 보인다.

당연하게도 큰 뇌를 형성하는 데 관여하는 유전자가 NOTCH 2NL뿐인 것은 아니다. 하지만 이 연구에서 알 수 있듯이, 인간의 게놈은 반복과 유전자군 같은 사본들로 가득하고 이런 중복은 발명과 변화의 연료가 될 수 있다.

인간 유전자는 중복투성이

로이 브리튼Roy Britten은 과학 DNA를 타고난 사람이었다. 1912년에 전공 분야가 각기 다른 과학자 부모 밑에서 태어나 자란 그는 물리학을 좋아하게 되었고 결국 제2차 세계 대전 동안 맨해튼 프로젝트에서 일했다. 하지만 해가 갈수록 평화 지향적인 성향이 강해지면서 새로운 일을 갈망하게 되었고, 마침내 그 염원이 이루어져 워싱턴 D.C.의 지구물리학 연구소로 가게 되었다. 1953년에 DNA의 구조가 밝혀지자 늘 새로운 지적 모험을 추구하던 브리튼은 뉴욕의 콜드스프링하버 연구소에서 바이러스에 대한 단기 강좌를 들었다. 그 강좌를 계기로 그는 DNA를 새로운 개척지로 간주하고 DNA 구조를 연구하기 시작했다.

브리튼을 사로잡은 문제는 게놈에 얼마나 많은 유전자가 있는지, 그리고 그 유전자들이 어떻게 구성되어 있는지 이해하는 것이었다. 당시는 아직 염기 서열 분석을 할 수 없던 때라 게놈의 구성은 대체로 미스터리였다. 염기 서열 분석기가 없는 상황에서 브리튼은 앞서 오노가 그랬듯이 몇 가지 영리한 실험을 고안해야 했다.

오노에 이어 브리튼도 게놈이 중복된 부분들로 이루어져 있음을 직감했다. 그는 게놈에 복사본이 얼마나 많이 존재하는지 대략적으로 알기 위해 기발한 실험을 고안했다. 그는 한 생물의 세포에서 DNA를 추출하고 가열해 DNA 가닥을 수천 개 조각으로 잘랐다. 그러고 나서 조건을 바꾸어 DNA 가닥이 다시 붙게 했다. 조각들이 한 가닥으로 얼마나 빨리 재조립되는지 측정하는 것이 목표였다. DNA가 재조립되는 속도를 측정하면 그 게놈에 반복 서열이 얼마나 많은지 알 수 있을 터였다. 왜 그럴까? DNA 분자는 비슷한 서열을 더 빨리 찾는 성질이 있기 때문이다. 반복 서열들로 구성된 게놈은 반복 부위가 적은 게놈보다 빨리 재조립될 것이다.

브리튼은 먼저 송아지와 연어의 DNA를 추출해 재조립 속도를 계산했고 그런 다음 이 비교를 다른 종들로 확대했다. 게놈에 중복이 많을 것이라고 예상하긴 했지만 결과는 충격적이었다. 그의 추산에 따르면 송아지 게놈의 약 40퍼센트가 반복 서열로 이루어져 있었다. 연어에서는 그 비율이 50퍼센트에 육박했다. 게놈에 반복 서열의 수가 많은 것도 놀랍지만 그만큼이나 놀라운 사실은 많은 종에서 반복 서열이 발견된다는 점이었다. 브리튼이 조각조각 잘라 재조립한 게놈의 대부분에 엄청나게 많은 반복 서열이 있었다. 당시의 거친 기법으로 추산했을 때 게놈 안에는 100만 개 이상의 사본을 갖는 반복 서열도 있었다.

게놈 프로젝트의 시대가 열리면서 게놈 내의 특정한 반복 서열을 볼 수 있게 되었고 그 결과 브리지스, 오노, 브리튼의 초기 성과에 정교함이 더해졌다. ALU라 불리는 한 DNA 단편은 약 300개 염기가 연결되어 있는 서열로, 모든 영장류에서 발견된다. 인간에서는 ALU 반복 서열이 전체 게놈의 13퍼센트를 차지한다. 또 다른 짧은 서열인 LINE1은 인간의 게놈에서 수십만 번 반복되어 게놈의 17퍼센트를 차지하고 있다. 다른 반복 서열들까지 모두 합치면 우리 게놈의 3분의 2 이상이 기능을 모르는 반복 서열로 이루어져 있다. 게놈의 중복은 거침이 없었다.

로이 브리튼은 2012년에 췌장암으로 세상을 떠날 때까지 90대가 되어서도 과학 논문을 계속 발표했다. 세상을 떠나기 1년 전에는 《국립과학아카데미 회보Proceedings of the National Academy of Sciences》에 새로운 발견을 담은 논문 한 편을 발표했는데, 오노가 그 논문의 제목을 보았다면 '역시!' 하고 미소를 지었을 것이다. 제목은 "사람의 유전자는 거의 모두가 중복으로 생겼다"였다.

이리저리 점프하는 옥수수 유전자

바바라 매클린톡Barbara McClintock(1902~1992)은 T. H. 모건의 발자취를 따라 유전의 바탕을 이해하고 싶어서 과학자의 길에 들어섰다. 그러나 불행히도 매클린톡이 코넬대학교에 입학한 시절에는 여성이 유전학을 전공하는 것이 허용되지 않았다. 그래서 어쩔 수 없이 '여성'의 전공으로 인정된 원예학과에 입학했다. 하지만 매클린톡은 옥수수 유전학 연구에 신기원을 연 팀에 참여하면서 결국 최후의 승자가 되었다.

연구 재료로 옥수수는 모건의 초파리보다 분명한 강점이 있었다. 옥수수 이삭에는 최대 1200개의 알이 열린다. 매클린톡은 그 알들이 유전학 연구에 이상적임을 알고 있었다. 한 알 한 알이 별개의 배아, 즉 별개의 개체이기 때문이다. 그러니까 옥수수를 먹을 때 여러분은 유전적으로 다른 1000개의 생물을 먹는 셈이다. 매클린톡에게는 옥수수 이삭 하나하나가 유전을 연구하기 위한 재배장이었다. 게다가 옥수수는 품종이 많고 알 색깔도 흰색, 파란색, 얼룩덜룩한 색까지 다양하다. 따라서 옥수수 이삭 하

옥수수와 함께 있는 바버라 매클린톡.

나로 수천 개체의 발생을 추적할 수 있다. 그 실험은 풍부한 데이터를 값싸고 빠르게 산출할 수 있었다.

매클린톡은 모건의 연구 팀과 마찬가지로 먼저 염색체를 눈에 보이게 하는 기법을 개발했다. 그녀는 옥수수 이삭을 여러 가지 염료로 염색해 흑백 띠무늬를 바탕으로 각 영역을 지도화할 수 있었다. 그때 행운이 찾아왔다. 염색체에서 마치 구조적 결함이 있는 것처럼 쉽게 끊어지는 영역이 있었던 것이다. 매클린톡은 각 알에서 염색체상의 어디에 그 영역이 있는지 파악했다. 놀랍게도, 끊어지기 쉬운 그 영역은 게놈 안을 이리저리 뛰어다녔다. 이것은 유전학 역사에 길이 남을 발견이었다. 즉, 게놈은 정적인 것이 아니며 유전자는 이곳저곳으로 점프할 수 있었다.

매클린톡은 거기서 멈추지 않았다. 신중하고 철두철미한 연구자답게 이 발견의 함의를 찾을 때까지 발표를 미루었다. 점핑 유전자jumping genes가 옥수수알 그 자체에 어떤 영향을 미치고 있을까? 만일 점핑 유전자가 다른 유전자가 있는 자리에 내려앉으면 어떻게 될까?

매클린톡은 답을 찾기 위해 옥수수알의 특별한 속성을 이용했다. 옥수수알은 세포 분열이 진행됨에 따라 바깥층의 색소가 발현된다. 그 층은 하나의 세포에서 시작해 분열을 계속해 나간다. 그 시동 세포가 특정한 색깔, 가령 보라색을 띤다면 자손 세포들도 모두 보라색이 되어 알 전체가 보라색을 띨 것이다. 하지만 이때 한 세포에 유전적 변화가 일어나 보라색 색소 유전자가 돌연변이를 획득한다고 해 보자. 그러면 그 세포의 딸세포들은 더 이상 보라색이 되지 않고 대개 흰색인 초기 설정 색이 된다. 그 흰색 세포는 계속 분열하여 일군의 흰색 세포들을 낳을 것이다. 최종 결과는 보라색 바탕에 흰 반점이 있는 옥수수알이다.

매클린톡은 각각의 알에 들어가 있는 여러 색깔 얼룩의 기원을 거슬러 올라가며, 언제 어디서 유전자에 돌연변이가 일어나는지 알아낼 수 있었다. 그녀는 각 옥수수 이삭에 열리는 수천 개의 알 각각에 대해 돌연변이를 조사했다. 그런 식으로 수십만 개의 알을 자세히 조사한 후 옥수수를 교배시켜 색깔과 얼룩의 종류가 다양한 옥수수알을 만들어 냈다. 그 결과 그녀는 색깔 돌연변이가 꺼졌다 켜졌다 한다는 것을 알아냈다. 또한 브리지스와 모건이 한 것과 유사한 방법으로 염색체를 살펴보면서, 염색체의 끊어지기 쉬운 영역이 점프해 색소 유전자에 내려앉을 때 돌연변이가 일어난다는 것도 알아냈다. 그 영역이 색소 유전자에 삽입되면 유전자가 망가져 해당 색소가 생산되지 않는다. 이후 그 영역이 색소 유전자에서 빠져나오면 다시 색소가 생산되기 시작한다. 옥수수 게놈에는 그런 식으로 자신의 사본을 만들어 돌아다니면서 다양한 색깔 얼룩을 만드는 유전자들로 가득했다.

수십 년의 연구 끝에 매클린톡은 마침내 자신이 재직하는 콜드스프링하버 연구소에서 열린 한 심포지엄에서 점핑 유전자에 대한 자신의 가설을 발표했다. 그곳에 모인 전문가들의 반응은 냉랭하기 그지없었다. 그들은 그녀의 말을 이해하지 못했고, 믿지도 않았다. 관심을 보인 사람들도 단지 옥수수만의 특이한 성질일 거라고 생각했다. 훗날 매클린톡은 그들의 반응을 이렇게 묘사했다. “그들은 내가 미쳤다고 생각했다. 완전히 돌았다고 생각했다.”

이후 그 문제는 수십 년간 방치되었다. 하지만 매클린톡은 굴하지 않고 수천 개의 옥수수 이삭을 조사하며 염색체상에서 점핑 유전자가 있는 위치를 확인해 나갔다. 당시 그녀는 이런 마음가짐을 갖고 있었다. “내가 옳다고 생각하면 주변 반응에 신경 쓸 것 없다. 조만간 진실이 밝혀질 테니까.”

그 후 1977년에 다른 연구실에서도 박테리아와 생쥐를 비롯해 그들이 조사한 사실상 모든 종에 점핑 유전자가 존재한다는 증거를 발견했다. 그리고 연구자들이 자신의 게놈을 조사했을 때 또 다른 놀라운 사실이 밝혀졌다. 점핑 유전자가 인간의 게놈을 점령하다시피 하고 있었던 것이다. 게놈의 약 70퍼센트가 점핑 유전자들로 이루어져 있다. 점핑 유전자는 예외가 아니라 주류였다. 우리 게놈 내의 주요 반복 서열로, 사본이 수백만 개에 이를 정도로 여러 번 중복된 서열인 ALU와 LINE1은 어떨까? 이들도 자신의 복사본을 만들어 게놈 곳곳에 끼워 넣는 점핑 유전자였다. 로이 브리튼이 1960년대에 조잡하지만 정교한 실험을 통해 발견한 것이 이런 점핑 유전자였다.

매클린톡은 점핑 유전자를 발견한 공로로 1983년에 노벨 생리의학상을 받았다. 그리고 그전인 1970년에는 리처드 닉슨 대통령에게 국립과학훈장을 받았다. 시상식에서 닉슨은 과학 연구에 대한 이상한 입장을 제시했지만 그렇다 해도 매클린톡의 영향을 인정하는 데는 모자람이 없었다.

"솔직히 말하면 나는 (당신의 과학 연구에 대한 설명을) 읽었지만 이해하지는 못했습니다." 그리고 이어서 이렇게 말했다. "하지만 내가 이해하지 못하는 것을 보면 당신의 연구가 우리나라에 매우 중요한 기여를 한 것이 틀림없습니다. 내게 과학이란 그런 것입니다."

게놈은 지루하고 정적인 존재가 아니다. 게놈은 활력으로 출렁이고 있다. 유전자가 중복될 수도 있고 게놈 전체가 중복될 수도 있다. 유전자는 자신의 사본을 만들며 게놈 안을 이리저리 뛰어다닌다.

게놈에는 두 종류의 유전자가 있다고 생각해 보라. 하나는 기능을 가지고 있어서 단백질을 만들고, 다른 하나는 오직 돌아다니며 자신의 사본을 만들기 위해 존재한다. 시간이 지나면 어떻게 될까? 다른 조건이 모두 같다면 사본을 만드는 유전자가 게놈에서 더 많은 부분을 차지할 것이다. 우리 게놈의 3분의 2가 LINE1과 ALU 같은 반복 서열로 되어 있는 한 가지 이유가 거기에 있다. 반복 서열은 억제하지 않으면 머지않아 게놈을 점령해 버릴 것이다. 이런 기생 인자들을 멈출 수 있는 순간은, 이들이 완전히 통제 불능이 되어 숙주가 죽고 이에 따라 그들도 사라질 때다. 개체 내의 점핑 유전자가 통제되지 않고 폭주하면 그 개체는 죽을 수밖에 없고 따라서 그 유전자를 다음 세대에 전달할 수도 없다. 이런 이기적 유전자와 숙주는 항상 긴장 관계에 있고 심지어는 내전 상태에 있다. 이기적 유전자는 자신의 사본을 만드는 것만이 목적인 반면 숙주 게놈은 그것을 필사적으로 억제하려 하기 때문이다.

스티브 잡스가 이끌던 애플사가 그랬듯이, 베끼기는 발명의 어머니다. 게놈에서 도용은 수많은 유전적 발명의 원천이다. 기술, 비즈니스, 경제에서와 마찬가지로 생물계에서도 교란이 혁명을 가져올 수 있다. 동물 세포는 수십억 년 동안 교란을 겪어 왔고, 차차 살펴보겠지만 그런 변화는 완전히 새로운 생활 방식을 가져올 수 있다.

6장

우리 안의 전쟁터

다정한 것이 살아남는다는 착각

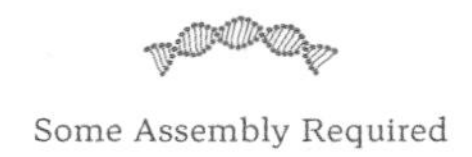

Some Assembly Required

내 연구의 씨앗이 뿌려진 건 1980년대 대학원생 시절에 매주 의식처럼 치렀던 만남에서였다. 나는 매주 목요일 아침이면 하버드대학교 비교동물학 박물관에 있는 넓은 표본 창고로 가기 위해 다섯 개의 계단을 터벅터벅 올랐다. 조류 표본이 보관된 그 방은 천장 높이가 6미터나 되었고 발을 디디면 널빤지 바닥이 삐걱거렸다. 벽에는 캐비닛과 선반이 늘어서 있었고 거기에는 19세기와 20세기 탐험 때 수집된 새의 골격과 깃털, 가죽이 보관되어 있었다. 공기 중에는 가죽의 부패를 막는 방충제 냄새가 맴돌았다. 그 공간에는 조류학과 나아가 과학 전반의 역사도 스며 있었다. 그런 과거와의 연결 고리가 나를 끌어당겼다. 나의 순례 목적은 80세의 은퇴한 조류 큐레이터 에른스트 마이어Ernst Mayr를 만나는 것이었다.

1980년대 중반, 마이어는 20세기 중엽에 진화생물학 분야를 정의했다고 해도 과언이 아닌 한 세대의 유전학자, 고생물학자, 분류학자들 중 마지막 생존자였다. 이 과학적 위업에서 마이어의 공헌은 당대를 대표하는 고전이자, 후대 연구자들에게 새 종의 형성을 연구하는 지침이 된 방대한 저서 《동물, 종, 진화Animals, Species and Evolution》(1963)를 집필한 것이다.

나는 매주 질문을 들고 그곳을 찾아 그 위대한 사람과 차를 함께했다. 차를 마시는 동안 마이어는 진화생물학의 역사를 되돌아보며 그 분야를 형성한 학설과 인물에 대한 자신의 의견을 거침없이 피력했다. 나는 그곳을 방문하기 전에 반드시 진화생물학 문헌을 읽으며 그의 기억을 되살리기에 좋은 화제를 찾았다. 마이어의 이야기에 이끌려 시공간을 초월한 여행을 하면서 나는 연구자 인생의 초입에 이렇게 경이로운 기회를 누리는 것이 믿을 수 없을 만큼 행운이라고 느꼈다.

어느 목요일 나는 《진화의 물질적 기반The Material Basis of Evolution》라는 책을 가져갔다. 독일 태생의 과학자 리처드 골트슈미트Richard Goldschmidt가 쓴 책으로 1940년에 출판된 원판을 페이퍼백으로 다시 펴낸 것이었다. 그 책을 보여 주자 마이어는 얼굴이 홍당무처럼 빨개지면서 얼음처럼 냉랭한 눈초리로 나를 쏘아보았다. 그는 자리에서 일어나 미동도 하지 않았다. 내 존재 따위는 잊은 듯했다. 나는 그 순간이 영원처럼 느껴졌다. 아무래도 내가 어떤 보이지 않는 선을 넘은 듯했고, 목요일의 티타임은 이것으로 끝이라고 각오했다.

마이어는 말없이 낡은 목재 캐비닛으로 걸어가 내용물을 뒤적거리더니, 이윽고 누렇게 변색된 골트슈미트의 논문 하나를 가져와 탁자 위에 툭 던지며 이렇게 말했다. "내가 책을 쓴 건 이 논문 끄트머리에 있는 단락의 첫 줄에 적힌 헛소리를 반박하기 위해서였네." 나는 그가 준 힌트에 따라 논문을 넘기다가 96쪽에서 손이 멈추었다. 이 문장임이 분명했다. 그 페이지의 여백에 분노의 글귀가 원문보다 더 크게 적혀 있었기 때문이다.

골트슈미트의 논문이 세상에 나온 지 35년이 지났는데도 마이어의 분노는 사그라들지 않았다. 무슨 대단한 개념도 아니고 고작 문장 하나에 어떻게 그렇게까지 분노할 수 있을까. 더구나 그런 격정에 사로잡혀 수많은 연구자를 그 분야로 이끈 811쪽짜리 대작을 썼다니. 놀라지 않을 수 없었다.

쟁점은 유전자의 변화가 어떻게 생명사에 새로운 발명을 가져올 수 있었는가 하는 것이었다. 당시 널리 통용되던 정설은, 진화적 발명은 오랜 시간에 걸쳐 작은 유전적 변화가 한 단계씩 쌓여 점진적으로 만들어진다는 것이었다. 이러한 생각은 수많은 이론적, 실험적 연구에 의해 뒷받침되어 자명한 이치처럼 받아들여지고 있었다. 영국의 통계학자 로널드 A. 피셔 경Sir Ronald A. Fisher은 1920년대에 이러한 점진설을 수학적으로 유도함으로써, 당시 새롭게 떠오르는 분야였던 유전학과 다윈의 진화론을 통합하려고 시도했다. 점진설의 논리 중 일부는 다음과 같은 개념에 뿌리를 내리고 있다. 어떤 계에 무작위 변화를 가하면 큰 변화가 작은 변화보다 해로울 가능성이 높고 대개는 파멸적인 결과를 초래한다.

비행기를 예로 들어 보자. 표준에서 심하게 벗어나는 변화를 임의적으로 가하면 그 비행기는 날 수 없을 것이다. 기체의 형태, 엔진의 배치와 형태, 또는 날개 배치를 임의로 바꾸면 그 비행기는 날 수 없는 흉물로 변할 가능성이 높다. 하지만 시트 색상을 조금 바꾸거나 크기를 조금 조정하는 것과 같은 미세한 변경이라면 심각한 일이 일어나지 않을 것이다. 오히려 큰 변경이 아닌 그런 식의 미세한 조정은 작게나마 성능을 향상시킬 가능성이 높다. 이런 종류의 사고가 오랫동안 진화생물학계를 지배했던 터라 여기에 이의를 제기하는 것은 사과가 나무에서 떨어지는 것이 중력 때문이라는 생각을 부정하는 것과 마찬가지였다.

골트슈미트가 나치 독일에서 망명한 후 들어간 미국 학계는 돌연변이체 연구에 수십 년의 역사를 지니고 있었다. 북아메리카로 이주한 그는 유전학계에 불청객이나 마찬가지여서 학계의 현주소에 신경 쓸 일이 없었다. 그는 캘빈 브리지스가 발견한 것과 같은 머리가 둘이거나 체절이 더 있는 돌연변이체에 깊은 인상을 받아, 큰 변화가 한 번의 극적인 돌연변이로 일어날 수 있다고 생각했다. 이 생각의 극적인 면을 잘 보여 주는 골트슈미트의 대표적인 발언이 바로 마이어를 격분시킨 원흉인, “최초의 새는 파충류의 알에서 부화했다”이다. 거기에 점진적 변화는 없다. 골트슈미트는 한 세대에 생기는 단 한 번의 변이로 생물계에 변혁이 일어날 수 있다고 생각했다.

골트슈미트의 돌연변이체는 '유망한 괴물'이라는 이름을 얻었다. 표준에서 크게 벗어나 있어서 괴물이고, 생명사에 혁명의 씨앗을 뿌린다는 점에서 유망했다. 염색체 수의 변화로 별안간 새로운 종이 탄생하기도 하는 식물에 관해서는 골트슈미트의 생각이 물의를 일으키지 않았다. 하지만 동물의 경우는 상황이 매우 달랐다.

골트슈미트의 가설은 발표 즉시 매서운 반발에 부딪혔다. 가장 두드러진 비판은 유망한 괴물이 살아서 번식하는 것은 불가능하다는 것이었다. 무엇보다 돌연변이가 진화로 이어지려면 개체가 살아남아 번식력 있는 자손을 생산할 수 있어야 했다. 극적인 돌연변이는 말할 것도 없고 대부분의 돌연변이체가 불임이거나 자손을 낳기 전에 죽는다는 사실은 당시에도 잘 알려져 있었다. 설령 돌연변이체가 살아서 번식할 수 있다 해도 앞날은 여전히 불투명했다. 개체군 내에 돌연변이체가 하나만 있으면 아무 소용이 없다. 그 돌연변이를 가진 짝짓기 상대를 찾아야 하기 때문이다. 골트슈미트의 유망한 괴물이 단번에 중대한 혁명을 일으키려면, 일어날 것 같지 않은 일련의 사건들이 연쇄적으로 일어나야 했다. 즉, 주요한 돌연변이가 일어난 개체가 번식 가능한 성체가 되어야 하고, 그런 일이 여러 암컷과 수컷에서 동시에 일어나서 그 개체들 중 일부가 만나 짝짓기를 하고 새끼를 낳을 수 있어야 하며, 그 새끼 역시 번식할 수 있어야 한다.

내가 생물학을 공부하던 1970년대 당시 골트슈미트의 평판은 왕따와 이단자 사이의 어디쯤으로, 명백히 잘못된 견해를 발표하는 것을 서슴지 않는 사람으로 여겨졌다. 게다가 그런 견해를 발표하는 것에만 그치지 않고 이단자 역할을 즐기는 것처럼 보였고, 세상을 떠나기 전까지 수십 년 동안 조롱에도 아랑곳없이 유망한 괴물을 계속 옹호했다.

마이어, 골트슈미트, 그리고 그들의 동시대 연구자들은 생명 다양성 문제의 핵심 주제인 '큰 진화적 변화는 어떻게 일어나는가'를 논하고 있었다. 골트슈미트의 유망한 괴물은 있을 수 없다 하더라도 의문은 여전히 남았다. 논점은 점진적 변화가 아니었다. 작고 점진적인 유전적 변화가 수백만 년의 지질학적 시간 동안 누적되면 큰 변화로 이어질 수 있음을 생물학자들은 이미 알고 있었다. 화석 기록에는 더 심원한 수수께끼가 있었다. 예를 들어 인류 진화의 역대급 사건인 내골격의 기원에 대해 생각해 보자. 벌레를 닮은 우리 조상들은 수백만 년 동안 몸 안에 뼈가 없는 상태로 살았다. 뼈는 독특한 구조를 하고 있으며 고도로 조직화된 세포층으로 이루어진다. 거기서 생산되는 독특한 단백질이나 광물이 뼈에 단단함을 부여하고 성장 방식을 제어한다. 우리 조상들은 내골격이 생기면서 크고 단단한 몸을 발달시킬 수 있었고, 덕분에 먹이를 찾고 포식자로부터 도망치고 자유롭게 이동할 수 있었다. 이런 내골격의 발명은 새로운 종류의 세포가 출현함으로써 가능했다. 그 세포가 생산하는 여러 단백질은 뼈를 만들고, 뼈에 영양을 공급하고, 뼈의 성장을 촉진한다. 그러나 서로 다른 종류의 조직인 피부, 신경, 뼈를 이루고 있는 세포들은 각기 수백 가지 서로 다른 단백질을 생산한다. 신경 세포가 골격 세포와 다른 이유는 그 세포에서 생산되는 단백질들이 신경 임펄스(자극에 의해 신경 섬유를 타고 전해지는 활동 전위)를 전달할 수 있게 해 주기 때문이다. 뼈나 뼈를 만드는 세포들에는 당연히 이런 단백질들이 없다. 마찬가지로 신경 세포에서는 연골, 힘줄, 뼈를 만드는 단백질들이 생산되지 않는다. 내골격은 한 예에 불과하다. 6억 년에 가까운 동물의 진화사에서 수백 가지 새로운 조직이 탄생해 새로운 섭식 방법, 소화 방법, 이동 방식, 번식 방법을 가능하게 했다.

여기서 의문이 생긴다. 조상들이 가진 것과는 다른 새로운 조직과 세포가 생기기 위해서는 수백 개 유전자에 변화가 일어나야 한다. 게놈 전체에서 많은 개별 돌연변이가 동시에 일어나야 한다면 어떻게 새로운 세포와 조직이 생길 수 있었을까? 하나의 작고 점진적인 돌연변이가 일어날 확률도 비교적 낮다. 그렇다면 그러한 돌연변이가 수백 군데에서 동시에 일어나는 것은 아무리 생각해도 불가능한 일 같다. 이것을 카지노에 비유한다면, 룰렛 휠 하나에서 잭팟을 터트리는 것이 아니라 카지노장에 있는 모든 룰렛 휠에서 동시에 잭팟을 터트리는 것과 같다.

점핑 유전자가 돌연변이를 퍼뜨리다

시카고대학교 체육관에서 내 동료 빈센트 린치Vincent J. Lynch는 눈에 확 띈다. 그의 양팔과 양다리에는 다양한 동물 문신이 새겨져 있기 때문에 문신한 학생들 속에 섞여 있어도 확연히 눈에 띈다. 린치의 팔다리에는 강 풍경이 펼쳐져 있고 그곳에는 잠자리와 물고기가 살고 있다.

린치가 몸에 새긴 강 풍경은 소년 시절 과학에 대한 사랑을 길러 준 허드슨강 생태계에 대한 경의의 표시다. 강변 마을에서 자란 그는 물가에 사는 생물들에 매료되었다. 다양한 동물을 기록하고 그리고, 책을 찾아 조사하다 보면 딴 세상이 펼쳐졌다. 그러나 안타깝게도 생명 다양성에 대한 호기심은 학교 성적에는 도움이 되지 않았다. 린치는 낙오자였다. 왜냐하면 본인 말마따나 "수업을 듣지 않고" 창밖의 새와 곤충을 관찰했기 때문이다.

다행히 한 생물 교사가 린치의 목가적 기질을 꿰뚫어 보고, 나중에 퀴즈를 낼 책과 생물 도감을 주면서 교실 뒤쪽에 앉게 했다. 한 현명한 교사의 배려 덕분에 린치는 생물학에 뜻을 두게 되었다. 그 이후로 그는 평생을 바쳐 동물의 다양성이 어떻게 생겨나는지 탐구했다. 그는 동물이 어떻게 살고 먹고 움직이는지뿐 아니라, 수백만 년에 걸쳐 먼 조상으로부터 어떻게 진화했는지도 알고 싶었다. 금상첨화로 린치는 이런 심원한 물음에 답을 찾기 위해 첨단 기술을 이용하는 데 능했다.

생물학 발전을 위해서는 올바른 질문을 던지는 것도 중요하지만 그 질문을 탐구할 실험 대상을 찾는 것도 그 못지않게 중요하다. T. H. 모건은 초파리에서 유전의 단서를 발견했다. 바버라 매클린톡은 옥수수를 통해 유전자가 어떻게 기능하는지 규명했다. 빈센트 린치는 탈락막 세포decidual stromal cell에서 생명사에 일어난 한 위대한 혁명의 실마리를 찾고 있었다.

탈락막 세포에 대해 이야기할 때면 린치의 눈이 빛난다. 우리 둘이서 처음 그 세포에 대해 이야기를 나누었을 때 그는 탈락막 세포는 “우리 몸에서 가장 아름다운 세포” 중 하나라는 찬사를 쏟아 냈다. 그것은 마니아 냄새를 풍기는 말임이 틀림없지만, 실제로 현미경으로 그 세포를 보니 나도 그 말에 납득할 수밖에 없었다. 대부분의 세포는 고배율에서 특별할 것 없는 작은 점으로 보인다. 하지만 탈락막 세포들은 그렇지 않았다. 크고 붉은 세포체들 사이를 풍부한 결합 조직이 채우고 있는 탈락막 세포는 싱그러워 보이기까지 했다. 어디까지나 세포에 대해 이런 표현을 쓸 수 있다면 말이다.

린치는 탈락막 세포의 외양뿐 아니라 과학적인 면에서도 아름다움을 느꼈다. 탈락막 세포를 통해 우리는 생명사의 위대한 발명 중 하나인 임신의 기원에 접근할 수 있다. 대부분의 어류, 조류, 파충류, 그리고 심지어는 아주 원시적인 포유류조차 알에서 부화한다. 이 동물들은 일반 포유류와 달리, 배아가 모체 안에서 발생해 모체로부터 혈액을 공급받는 임신 과정을 거치지 않

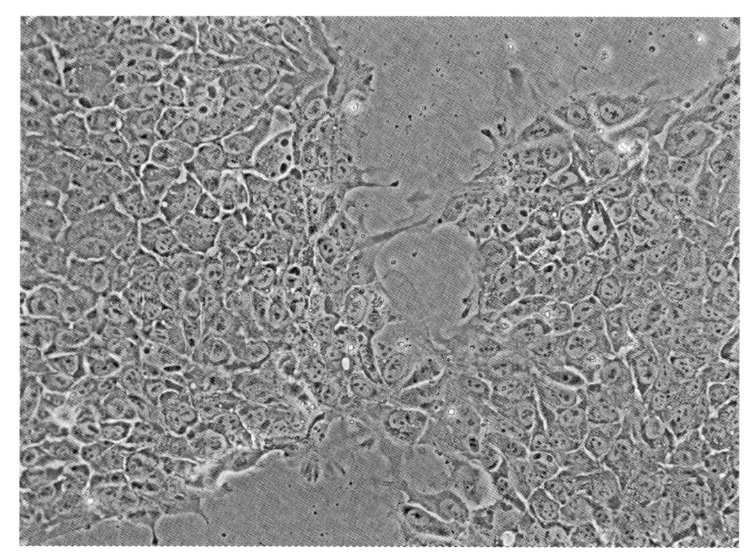

아름다운 탈락막 세포.

는다. 탈락막 세포도 없다.

임신이라는 현상은 완벽하게 자연스럽고 터무니없이 기적적인 일처럼 보인다. 정자들이 자궁과 나팔관을 통과해 난자와 만난다. 이후 하나(가끔은 그 이상)의 정자가 난자에 들어가면 일련의 사건들이 연쇄적으로 일어나기 시작한다. 정자와 난자의 게놈은 결합해 하나의 세포가 된다. 그리고 그 세포가 결국 수조 개로 불어나 적재적소에 배치되며 몸을 탄생시킨다. 모체와 자궁 속 태아를 연결하기 위해 태반과 배꼽도 생긴다. 자궁이 태아를 품고 있기 위해서는 일군의 새로운 구조들이 만들어져야 한다.

수정이 되면 모체에도 연쇄적인 변화가 일어난다. 자궁에서는 특수 세포가 형성되는데 이 세포들은 태아를 모체와 연결해 태아의 혈액과 모체의 혈액이 가까이에서 물질 교환을 할 수 있게 한다. 또한 이 특수 세포들은 부친의 유전자와 단백질을 받은 태아가 모체 안에서 이물질로 인식되지 않게 한다. 모체의 면역계가 부친의 단백질을 침입자로 인식해 수색 섬멸 작전을 펼치면 태아가 죽을 수 있는데, 그 특수 세포들 덕분에 모체는 그런 차이를 잘 인식하지 못한다. 모체의 면역 반응을 완화하는 것부터 태아에게 영양분을 공급하는 것까지 갖가지 마법을 부리는 세포가 바로 탈락막 세포다.

탈락막 세포를 만들고 자궁 내에서 많은 변화가 일어나도록 방아쇠를 당기는 것은 모체에서 프로게스테론 호르몬의 혈중 농도가 상승하는 것이다. 한 달에 한 번씩 모체의 혈류에서 프로게스테론 농도가 상승하고 이에 따라 자궁은 임신을 준비한다. 자궁 세포들은 프로게스테론의 작용으로 증식하고 분화해 자궁 내막을 두껍게 만든다. 프로게스테론의 농도 상승에 따라 섬유아세포라는 일군의 세포가 탈락막 세포로 분화한다. 만일 그달에 임신이 되지 않으면 그 세포들은 떨어져 나간다. 하지만 임신이 되면 난소에서 프로게스테론이 생산되기 시작한다. 그리고 자궁내막의 세포나 세포들 간의 기질이 증식을 계속하고 탈락막 세포가 형성돼 자신의 일을 시작한다.

린치가 탈락막 세포에 매료된 계기는 예일대학교에서 대학원 과정을 밟던 중 텍사스에서 열린 한 과학 학회에 참석했을 때였다. 어떤 연구자가 임신에 대해 발표하다가 탈락막 세포의 슬라이드를 보여 주었다. 린치는 그때 탈락막 세포를 배양 접시에서 제작할 수 있음을 알게 되었다. 그 발표자는 체내 아무 곳에서나 정상적인 섬유아세포를 채취해 배양 접시에 넣고 프로게스테론과 여타 화학 물질들을 첨가하면 정상적인 탈락막 세포로 변한다고 말했다. 당시 린치는 몰랐지만, 이 연구는 우연히도 예일대학교에서 린치가 있는 연구동 옆 동에서 실시되고 있었다.

린치는 곧 실험실의 통제된 환경하에서 탈락막 세포를 만드는 법을 배웠다. 이제 탈락막 세포의 게놈을 조사해 그 세포가 수백만 년 전에 어떻게 생겼는지 알아볼 차례였다. 그는 처리 속도가 놀랍도록 빠른 유전자 서열 분석기를 이용할 수 있었다. 이 기술을 이용하면 한 세포나 조직 전체를 조사해 거기서 발현되는 모든 유전자의 염기 서열을 즉시 확인할 수 있었다.

그렇다면 이런 기술로 무엇을 알아낼 수 있을까. 세포들 사이의 차이가 각 세포에서 발현되는 유전자의 종류로 인한 것이라면, 서로 다른 세포에서 어떤 유전자가 켜지는지 확인함으로써 세포들을 다르게 만드는 것이 무언인지 알 수 있을 것이다. 신경 세포가 뼈세포와 다른 이유는 두 세포 안에서 서로 다른 유전자들이 서로 다른 단백질들을 만들고 있기 때문이라는 사실을 떠올려 보라. 마찬가지로, 탈락막 세포가 섬유아세포와 다른 것은 그 안에서 발현되는 유전자들이 다르기 때문이다. 린치는 한 세포를 조사해 그것을 다른 세포와 비교함으로써 근본적인 질문을 던질 수 있었다. 두 세포에서 발현되는 유전자들에 어떤 차이가 있을까? 두 세포를 다르게 만드는 것은 하나의 유전자인가, 아니면 여러 개의 유전자가 함께 작용해 차이를 만드는 것인가? 그렇다면 그것은 어떤 유전자들인가?

린치는 섬유아세포를 채취해 배양 접시에 넣고 프로게스테론을 처리해 그것을 탈락막 세포로 분화시켰다. 그런 다음 세포 내에서 어떤 유전자가 발현되는지 확인했다. 그 결과는 놀라운 정도가 아니라 무시무시했다. 탈락막 세포를 만드는 데 관여하는 유전자는 한 개도, 몇 개도 아니었다. 수백 개 유전자가 동시에 켜졌다.

탈락막 세포는 포유류에만 있고 다른 어떤 생물에도 없다. 탈락막 세포의 기원은 임신의 기원을 풀 열쇠다. 하지만 여기서 의문이 생긴다. 이 한 종류의 세포가 탄생하는 데 동시에 발현되는 수백 개 유전자가 필요했다면 임신이라는 현상이 어떻게 생길 수 있었을까? 게놈 전체에 걸쳐 수백 개 돌연변이가 동시에 발생해야 했을 텐데 말이다. 이 의문을 풀기 위해서는 탈락막 세포를 만드는 데 관여하는 수백 개 유전자를 일일이 조사할 필요가 있었다.

린치가 다음에 한 일을 살펴보기에 앞서, 한 세포가 분화해 탈락막 세포가 될 때 일련의 유전자들이 어떻게 켜지는지 생각해 볼 필요가 있다. 앞에서 설명했듯이 게놈 전체에 분자 스위치가 있어서 상황에 따라 유전자를 켜고 끈다. 이런 스위치들은 대개 그것이 발현시키는 유전자 바로 옆에 있다. 프로게스테론이 탈락막 세포의 분화를 촉발하므로 이 분화에 관여하는 유전자의 스위치는 프로게스테론에 반응할 것이다. 그리고 그 스위치는 프로게스테론을 인식하는 염기 서열을 가지고 있을 것이다. 주위에 프로게스테론이 있으면 스위치가 유전자를 활성화해 단백질을 합성하기 시작할 것이다.

린치는 이 추측을 토대로 게놈에서 탈락막 세포의 분화에 관여하는 유전자의 스위치임을 알려 주는 표식을 찾았다. 그 스위치들의 서열에는 분명 프로게스테론을 인식하는 부위가 있을 테니까. 그 부위에는 프로게스테론과 결합할 수 있는 염기 서열이 있을 것이고, 운이 따른다면 컴퓨터 데이터베이스와 대조해 린치의 유전자군을 찾을 수 있을지도 몰랐다.

결과는 그가 예상한 대로였다. 탈락막 세포를 만드는 데 관여하는 수백 개 유전자의 거의 전부가 프로게스테론에 반응하는 스위치를 가지고 있었다. 이 발견은 흥미롭긴 했지만 린치가 애초에 이 연구를 시작하게 만든 의문에는 별로 도움이 되지 않았다. 임신이라는 현상이 진화하려면 어떻게든 수백 개 유전자가 프로게스테론에 반응해 활성화될 필요가 있었다. 그 수백 개 유전자가 프로게스테론에 반응해 켜지므로, 프로게스테론에 반응하는 수백 개 스위치는 그것이 활성화시키는 유전자 옆에 있어야 했다. 이는 염기 서열의 문자 하나가 바뀌는 것 같은 간단한 돌연변이가 아니다. 탈락막 세포가 탄생하기 위해서는 게놈 전역의 수백 곳에서 일련의 문자들이 동시에 바뀌어야 했다. 이쯤 되면 그 일은 일어날 법하지 않는 정도가 아니라 일어날 수 없었다.

새로운 실험을 시도할 때마다 탈락막 세포의 탄생은 점점 더 불가능한 일처럼 보였다. 그래서 린치는 초심으로 돌아가 유전자 스위치의 구조를 다시 살펴보기로 했다. 혹시 그 스위치들이 공통적으로 가지고 있는 무언가를 찾아내면 이 문제를 풀 수 있지 않을까? 그는 컴퓨터 알고리즘을 이용해 스위치들의 서열에 뭔가 공통되는 패턴이 있는지 확인했다. 그랬더니 사실상 모든 스위치가 공유하는 간단한 유전자 서열이 있었다. 그 서열을 지금까지 해독된 서열이 저장된 거대한 데이터베이스와 비교했을 때 그는 마침내 답을 얻을 수 있었다. 유전자 스위치들은 매클린톡이 옥수수에서 처음 발견한 점핑 유전자의 특징적 표식을 가지고 있었다. 점핑 유전자는 앞서 살펴보았듯이 자신의 사본을 만들어 게놈 여기저기에 끼워 넣는다. 매클린톡은 점핑 유전자를 훼방꾼으로 보았다. 즉, 그것이 점프해 다른 유전자에 끼어들면 그 유전자의 기능이 망가져 병을 일으킬 수 있다고 생각한 것이다. 그런데 린치는 점핑 유전자의 또 다른 역할을 찾아냈다.

점핑 유전자와 유전자 스위치라는 이 단순한 조합은 언뜻 보기에 불가능할 것 같은 복잡한 발명을 가능하게 했다. 수백 개 유전자가 따로 변이를 일으킬 필요는 없었다. 한 점핑 유전자에 돌연변이가 일어나 하나의 일반 서열이 프로게스테론에 반응하는 스위치로 바뀌기만 하면 된다. 그러면 그 스위치를 가진 점핑 유전자의 사본들이 점프하여 새로운 영역에 내려앉으면서 그 스위치도 게놈 전체로 퍼져 나간다. 점핑 유전자는 스위치를 순식간에 게놈 전체로 퍼뜨렸다. 그 스위치를 가진 점핑 유전자가 한 유전자 옆에 내려앉으면 그 유전자는 프로게스테론에 반응해 발현하게 된다. 이런 식으로 수백 개 유전자가 임신 중에 발현할 수 있는 능력을 얻었다. 수백 개 유전자가 관여하는 유전적 변화가 일어날 수 있었던 것은, 수백 개 돌연변이가 따로따로 일어나서가 아니라 점핑 유전자가 하나의 돌연변이를 게놈 전체로 퍼뜨렸기 때문이었다. 이처럼 유전자가 자신의 사본을 만들어 곳곳으로 보냄으로써 유전적 변화가 게놈 전체로 빠르게 퍼질 수 있었다.

점핑 유전자는 궁극의 이기적 분자다. 사본을 만들어 확산하며 게놈 안에서 증식해 나간다. 린치는 이런 점핑 유전자가 때로 새로운 일을 하는 유용한 돌연변이를 실어 나를 수 있음을 깨달았다.

게놈 안에서는 점핑 유전자와 나머지 DNA가 일종의 내전을 벌이고 있다. 이기적 유전자와 이를 제어하려는 힘 사이에 언제나 긴장이 감돌고 있다. 최근 들어 DNA가 점핑 유전자를 제어하는 메커니즘을 가지고 있는 것으로 밝혀졌다. 그중 하나는 짧은 DNA 서열로, 마치 공격형 잠수함처럼 기능하며 점핑 유전자를 불활성화한다. 그 서열이 점핑 유전자를 점프하게 만드는 부위에 붙어 단백질로 감싸 점프할 수 없게 하는 것이다. 이런 식으로 무력화된 점핑 유전자는 점프하지 못하고 그 자리에 머문다. 이런 불활성화 메커니즘은 점핑 유전자가 게놈을 망치는 지경까지 활개 치지 못하게 한다. 또한 이 메커니즘은 점핑 유전자를 길들이는 역할도 한다. 한 점핑 유전자에 유용하게 쓰일 수 있는 서열이 포함되어 있으면, 앞서 말한 그 공격형 잠수함 DNA가 점핑 유전자의 점프 능력을 무력화해 점핑 유전자를 그 자리에 주저앉히고 새로운 기능을 하게 한다. 즉, 점프 능력에 관여하는 부위만 억제하고 유용한 돌연변이는 이용하는 것이다.

린치가 발견한 탈락막 세포의 스위치들이 바로 그 사례에 해당한다. 탈락막 세포를 만드는 각각의 스위치들은 원래 점핑 유전자에서 유래한 것으로 보이는 특별한 서열을 가지고 있었다. 하지만 그 스위치들에는 점핑 유전자와는 다른 점이 하나 있었다. 특정한 짧은 서열이 없었다. 그것은 보통 서열이 아니라 그 유전자를 점프하게 만드는 서열이었다. 마치 점핑 유전자가 점프하지 않고 그 자리에 머물며 탈락막 세포를 만들게끔 유전 코드를 해킹한 것 같았다. 스프링이 잘려 더 이상 점프하지 못하게 된 점핑 유전자는 내려앉은 곳에서 새로운 일을 하게 되었다.

임신의 기원과 관련하여 린치가 발견한 사실은 훨씬 더 큰 세계를 보여 주는 창문이었다. 게놈은 내전을 치르고 있다. 그것은 점핑 유전자와 이를 억제하는 힘 사이의 전쟁으로, 이 싸움에서 발명이 나온다. 이 전투 덕분에 하나의 돌연변이가 게놈 전체로 퍼질 수 있고, 시간이 흐르면 일종의 혁명을 일으킬 수 있는 것이다.

이런 변화는 골트슈미트가 주창한 유망한 괴물과는 거리가 멀다. 혁명적 돌연변이가 꼭 단번에 일어날 필요는 없다. 작고 점진적인 변이가 게놈의 한 곳에 일어나 점핑 유전자와 결합하면 몇 세대 만에 게놈 전체로 퍼지며 증폭될 수 있다.

그런데 게놈의 내전은 여기서 끝나지 않는다. 그리고 이번에도 임신이 그 내막을 들려준다.

숙주와 바이러스의 치열한 내전

태아와 모체의 경계에 해당하는 태반에서는 어떤 단백질이 매우 특별한 역할을 하고 있다. 신사이틴Syncytin이라는 그 단백질은 이 접경지대에 진을 치고 분자 교통경찰로 일하면서 모체와 태아가 영양분과 노폐물을 교환하는 것을 돕는다. 여러 연구가 보여 주듯이 이 단백질은 태아의 건강에 필수적이다. 한 연구 팀이 신사이틴 유전자가 결손된 쥐를 탄생시켰더니 그 쥐는 성장하고 생존하는 데는 아무 문제가 없었지만 번식을 할 수 없었다. 수정이 되어도 태반이 형성되지 않아 태아가 생존할 수 없었기 때문이다. 신사이틴이 없는 어미 쥐는 제대로 기능하는 태반을 만들지 못해 태아가 영양분을 얻을 방법이 없었다. 신사이틴의 결손은 사람의 임신에도 광범위한 문제를 일으킨다. 자간전증(임신

중독증)에 걸린 여성의 신사이틴 유전자에는 결함이 있다. 이 경우 신사이틴이 만들어지긴 하지만 일을 제대로 못 한다. 그 결과 태반에서 연쇄 반응이 일어나 위험할 정도로 혈압이 높아진다.

프랑스의 한 생화학 연구소가 신사이틴 단백질의 구조를 알기 위해 신사이틴을 만드는 DNA 염기 서열을 조사해 보기로 했다. 린치의 연구에서 보았듯이, 한 유전자의 염기 서열이 분석되면 그 유전 코드를 컴퓨터에 입력해 데이터베이스에 저장된 다른 생물의 다른 유전자들과 대조할 수 있다. 이런 패턴 인식 소프트웨어를 사용하면 그 유전자(또는 그 일부)가 이미 서열을 알고 있는 다른 유전자와 어떤 비슷한 점이 있는지 알 수 있다. 이 데이터베이스에 지난 수십 년 동안 등록된 유전자 서열 정보는 미생물부터 코끼리까지 다양한 생물의 수백만 서열에 이른다. 이런 대조를 통해 많은 유전자가 5장에서 언급한 중복 유전자군에 속한다는 사실이 밝혀졌다. 연구자들은 임신 중 신사이틴이 어떤 작용을 하는지 알고자 신사이틴과 서열이 비슷한 단백질을 찾아보기로 했다.

그런데 이 조사에서 이상한 점이 발견되었다. 데이터베이스와 대조해 보니 신사이틴은 어떤 동물에 있는 어떤 단백질과도 비슷하지 않았다. 식물이나 박테리아에도 비슷한 단백질이 없었다. 컴퓨터상에 일치한다고 나온 서열은 놀라운 한편으로 당혹스러운 것이었다. 신사이틴 서열은 바이러스의 서열과 비슷했고, 에이즈를 유발하는 바이러스인 HIV와 여러 군데가 동일했다. 도대체 왜 HIV와 같은 바이러스가 포유류의 단백질, 그것도 임신에 필수적인 단백질과 비슷할까?

신사이틴을 조사하기에 앞서 연구자들은 먼저 바이러스 전문가가 될 필요가 있었다. 바이러스는 분자 크기의 기생자로 숙주를 속인다. 그것의 게놈은 감염과 번식에 필요한 장치를 제외하고 모든 것이 제거되어 있다. 바이러스는 숙주 세포에 침입하면 핵으로 들어가 숙주의 게놈에 끼어든다. DNA에 잠입하면 숙주의 게놈을 접수해 자신의 사본을 만들고, 숙주의 단백질 대신 바이러스 단백질을 생산하기 시작한다. 감염된 숙주 세포는 수백만 개의 바이러스를 생산하는 공장이 된다. HIV 같은 바이러스는 한 세포에서 옆에 있는 다른 세포로 퍼져 나가기 위해 숙주 세포들을 이어 붙이는 단백질을 만든다. 이 단백질의 역할은 세포들을 서로 붙여서 바이러스가 이동할 수 있는 경로를 만드는 것이다. 이를 위해 그 단백질은 세포 사이의 접경지대에 자리 잡고 교통정리를 한다. 어디서 들어 본 이야기 같지 않은가? 그럴 것이다. 신사이틴이 인간의 태반에서 똑같은 역할을 한다는 이야기를 앞에서 했다. 신사이틴은 태반에서 세포들을 이어 붙여 태아 세포와 모체 세포 사이를 오가는 분자들의 교통을 정리한다.

조사하면 할수록 신사이틴은 다른 세포를 감염시키는 능력을 잃은 바이러스 단백질처럼 보였다. 포유류 단백질과 바이러스 단백질이 비슷하다는 이 사실에서 새로운 가설이 도출되었다. 아주 먼 옛날 한 바이러스가 우리 조상들의 게놈에 침입했고,

그 바이러스는 신사이틴의 원형을 가지고 있었다. 하지만 그 바이러스는 우리 조상들의 게놈을 탈취해 자신의 사본을 무한히 만드는 대신 무력화되어 감염 능력을 잃고 새 주인이 시키는 일을 하게 되었다. 우리 게놈은 바이러스와의 끝나지 않는 전쟁을 치르고 있다. 이 사례의 경우, 우리가 아직 이해하지 못한 어떤 메커니즘에 의해 바이러스에서 감염에 필요한 부위가 무력화되었고 이에 따라 바이러스는 태반을 위해 신사이틴을 만드는 일을 하게 되었다. 즉, 숙주의 게놈으로 신사이틴 단백질을 들여온 바이러스가 숙주의 게놈을 탈취하는 대신 반대로 자신의 게놈을 해킹당해 숙주를 위해 일하게 된 것이다.

연구자들은 다음으로 다른 포유류의 신사이틴 구조를 조사했다. 그랬더니 쥐에 있는 신사이틴은 영장류 버전과 달랐다. 데이터베이스를 조회해 대조했더니, 쥐와 영장류에 각기 다른 바이러스가 침입해 여러 버전의 신사이틴이 생긴 것으로 밝혀졌다. 영장류 버전은 한 바이러스가 모든 현생 영장류의 공통 조상에 침입했을 때 탄생했다. 설치류와 그 밖의 다른 포유류에 있는 신사이틴은 다른 침입 사건에서 유래해 그들 버전의 신사이틴이 되었다. 이리하여 영장류, 설치류, 그리고 그 밖의 포유류가 각기 다른 침입자들로부터 유래한 서로 다른 신사이틴을 갖게 되었다.

우리 DNA는 우리 조상들에게 물려받은 것으로만 이루어져 있지 않다. 때때로 바이러스가 침입했다가 우리 게놈을 위해 일하게 된 경우도 있다. 이렇듯 우리 조상들과 바이러스의 전투는 발명의 여러 어머니 중 하나였다.

바이러스 감염 덕분에 똑똑해지다

제이슨 셰퍼드Jason Shepherd는 뉴질랜드와 남아프리카공화국에서 어린 시절을 보낼 때 어머니에게 끝도 없이 질문을 퍼붓다가 어머니로부터 과학자가 되어 스스로 답을 찾으라는 말을 들었다고 한다. 고등학교를 졸업할 무렵 그는 의학의 길을 가기로 결심하고, 몇 년이라는 짧은 기간에 의예과와 의사 수련을 모두 마치기로 했다. 그 첫해에 그는 올리버 색스의 고전《모자를 아내로 착각한 남자》를 만났는데 이 한 권의 책이 그의 인생을 바꾸어 놓았다. 올리버 색스에게 영감을 받은 그는 의학을 그만두고 사람의 뇌를 움직이는 분자와 세포를 연구하기 위해 새로운 길에 들어섰다. 그의 목표는 본인의 말을 인용하면 "우리를 인간답게 만드는 것이 무엇인지 알아내는 것"이었다. 기억과 기억의 상실은 과학자 셰퍼드에게 캘 것이 무수히 많은 채석장과 같았다. 우리의 학습, 타인과의 관계, 사회 속에서의 행동은 대체로 과거를 떠올리는 능력에 따라 결정된다. 이것은 소수의 사람들만의 관심사가 전혀 아니다. 우리 사회가 직면하고 있는 가장 큰 문제 중 하나가 퇴행성 신경 질환이다. 인간의 수명이 늘어남에 따라 노화된 뇌가 삶에 점점 중대한 장벽이 되고 있다. 기억과 인지 기능의 상실은 정서적, 사회적, 금전적으로 헤아릴 수 없는 손해를 끼치는 골칫거리다.

셰퍼드는 대학 4학년 때 신경생물학 과제에 필요한 논문을 찾다가 우연히 기억 형성에 관여하는 것으로 보이는 아크Arc라는 유전자를 알게 되었다. 쥐에서 아크 유전자는 학습하는 과정에서 발현된다. 게다가 발현 부위는 신경 세포들 사이였다. 아크 유전자는 기억에 중요한 유전자로서의 요건을 갖춘 듯했다.

셰퍼드가 대학 과제를 하고 나서 몇 년 후 아크 유전자가 없는 쥐를 만들 수 있을 정도까지 기술이 발전했다. 그런 쥐는 생존은 했지만 여러 가지 결함을 지녔다. 치즈가 중앙에 놓인 미로에 넣으면 길을 찾을 수 있지만 다음 날이 되면 길을 기억하지 못했다. 정상적인 기억력을 가진 쥐는 대개 길을 기억한다. 아크 유전자가 결손된 쥐는 실험을 몇 번이나 거듭해도 번번이 기억 형성에 어려움을 보였다. 인간에서도 아크 유전자에 돌연변이가 일어나면 알츠하이머병부터 조현병까지 광범위한 퇴행성 신경 질환이 생긴다고 알려져 있다.

셰퍼드는 기억과 아크 유전자를 연구의 축으로 삼고, 대학원에 진학해 동물의 행동에서 아크 유전자의 역할을 규명한 생물학자 밑에서 연구했다. 졸업 후에는 아크 유전자의 게놈 내 위치를 알아낸 과학자 밑에서 박사후 과정을 밟았다. 셰퍼드의 뇌에는 문자 그대로나 비유적으로나 항상 아크가 있었다.

연구자로 독립해 유타대학교에 자신의 연구실을 차린 셰퍼드는 아크 단백질이 어떻게 작동하는지 이해하기 위해 새로운 실험을 고안했다. 아크 단백질은 한 신경 세포에서 다음 신경 세포로 신호를 전달하는 데 관여하는 것이 분명하며 그 신호는 기억과 학습에 중요한 열쇠를 쥐고 있다. 그는 자신의 의문에 답하기 위해 아크 단백질을 정제해 그 구조를 분석하기로 했다.

단백질을 정제하기 위해서는 세포에서 원하는 단백질을 제외한 모든 성분을 여러 단계에 걸쳐 제거해야 한다. 그러기 위해 먼저 조직—이 경우에는 뇌 조직—에 화학 약품을 처리해 액체로 만들고, 그 액체에 순차적으로 시약을 처리하여 거기 포함된 모든 성분으로부터 원하는 단백질만 분리한다. 이렇게 해서 얻은 단백질 수프를 일련의 관을 통해 흘려보내면서 매 단계 다른 불순물을 뽑아낸다. 마지막으로, 특수 겔이 채워진 유리관을 통과시킨다. 겔이 최종 불순물과 여타 단백질을 흡수해 제거하기 때문에 겔을 통과한 액체에는 정제된 단백질만 남는다. 셰퍼드는 각 단계를 거치고 남은 소량의 액체를 마지막 유리관에 부었다. 그런데 아무것도 통과하지 않았다. 유리관에서 흘러나온 것이 아무것도 없었다. 겔을 새것으로 갈아 다시 시도해 봤지만 이번에도 아무것도 나오지 않았다. 뭔가에 의해 유리관이 막힌 것이 분명했다. 연구 팀은 새로운 유리관으로 시도해 봤지만 그래도 아무것도 나오지 않았다. 액체의 종류나 농도도 바꿔 보았지만 마찬가지였다.

셰퍼드의 조교는 뭔가 짐작 가는 바가 있었다. 아크 단백질에 유리관을 막는 특수한 성질이 있는 것이 틀림없다! 문제는 실험 조건이 아니라 아크 분자 자체일지도 모른다. 셰퍼드와 그의 조교는 관에 막혀 있는 액체를 꺼내 전자 현미경에 넣고 컴퓨터 화면에서 초고배율로 그 단백질의 구조를 관찰했다. 구조를 본 셰퍼드는 너무 놀라 이렇게 소리쳤다. "도대체 무슨 일이 벌어지고 있는 거야?"

아크 단백질은 속이 빈 구체였다. 이 구체가 너무 커서 겔 필터를 빠져나오지 못한 것이었다. 그는 의예과 시절에 이와 같은 구체를 본 적이 있었다. 아크 단백질의 구체 구조는 바이러스가 세포에서 세포로 확산할 때 만드는 것과 흡사했다.

유타대학교 메디컬 센터의 연구동에서 일하던 셰퍼드는, 건물 건너편에서 에이즈 바이러스HIV를 연구하는 팀을 찾아갔다. HIV는 단백질 캡슐을 만들어 유전 정보를 싣고 세포에서 세포로 이동한다. 셰퍼드는 바이러스 연구 팀에게 전자 현미경 사진을 보여 주면서 구체적인 설명을 하지 않고 그 기묘한 구체가 무엇으로 보이는지 물었다. HIV 연구자들은 그것이 HIV 같은 바이러스가 만든 것이라고 생각했다. 그들은 아크 캡슐과 HIV 바이러스가 만든 캡슐 사이에서 어떤 차이도 발견하지 못했다. 둘 다 네 종류의 단백질 사슬로 이루어져 있었고 분자 구조도 같았다. 심지어는 굴곡과 접힘 같은 원자 수준의 구조까지 일치했다. 해부학자들이 뼈를 연구해 이름을 붙이듯이 생화학자들도 여러 구조에 이름을 붙인다. 그들이 '아연 집게zinc knuckle'라고 부르는 캡슐 분자 구조상의 굴곡은 HIV의 특징인데, 아크도 그것을 가지고 있었다.

아크 단백질은 HIV 같은 바이러스 단백질과 사실상 동일한 것이 확실했다. 게다가 두 분자는 행동하는 방식도 같아서 한 세포에서 다음 세포로 소량의 유전 물질을 운반했다. 앞서 보았듯이 신사이틴도 다른 형태로 HIV와 비슷하게 행동한다.

셰퍼드의 연구 팀은 유전학자들의 협조를 얻어 아크 DNA의 서열을 확인하고, 동물계 게놈 데이터베이스를 검색해 아크를 가진 또 다른 동물이 있는지 살펴보았다. 아크 유전자의 서열과 동물계에서의 분포를 추적하는 과정에서 옛날에 일어난 감염의 전모가 드러났다. 육지에 사는 동물은 빠짐없이 아크 유전자를 가지고 있는 반면, 어류는 가지고 있지 않았다. 이 사실은 약 3억 7500만 년 전 모든 육생 동물의 공통 조상의 게놈에 바이러스가 침입했음을 의미한다. 나는 최초로 감염된 생물은 틱타알릭의 가까운 사촌이었다고 생각하고 싶다. 그 바이러스는 숙주에 침입하여 어떤 특수한 단백질, 즉 아크의 한 버전을 만들게 되었다. 원래 이 단백질이 하는 일은 바이러스가 세포에서 세포로 이동하며 퍼져 나가게 하는 것이다. 하지만 그 바이러스가 물고기 게놈에 침입했을 때의 위치 때문에 뇌에서 발현되어 숙주의 기억이 향상되었다. 바이러스에 감염된 개체는 생물학적 재능을 선물받은 셈이었다. 바이러스는 해킹되고 무력화되고 길들여져 숙주의 뇌에서 새로운 기능을 하게 되었다. 우리가 읽고 쓸 수 있는 것도, 삶의 순간들을 기억할 수 있는 것도, 먼 옛날 물고기가 육지를 처음 밟았을 때 침투한 바이러스 덕분이다.

셰퍼드는 신경과학과 행동학 학회에 참석해 연구 결과를 발표할 생각에 들떴다. 그의 순서가 되기 전에 먼저 초파리를 연구하는 사람이 발표했다. 그 연구자는 초파리가 아크 유전자를 가지고 있음을 보여 주었다. 초파리의 아크 유전자도 우리 것과 마찬가지로 뉴런 사이의 공간에서 활동한다. 게다가 속이 빈 캡슐을 형성해 한 신경 세포에서 다음 신경 세포로 분자들을 실어 나른다. 하지만 초파리의 아크 유전자는 육지에 사는 동물들에 침입한 바이러스와는 다른 바이러스처럼 보인다. 즉, 초파리의 아크 유전자는 육생 동물과는 다른 기회에 바이러스를 만나 아크 유전자를 획득한 것이다.

게놈은 어떻게 바이러스에 감염되는 대신 바이러스를 길들여 일을 시킬 수 있었을까? 아직 확실히는 모르지만, 이런 일이 일어나는 방법은 여러 가지가 있을 수 있다. 몇 가지 상황에서 바이러스와 숙주가 겪게 될 운명을 생각해 보자. 바이러스의 감염력이 매우 강하면 숙주가 죽기 때문에 바이러스가 다음 세대로 전해지지 못한다. 바이러스가 비교적 무해하거나 숙주에 이롭다면, 그 바이러스는 숙주 게놈에 들어가 정착할 것이다. 바이러스가 정자나 난자의 게놈에 들어가면, 그 바이러스는 자신의 게놈을 숙주의 자손 세대에 전달할 수 있다. 만일 그 바이러스가 태반의 기능 향상이나 기억력 증진 등 숙주에게 유익한 영향을 끼친다면, 자연 선택을 받음으로써 숙주 게놈에 눌러앉아 자신의 임무를 점점 더 효율적으로 해내게 될 것이다.

게놈은 유령이 득실대는 묘지와 비슷하다. 가히 B급 영화의 소재가 될 만하다. 우리의 게놈 도처에는 옛날에 감염된 바이러스의 게놈 조각들이 널려 있다. 어떤 추산에 따르면 우리 게놈의 8퍼센트가 불활성화된 바이러스로 이루어져 있다고 하며, 마지막으로 세었을 때 10만 개가 넘었다. 이 화석 바이러스들 중 일부는 기능을 계속 유지하며 숙주의 활동을 돕는 단백질을 만든다. 지난 5년 동안 그런 단백질이 관여하는 것으로 밝혀진 활동은 임신과 기억 외에도 무수히 많다. 한편 또 다른 바이러스들은 숙주 게놈을 파고든 자리에 송장처럼 앉아 소멸되어 사라지기를 기다릴 뿐이다.

게놈 안에서는 끊임없이 투쟁이 일어나고 있다. 어떤 유전물질은 자신의 사본을 늘리기 위해 존재한다. 그것은 게놈에 침투해 숙주 세포를 탈취하는 바이러스와 같은 외래 침입자일 수도 있고, 우리 게놈의 일부일 수도 있다. 자신의 사본을 만들어 모든 곳에 끼어드는 점핑 유전자처럼 말이다. 이런 이기적인 유전적 요소들이 특별한 장소에 내려앉으면 때로 자궁 내막과 같은 새로운 조직을 만들기도 하고, 기억과 인지 같은 새로운 기능을 돕기도 한다. 이때 유전적 돌연변이는 몇 세대 만에 게놈 전체로 퍼질 수 있다. 더욱이 그 바이러스가 여러 종을 점유한다면, 다양한 생물에서 비슷한 유전적 변화가 독립적으로 일어날 수도 있다.

마이어와 함께한 목요일의 티타임은 골트슈미트 사건 이후로도 2년 더 이어졌다. 나중에는 마이어가 비록 내키지는 않아도 골트슈미트를 인정하고 있음을 깨달았다. 유전학과 발생학 실험을 화석 기록상의 주요 사건들과 연결하려던 시도를 높이 평가한 것이다. 1980년대 중반에 이르러 분자생물학 분야에 혁명이 일어나고 있다는 것을 마이어도 눈치채고, 자신의 영향 아래 있던 대학원생들에게 분자생물학을 공부해 두라고 독려했다.

릴리언 헬먼이 이런 과학적 맥락을 알았다면 이렇게 말했을지도 모른다. 무슨 일이든 우리가 시작되었다고 생각한 때 혹은 장소에서 시작되는 것은 아니다. 게놈은 정적인 가닥이 아니다. 바이러스가 공격하고 유전자들이 점프하는 동안 끊임없이 변화를 겪는다. 유전적 돌연변이는 게놈 전체로, 혹은 다른 종으로 퍼질 수 있다. 게놈의 변화는 빠르게 일어날 수 있고, 유사한 유전적 변화가 여러 생물종에서 각기 독립적으로 일어날 수도 있으며, 여러 종의 게놈이 섞이고 결합해 생물학적 발명을 만들어 내기도 한다.

7장

조작된 주사위

진화는 불확실한 도박이 아니다

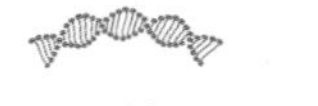

Some Assembly Required

나는 대학원 과정 마지막 해에 생활비를 마련하느라 낮에는 조교로 일하고 밤에는 화학과 건물에서 경비원으로 일했다. 새벽 3시 화학과 건물에는 소수의 올빼미밖에 없었으므로 나는 순찰을 돌고 나면 고생물학 고전 문헌에 빠져 조용한 밤을 즐겼다. 교대 근무가 끝나면 잠시 내 연구를 하다가 대규모 고생물학 강의의 조교로 일했다. 그 시간은 위대한 사상과 논쟁을 접할 수 있는 소중한 시간이었다. 내 주된 벌이가, 여러 조교 중 한 명으로 일하는 자리인 것도 별로 상관없었다. 그 강의는 스티븐 제이 굴드의 그 유명한 자연사 수업이었으니까.

1980년대 중반 굴드는 유명 인사로 떠올랐고, 고생물학자로서의 경력을 살려 새 종이 출현하는 방식과 진화적 변화가 일어나는 과정에 대해 급진적인 주장을 펼치며 논란 속으로 뛰어들었다. 그의 강의는 교양 필수 과목이어서 강의를 듣는 약 600명의 수강생은 과학 전공자가 될 가능성이 별로 없는 사람들이었다. 굴드에게 이 학생들은 자신의 새로운 이론과 설명을 시험해 볼 수 있는 이상적인 연구 집단이었다. 굴드는 가을 학기 동안 매주 화요일과 목요일에 맨 앞에서 무아지경에 빠져 있거나 맨 뒤에서 늘어져 졸고 있는 학부생들에게 과장된 몸짓을 섞어 열변을 토했다.

당시 굴드는 생명사에 일어난 격변에 관심을 갖고 있었다. 그 격변은 지난 5억 년 동안 다섯 번 찾아왔고 그때마다 세계 각지에서 오랫동안 번성하던 종들이 갑자기 사라졌다. 이런 대멸종 가운데 가장 유명한 것이 공룡을 멸종시킨 사건이다. 약 6500만 년 전에 공룡, 해양 파충류, 익룡, 그리고 바다에 사는 많은 종류의 무척추동물이 멸종했다. 식물 다양성도 세계적으로 감소했다. 암석에 남겨진 증거는 그 사건의 유력한 원인을 알려 주었다. 거대한 소행성이 지구를 강타해 기후가 극적으로 바뀌었고 그것이 생태계의 세계적 붕괴로 이어지며 수많은 동물이 빠르게 멸종했다는 것이다. 이때 공룡을 비롯한 많은 생물이 사라지면서 대형 포식자와 경쟁자가 없는 세계에서 포유류가 널리 퍼져 나갈 수 있는 길이 열렸다.

한 강의에서 굴드는 '만일 이랬다면 어땠을까'라는 질문을 던졌다. 만일 소행성이 지구에 충돌하지 않았고 그래서 공룡과 그 밖의 생물들이 살아남았다면? 만일 우발적으로 보이는 역사의 많은 사건이 일어나지 않았다면 지금 세계는 어떤 모습일까?

그 강의에서는 해마다 겨울 방학 전에 프랭크 캐프라Frank Capra 감독의 〈원더풀 라이프It's a Wonderful Life〉를 감상하는데, 마침 그 영화를 본 직후여서 굴드는 그 영화 속 사건에 빗대 생명사의 사건을 설명했다. 영화에서 주인공 조지 베일리는 다리에서 뛰어내려 목숨을 끊으려는 순간 천사에게 제지당하고 시간 여행을 하며 그가 죽으면 마을에 어떤 일이 생기는지 보게 된다. 베일리가 없어진 뉴욕 베드포드 폴스는 더 나쁘게 변한다. 굴드는 조지 베일리를 소행성 충돌로, 베드포드 폴스의 주민을 지구 생명으로 대체했다. 만일 6500만 년 전에 소행성이 지구에 충돌하지 않았다면 공룡은 아직도 살아 있을 것이고 따라서 포유류는 번성하지 못했을 것이다. 사실 소행성이 지구에 충돌하지 않았다면 우리는 여기에 존재하지도 못했을 것이다.

오늘날 우리가 여기 존재하는 것은 소행성 충돌뿐 아니라 지난 40억 년 동안 일어난 무수한 우발적 사건들의 결과이다. 개인의 인생이 수많은 우연한 만남, 대화, 기회로 형성되듯이, 생명의 역사도 우주, 행성, 게놈에 일어난 변화들에 의해 형성되었다. 굴드는 훗날 자신의 자연사 강의를 바탕으로 베스트셀러가 된 책 《원더풀 라이프Wonderful Life》를 썼다. 그 책에서 굴드는 이 "만일 이랬다면"이라는 사고를 일반화해 생명사의 중요한 순간들에 적용했다. 우리 존재를 포함해 지금의 자연계는 지난 수십억 년 동안 일어난 우발적 사건들의 산물이다. 그 사건 중 어느 하나를 조금이라도 바꾸어 생명의 테이프를 재생하면, 세계는—우리 존재도 포함해—지금과는 엄청나게 달라질 것이다.

하지만 최신 과학과 거의 1세기 동안의 연구는 이와는 전혀 다른 결론을 제시한다. 그 결론에 따르면 우발적 사건의 내용을 바꾸어 생명의 테이프를 재생한다 해도 몇 가지 결말은 크게 달라지지 않는다.

퇴화함으로써 진화하는 생물

레이 랭케스터 경Sir Ray Lankester(1847~1929)은 키로 보나 몸통 둘레로 보나 거인이었다. 그는 수다스럽고, 대단히 완고했으며, 논쟁을 좋아했다. 의사인 아버지 밑에서 자연을 관찰하라는 권유를 받으며 자란 랭케스터 경은 어려서부터 과학자가 되려고 했고, 결국 1860년대 옥스퍼드대학교에서 당대 최고의 석학들에게 배우게 되었다.

《종의 기원》이 출판된 후 토머스 헉슬리는 다윈을 열렬히 옹호하다가 '다윈의 불도그'라 불리게 되었다. 그런 헉슬리에게 랭케스터가 끌린 것은 당연했다. 랭케스터는 최근 과학사가들에게 '헉슬리의 불도그'로 불릴 만큼 논쟁을 좋아했으니 말이다. 툭하면 화를 내며 따지는 바람에 어떨 때는 헉슬리조차 그를 진정시켜야 했다.

랭케스터가 살았던 빅토리아 시대에는 초자연적 현상을 믿는 사람이 많았고 랭케스터는 그것이 날조임을 폭로하기 위해

레이 랭케스터 경.

안간힘을 썼다. 런던에서 열린 한 교령회에서 그가 미국인 영매 헨리 슬레이드의 정체를 폭로한 일은 유명하다. 슬레이드는 미리 탁자 밑에 석판과 분필을 놔두었다가 교령회 중간에 꺼내 영적 세계에서 온 메시지를 전했다. 어느 날 교령회에서 랭케스터는 쇼가 시작되기 전 그 거대한 몸집으로 석판을 가로챘는데 거기에는 이미 메시지가 적혀 있었다. 랭케스터는 슬레이드를 형사 고소할 정도로 열심이었다.

이렇게 열심히 의심하는 태도는 그에게 날조를 파헤치는 동기였을 뿐 아니라 과학 연구를 추진하는 힘이기도 했다. 그는 옥스퍼드대학교를 졸업한 후 나폴리에 있는 동물학 연구소에서 해부학을 공부해 바다에 사는 조개, 달팽이, 새우에 대한 전문가가 되었다. 이런 생물들의 해부학적 구조는 놀라움으로 가득했고 그는 증거의 발자국이 이끄는 대로 기쁘게 따라갔다.

다윈 이후 해부학자들은 공통 조상의 단서가 될 수 있는 종들 간의 유사성을 찾았다. 다윈은 일찍이 몸의 생김새가 유사하다는 것은 그러한 종들이 조상을 공유하는 증거라고 추론했다. 헉슬리는 한 물고기 집단의 지느러미에 팔뼈 같은 것이 있음을 알고 그 물고기들이 사지동물의 가까운 친척이라고 지적했다. 아울러 그와 또 다른 연구자들은 조류와 포유류가 여러 파충류와 유연관계를 보인다는 점을 보여 주기 위해 몸 구조의 유사성을 이용했다. 그들은 다윈의 추론을 바탕으로 '가까운 관계에 있는 종들끼리는 그렇지 않은 종들보다 유사점이 많을 것'이라는 구체적인 예측을 할 수 있었던 것이다.

랭케스터는 또 다른 점에 주목했다. 그는 다른 과학자들이 보지 못했거나 보고도 무시한 한 가지 사실에 주목했다. 해양 동물을 연구하면서 그는 많은 종이 새로운 형질을 획득함으로써가 아니라 형질을 잃음으로써 진화했음을 알아챘다. 기관을 버리고 더 단순해짐으로써, 즉 랭케스터의 말을 빌리면 '퇴화'함으로써 생물은 새로운 생활 방식을 개척해 왔다. 예를 들어 '기생'이라는 생활 방식을 진화시키는 생물은 몸이 더 단순해지면서 몸의 일부, 대개는 기관을 통째로 잃는다. 새우는 일반적으로 꼬리, 껍데기, 눈, 신경삭을 가지고 있지만 다른 생물의 내장에 기생하는 새우는 새우의 본래 모습이 거의 남아 있지 않다. 그 새우는 껍데기와 눈, 심지어는 소화관조차 버렸다.

퇴화에 대한 랭케스터의 연구는 훨씬 더 심오하고 중요한 사실도 밝혀냈다. 기생 새우는 지구 어디에 살든, 또 숙주의 어느 부위에 적응하든(물고기의 내장이든 아가미든) 항상 몸의 같은 부위를 잃는다. 그 밖의 많은 퇴화 생물도 마찬가지다. 동굴에 사는 동물들은 어류든 양서류든 새우든, 어두운 동굴에서 더 효율적으로 살기 위해 기관을 버린다. 그렇게 함으로써 쓸모없는 기관을 만들고 유지하는 데 드는 에너지를 절약하는 것이다. 놀랍게도 서로 무관한 여러 종이 같은 방식으로 진화한다. 모두가 한결같이 체색을 옅게 하고, 눈을 잃고, 대개 부속지의 크기를 줄인다.

퇴화의 가장 명백한 사례 중 하나는 아마 뱀일 것이다. 뱀은 일부 종에 남은 작은 흔적을 제외하고 모두 사지를 잃었다. 그런데 뱀의 몸 설계는 버리는 것만으로 완성되지 않는다. 척추뼈와 갈비뼈의 개수를 늘려 몸길이도 늘린다. 이런 설계는 미끄러져 나아가는 뱀의 이동 방식에 따른 것이다. 사지는 이런 식으로 움직이는 데 방해만 될 뿐이다.

랭케스터도 알고 있었듯이, 뱀처럼 생긴 몸은 뱀만 가지고 있는 게 아니다. 도마뱀의 많은 종도 사지가 엄청나게 축소되고 몸통이 길게 늘어나 있다. 뱀과 유연관계가 먼 파충류 집단인 지렁이도마뱀류amphisbaenians도 몸통이 길고 사지가 없다. 이 집단은 뱀이나 도마뱀으로 착각한다 해도 무리가 아닐 정도로 비슷하지만 머리 구조는 많이 다르다. 심지어 양서류도 이런 몸 설계를 공유한다. '무족영원caecilians'으로 알려진 양서류도 몸통이 길고 사지가 없다. 이것은 똑같은 형질과 똑같은 진화 방식이 다양한 동물에서 여러 차례 독립적으로 발생한 경우다.

발명이 동시다발적으로 일어나는 현상은 인간의 혁신에서도 흔히 나타나는 패턴이다. 전화기든 요요든 진화론이든, 가설과 기술은 여러 발명가에게 동시다발적으로 떠오르는 경향이 있다. 한 아이디어가 떠오르는 것은 시기가 무르익었기 때문일 수도 있고, 그 아이디어가 기존 기술의 뻔한 개선일 수도 있고, 발명이 일어나는 방식에 뭔가 규칙성이 있기 때문일 수도 있다. 어쨌든 발명의 '다발성'은 인간 활동의 일부 분야에서는 상식이 되었을 정도로 보편적이다. 생명계의 일부에서도 그렇다.

생물계의 발명이 보여 주는 다발성을 조사하면 자연의 내적 작동 방식을 밝힐 수 있을지도 모른다. 그것을 알기 위해서는 다시 한번 오귀스트 뒤메릴의 보잘것없는 사육장으로 돌아갈 필요가 있다.

도롱뇽이 혀를 총알처럼 발사하는 비결

부드러운 말투를 지녔고 배려심이 몸에 밴 캘리포니아대학교 버클리 캠퍼스의 데이비드 웨이크David Wake를 레이 랭케스터로 착

멕시코에서 도롱뇽을 찾는 데이비드 웨이크.

각할 사람은 한 명도 없을 것이다. 그러나 그런 인품과는 다르게 1960년대 이래로 웨이크의 연구는 학계에 상당한 충격을 주었다. 랭케스터의 전문 분야는 해양 동물이었던 반면, 웨이크는 도롱뇽을 이해하는 일에 연구자로서의 인생을 걸었다.

도롱뇽의 몸에 있는 생물학적 메커니즘이 우리에게도 있다면 얼마나 좋을까. 도롱뇽은 팔다리를 잘라 내면 근육과 뼈, 신경과 혈관까지도 완벽하게 재생할 수 있다. 심지어 손상된 심장은 물론, 척수까지 재생할 수 있다. 도롱뇽은 다양한 독샘에서부터 먹이 포획법에 이르기까지 수많은 놀라운 발명을 해냈다. 지난

40년 동안 세계 각지의 수십 개 나라에서 학생과 연구자가 도롱뇽의 생리를 배우기 위해 버클리에 왔다. 웨이크는 단순한 외형을 지닌 도롱뇽이라는 생물에서 놀라운 생물학적 통찰을 이끌어낸 현대판 뒤메릴이다.

뒤메릴 시대 이후 알려진 것처럼, 도롱뇽은 보통 어떤 환경에서 태어난 후 성장하면서 새로운 환경으로 옮겨 간다. 많은 종이 물속에서 부화한 후 변태하여 땅에서 산다. 육지에서 살려면 생활 방식, 특히 사냥법이 확 바뀌어야 한다.

일반적으로 포식자는 두 가지 유형이 있다. 대다수는 자신의 입을 먹잇감에 갖다 대는 유형이다. 사자, 치타, 악어 등이 이에 해당하는데 이들은 먹이를 추적하거나 먹이가 지나가기를 조용히 기다리다가 덥석 문다. 다른 유형의 포식자는 이와는 정반대로 먹잇감을 입으로 끌어당긴다. 도롱뇽의 성체는 이 후자의 유형에 속한다.

물속에서 생활하는 도롱뇽은 곤충이나 작은 갑각류를 입으로 끌어당기기 위해 흡입하는 방법을 쓴다. 목구멍 기부에 있는 작은 뼈들과 머리뼈 꼭대기에 있는 다른 뼈들을 이용해 구강을 넓히고 진공을 만들어 물과 먹이를 빨아들인다. 이 전략은 물속의 양서류에게는 효과적이지만 육상에서는 전혀 도움이 되지 않는다. 육생 동물이 공기 중에서 육중한 먹이를 입속으로 빨아들이려면 자기 몸보다 큰 제트 엔진 강도의 진공을 만들어야 한다.

육상에서 생활하는 도롱뇽은 먹이를 입안에 넣기 위해 다양한 기술을 구사한다. 어떤 종들은 혀를 발사해 곤충을 잡아당긴다. 혀를 몸길이의 절반 가까이 내밀고 끈적끈적한 흡반으로 작은 곤충을 잡아 입으로 가져오는 것이다. 도롱뇽이 이 위업을 달성할 수 있는 것은 두 가지 특징을 갖추고 있기 때문이다. 바로, 혀를 사출하는 메커니즘과 되돌리는 메커니즘이다. 이 특수한 혀는 자연의 가장 위대한 발명 중 하나이고, 알 만한 사람들만 아는 특별한 성질처럼 보일지도 모르지만 지구상의 생명을 이해할 때 따르는 보편적인 경이로움을 담고 있다. 이 시스템의 아름다움과 중요성은 세부에 깃들어 있으므로, 도롱뇽의 몸 구조를 조금 더 세밀하게 파헤쳐 보도록 하자.

도롱뇽의 혀 사출에 대해 생각하기 전에 우선 자신의 혀를 내밀어 보라. 우리가 혀를 내밀 수 있는 것은 여러 근육의 복잡한 상호 작용 덕분이다. 우리 혀는 기본적으로, 일군의 근육 뭉치가 결합 조직에 싸인 채 수많은 미뢰로 덮여 있는 것이다. 그리고 혀 자체와는 다른 일군의 근육들에 의해 턱과 목뼈에 연결되어 있다. 혀를 내밀면 혀 내부의 근육들—혀를 부드러운 상태에서 단단한 상태로, 납작한 상태에서 가늘고 긴 상태로 바꾸는 근육들—과 혀에 붙어 있는 외부 근육들이 움직이며 혀가 입 밖으로 나온다. 혀가 입 밖으로 나올 때 작용하는 주요 근육들 중 하나는 턱 기부에서 시작해 혀 기부까지 연결되어 있다. 턱끝혀근이라 불리는 이 근육이 수축하면 혀가 튀어나온다.

사람은 턱끝혀근을 사용해 말하고 먹는다. 실제로 턱끝혀근

교정이 코골이의 외과적 치료법으로 시행되기도 한다. 턱끝혀근을 조이면 혀의 정지 위치가 목구멍에서 멀어져 앞쪽으로 이동한다. 이렇게 교정하면 잠자는 동안 혀가 기도를 막는 일이 없어져 코골이를 예방할 수 있을 뿐 아니라 수면 무호흡 증후군도 낫는다.

우리의 언어 능력은 실로 자랑스러워할 만하고 혀와 턱끝혀근의 움직임은 말하는 능력에 매우 중요한 요소이지만, 우리는 아무리 애써도 날아다니는 곤충을 잡을 수 없다. 인간이 가진 것 같은 혀는 뭔가를 잡을 수 있을 만큼 멀리 가지도, 빨리 튀어나오지도 못한다. 우리의 사회 규범과 우리가 먹는 음식을 고려하면 그것이 오히려 잘된 일이겠지만, 도롱뇽은 그래서는 곤란하다.

턱끝혀근은 도롱뇽에도 있으며 먹이를 먹는 데 어떤 역할을 한다. 많은 종에서 턱끝혀근이 긴 끈 모양으로 변형되어 있어서 이 근육이 수축하면 혀가 입 밖으로 튀어나올 수 있다. 도롱뇽에서는 이런 방식으로 혀를 내미는 종이 가장 많다. 하지만 만일 혀를 내미는 방법을 겨루는 올림픽이 있다면 이 구조로는 예선에도 들지 못할 것이다. 훌륭한 구조이긴 하지만 다른 경이로운 구조에 비하면 발밑에도 미치지 못한다. 턱끝혀근이 수축하는 속도가, 이 구조가 작용하는 속도에 물리적 한계를 가하기 때문이다. 이 근육은 빠르긴 하지만 민첩하게 날아다니는 곤충들을 잡을 수 있을 정도는 아니다.

웨이크의 전문 분야 중 하나인 열대나무오르기도롱뇽*Boli-*

*toglossa*이라는 도롱뇽속의 종들은 혀를 몸길이의 절반만큼 내밀었다가 원위치로 되돌리는 데 0.002초도 걸리지 않는다. 먹이를 잡는 모습은 눈으로 따라갈 수 없을 정도다. 혀의 움직임이 너무 잽싸서 유튜브의 슬로 모션 영상으로도 알아채기 어렵다. 무엇보다 믿기 어려운 사실은, 도롱뇽의 어떤 근육도 혀가 튀어나올 정도로 빨리 수축할 수는 없다는 것이다. 즉, 도롱뇽은 근육 자체의 속도 한계를 뛰어넘는 속도로 혀를 내미는 것이다. 이 도롱뇽들은 마치 물리 법칙을 거스르는 것처럼 보인다.

데이비드 웨이크와 1960년대에 그의 대학원생이었던 에릭 롬바드Eric Lombard는 이 혀에 주목하고, 10년에 가까운 세월 동안 그 도롱뇽속의 혀가 어떻게 작동하고 나아가 어떻게 진화했는지 연구했다. 두 사람은 다양한 종의 혀를 해부해 모든 근육, 뼈, 힘줄을 하나하나 꼼꼼하게 조사했다. 핀셋으로 각기 다른 뼈와 근육을 건드리며 혀의 움직임을 자극할 수 있는지 보기도 했다. 몇십 년 후, 웨이크의 학생 중 한 명은 카메라로 혀의 움직임을 녹화해 근육과 뼈가 어떻게 협력해서 불가능해 보이는 일을 해내는지 알아보았다.

웨이크는 도롱뇽의 혀가 매우 복잡한 총처럼 기능한다는 사실을 알아냈다. 고도로 특수화된 도롱뇽은 단순히 혀를 내미는 것이 아니다. 그들의 혀는 마치 끈에 매달린 총알처럼 입에서 튀어나온다. 이래도 놀랍지 않다면, 도롱뇽이 쏘는 발사체가 끈적끈적한 패드에 붙어 있는 아가미 기관의 작은 뼈들이라고 하면 어떤가. 도롱뇽은 눈 깜박할 새에 아가미의 일부를 몸길이의 절반 거리까지 추진시키는 것이다. 게다가 역시 놀랍게도, 쏠 때만큼이나 빠르게 혀를 입속으로 집어넣는다.

발사체 혀를 가진 도롱뇽 종은 턱끝혀근을 완전히 잃었다. 그 근육은 수축하는 속도가 너무 느려서 발사체가 튀어나오는 것을 방해만 할 뿐이다. 또한 대부분의 도롱뇽 종에서 아가미뼈들은 머리 양옆에 고정된 채로 아가미 필라멘트(새엽)를 받치는 기부 역할을 한다. 그런데 발사체 혀를 가진 도롱뇽 종에서는 그렇게 되어 있지 않다. 아가미뼈들이 머리뼈에서 떨어져 혀에 붙음으로써 총알처럼 발사되는 발사체로 작용한다.

도롱뇽 혀가 사출되는 모습을 구체적으로 그려 보기 위해, 엄지와 검지로 수박씨를 튕겨 낸다고 상상해 보라. 수박씨는 미끌미끌하고 끝으로 갈수록 점점 가늘어진다. 손가락끝으로 꽉 잡으면 확 튀어나와 멀리 날아간다. 도롱뇽의 혀도 마찬가지다. 정교한 근육들은 압착기 역할을 하고, 아가미 기관의 막대 모양 뼈는 미끌미끌하고 끝이 가느다란 표면이 된다. 그래서 근육이 수축하면 수박씨처럼 뼈가 튀어 나간다.

발사체형 혀에서는 두 개의 아가미뼈가 늘어나서 갈래가 꼬리 쪽을 향하는 소리굽쇠 같은 모양을 하고 있다. 이 긴 막대형 뼈는 수박씨처럼 끝으로 갈수록 가늘어지고 미끌미끌하다. 그리고 이 두 개의 막대는 앞에서 뒤까지 이어지는 수축근에 싸여 있다. 수축근은 신호를 받으면 두 개의 막대를 꽉 눌러 입 밖으로 쏜다.

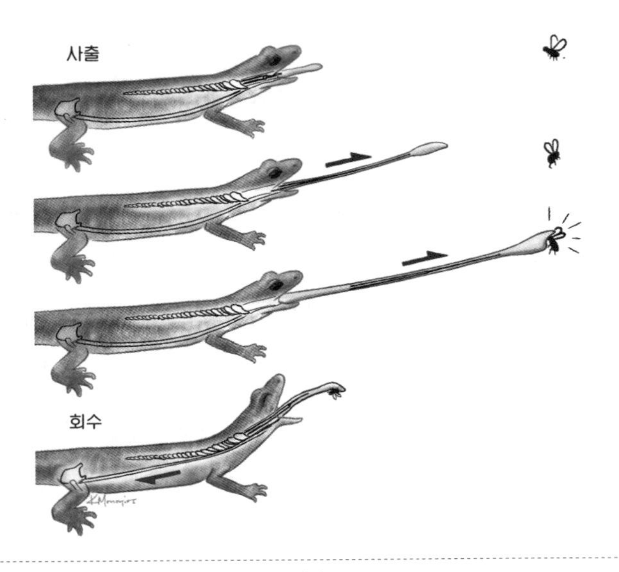

도롱뇽의 발사체 혀는 생물학적 경이 그 자체다.

그러면 혀끝의 끈적끈적한 패드와 아가미뼈가 표적을 향해 날아간다. 이 과정이 성공하면 패드에 곤충이 잡혀 입안으로 돌아온다.

그런데 도롱뇽이 혀를 쏘아 곤충을 잡아도 먹이나 혀를 입안으로 되돌릴 수 없다면 아무 소용이 없을 것이다. 혀를 감아 들일 수 없는 도롱뇽은 생각만 해도 우스꽝스럽지만 실제로 그런 일이 벌어지면 목숨이 위태로울 것이다. 포식자에게 노출될 뿐 아니라 먹이를 포획할 수 없어서 죽음에 이를 것이 틀림없다. 이에 도롱뇽은 기발한 해법을 고안했다. 모든 종에서 도롱뇽의 복부는 허리부터 아가미까지 이어진 두 쌍의 근육으로 감싸여 있다. 이 근육들은 통상적으로는 몸을 지지하는 역할을 한다. 그런데 발사체형 혀를 가진 종에서는, 근육 두 쌍의 섬유가 유합되어 골반부터 아가미뼈까지 뻗는 하나의 근육이 되어 있다. 거대한 스프링 같은 것이라고 상상하면 된다. 아가미뼈가 튀어 나가면 이 근육 스프링도 늘어났다가 이윽고 아가미뼈를 되돌린다.

이 복잡한 생체 기구가 탄생하기 위해 새로운 기관은커녕 새로운 뼈조차 필요 없었다. 단지 기존의 뼈와 근육을 새로운 용도로 전용하기만 하면 되었다. 혀를 쏘는 근육은 다른 도롱뇽들이 먹이를 삼키는 데 사용하는 것이다. 과거에 아가미를 지지했던 뼈들은 끝이 가늘어져 총알이 되었다. 이 총알이 멀리 날아갈 수 있도록 턱끝혀근은 사라졌다. 복부의 근육들은 유합되어 혀를 원위치로 되돌리기 위한 스프링이 되었다. 이런 식의 전용 덕분에 자연의 경이인, 많은 부속으로 이루어진 매우 복잡한 발명이 탄생한 것이다.

도롱뇽의 혀는 그 자체로도 경이롭지만 웨이크의 또 다른 전문 분야에서 훨씬 더 특별한 사실이 밝혀졌다. 웨이크의 전문 분야 중 하나는 DNA를 이용해 도롱뇽 계통수를 해독하는 것이다. 즉, 종들이 서로 무슨 관계(유연관계)인지 조사하는 것이다. 주커칸들과 폴링이 시작한 전통에 따라 종들 간의 유전자 염기서열을 비교하면 그 종들이 언제 어디서 진화했는지 추정할 수 있다. 웨이크는 도롱뇽의 거의 모든 종에서 조직 샘플을 채취해 지금까지 가장 신뢰성이 높은 계통수를 구축했다. 그 결과는 웨이크에게조차 충격적이었다.

발사체 혀가 특히 고도로 진화한 도롱뇽 종들은 서로 가까운 관계가 아니었다. 그러기는커녕 이 종들은 계통수에서 멀찌감치 떨어져 있었다. 실제로 그들은 서로 수백 킬로미터 떨어진 곳에 살았고 각기 다른 조상에서 유래했다. 발사체 혀라는 발명은 머리와 몸 전체에 걸쳐 여러 부위가 함께 변화해야 비로소 탄생할 수 있는데, 그런 발명이 도롱뇽에서 적어도 세 번, 어쩌면 그 이상 독립적으로 생겨난 것이다. 모든 사례에서 턱끝혀근이 사라졌고, 아가미뼈가 변형되어 발사체가 되었으며, 복부 근육이 발사체를 입으로 되돌리는 스프링으로 바뀌었다. 이 혀는 레이 랭케스터 경이 발견한 '다발적 발명'의 극단적인 사례라 할 만하다.

도롱뇽의 발사체 혀처럼 고도로 특수화된 기관이 여러 종에서 제각기 따로 발명된 것은 우연이 아니다. 이런 기관을 가진 종은 모두 몇 가지 특징을 공유한다. 대부분의 도롱뇽은 아가미뼈를 호흡에 사용하고, 그 뼈들로 입을 벌려 폐로 공기를 끌어들인다. 또한 유생 단계에서는 아가미뼈를 먹는 용도에까지 광범위하게 사용한다. 이 뼈들을 움직여 흡인력을 만듦으로써 먹이를 입 안으로 빨아들이는 것이다. 이렇듯 아가미뼈가 호흡이나 섭식에 필요한 것이라면 도대체 어떻게 그것을 혀 사출에 전용할 수 있었을까? 사실 발사체 혀가 특히 고도로 진화한 종은 폐도, 유생 단계도 없다. 두 기능을 잃은 아가미뼈는 용도가 없어져 먹이를 잡는 미사일이라는 새로운 용도로 쓰일 수 있다.

그렇다면 다발적 진화는 어떻게 일어날까? 그리고 그것이 생물의 어떤 내막을 알려 줄까?

유전 레시피에 내재된 제약

과학자들도 대부분의 사람과 마찬가지로 혼란을 싫어한다. 과학자들은 모든 점이 직선이나 곡선 위에 깔끔하게 떨어지는 그래프를 사랑한다. 우리는 결정적인 실험을 갈구한다. 과학자가 추구하는 이상적인 관찰 결과는 군더더기 없고, 질서 정연하며, 예측을 절대 벗어나지 않는 것이다. 과학자는 신호를 사랑하고 잡음을 혐오한다.

계통수에 대한 연구도 다르지 않다. 생명의 계통수를 구축하는 일은 야생에서 종을 동정하기 위한 검색표를 만드는 것과 같다. 우리는 개체끼리 공유하는 고유한 특징들을 찾는다. 그 종만의 특징이 많을수록 다른 종과 구별하기 쉽다. 예를 들어, 갈매기와 올빼미의 차이를 모르는 사람은 없을 것이다. 올빼미의 둥근 얼굴이든 갈매기의 부리와 체색이든, 각 종이 식별자 역할을 하는 특징을 가지고 있기 때문이다. 각 집단은 몸의 구조에서부터 DNA까지 일관되게 공통 형질을 지닌다. 사람은 다른 영장류에서는 볼 수 없는 형질들을 공유하고, 영장류는 다른 포유류에서는 볼 수 없는 형질들을 공유하며, 포유류는 다른 척추동물에서는 볼 수 없는 형질들을 공유한다.

레이 랭케스터는 닭이 먼저냐 달걀이 먼저냐는 문제를 들추어냈다. 독립적으로 진화한 유사성과 공통 계통을 반영하는 유사성을 어떻게 구별할 것인가? 만일 도롱뇽의 혀처럼 지극히 복잡한 기관이 독립적으로 생겨날 수 있다면, 어떻게 특정 형질을 공유한다는 이유로 유연관계가 있다고 확신할 수 있을까? 실제로 도롱뇽에서 혀 사례는 빙산의 일각에 불과하다. 다발적 진화의 사례는 다른 기관에서도 계속 발견된다.

그렇다면 세계 최고의 도롱뇽 전문가는 도롱뇽의 진화를 어떻게 조사할까? 데이비드 웨이크는 이 분야의 대다수와 마찬가지로, 몸의 특징을 유연관계의 지표로 사용하는 것을 사실상 포기했다. 어째서일까? 데이터를 아무리 많이 모아도, 세계 각지의 도롱뇽이 각기 다른 시기에 같은 설계를 제각기 따로 고안한 것이 분명하기 때문이다.

다발적 진화에서 나타나는 혼란은 그저 귀찮은 현상이 아니라 어떤 근본적인 법칙을 보여 주는 단서일지도 모른다. 어쩌면 우리가 소음으로 여기는 것이 실제로는 신호일지도 모른다. 만일 특정 진화 방식이 우발적인 것이 아니라면?

다발적 진화는 두 가지 이유로 일어날 수 있다. 하나는 어떤 문제의 해법이 한정되어 있기 때문이다. 비행을 예로 들어 보자. 날아다니는 생물은 모두 양력을 생산하기 위해 큰 표면적이 필요하다. 따라서 하늘을 나는 생물은 모두 날개를 지닌다. 새, 익룡, 박쥐, 파리의 날개는 겉모습은 비슷하지만 내부 구조와 진화해 온 역사가 저마다 다르고 그것은 추적이 가능하다. 새의 날개를 구성하고 있는 각 뼈의 배열은 박쥐나 익룡의 그것과 다르다. 박쥐에서는 길게 늘어난 다섯 개의 손가락 사이에 쳐진 막이 날개인 반면, 익룡에서는 길게 늘어난 네 번째 손가락이 날개를 지지한다. 곤충은 또 달라서, 완전히 다른 유형의 조직으로 날개를 지지한다. 이런 구조들은 물리적 제약과 진화의 역사가 맞물려 만들어졌다. 각 구조는 모두 날개임에 틀림없지만 저마다 배열이 다르며 그 배열은 포유류, 조류, 파충류, 곤충의 각기 다른 진화사를 반영한다.

이런 물리적 제약의 사례는 풍부해서 초기 해부학자들은 그것을 '법칙'이라 불렀다. 1877년에 조엘 아사프 앨런Joel Asaph Allen이 고안한 앨런의 법칙에 따르면, 온혈(항온) 동물의 경우 한랭한 기후에 사는 개체가 온난한 기후에 사는 개체보다 부속지(팔다리, 귀, 코 등등)가 짧다. 그 이유는 열 손실 때문이다. 길어진 부속지를 가진 개체는 그렇지 않은 개체보다 열을 잃기 쉬울 것이다. 마찬가지로, 1844년에 카를 베르크만Carl Bergmann이 발견한 베르크만의 법칙에 따르면, 한랭한 기후에 사는 개체가 온난한 기후에 사는 개체보다 평균적으로 몸집이 크다. 이번에도 제약 요인은 열 손실로, 작은 동물은 몸집에 비해 표면적이 커서 체열을 잃기 쉽기 때문이다. 앨런의 법칙도 베르크만의 법칙도, 다양한 지역에 서식하는 다양한 종에 일반적으로 적용된다.

다발적 진화가 일어날 수 있는 조건이 또 하나 있다. 다윈은 한 개체군의 어떤 두 생물도 같지 않으며, 어떤 종류의 변이는 더 많은 자손을 남기게 하거나 몸을 더 강하게 함으로써 그 개체가 자신의 서식 환경에서 번성할 확률을 높인다는 것을 알았다. 이런 개체 간의 차이가 자연 선택에 의한 진화의 기초다. 개체군 내에 변이가 존재하고 그중 일부가 서식 환경에서의 성공에 영향을 미치는 한 진화는 필연적으로 일어난다. 하지만 자연 선택은 오직 개체군 내에 존재하는 변이에만 작용한다. 만일 개체군 내 개체들 사이에 차이가 없다면 진화는 일어날 수 없다. 그런데 만일 집단 내 변이가 편중되어 나타난다면 어떻게 될까? 몸과 기관을 만드는 유전과 발생 레시피에 내재된 어떤 제약 때문에 특정 설계가 출현하기 쉬워지고 다른 것은 전혀 출현하지 않는다면? 만일 그렇게 되어 있다면, 어떤 기관이 발생 과정에서 어떻게 만들어지는지 알아냄으로써 개체군 내에서 그 기관에 어떤 변이가 나타날지 예측할 수 있고, 그 결과 그 기관이 어떤 쪽으로 진화할지도 예측할 수 있을 것이다.

진화는 현실 가능한 세계 중 최선

하버드대학교 대학원을 마친 후 나는 미국 서부의 캘리포니아대학교 버클리 캠퍼스로 옮겨 가 동물학과 고생물학을 다루는 유명한 학내 박물관에서 연구하기로 했다. 그곳에 도착한 지 몇 주

만에 나는 데이비드 웨이크의 도롱뇽 사랑에 감화되어 그의 팀과 공동으로 수행할 연구 프로젝트를 구상하기 시작했다. 내가 캘리포니아로 옮긴 것은 박물관과 도롱뇽 때문이기도 했지만 기후 때문이기도 했다. 매사추세츠주 케임브리지에서 5년을 보냈고 여름에도 그린란드와 캐나다에서 야외 조사를 했던 터라, 나는 어둡고 추운 곳을 벗어나 캘리포니아의 햇살을 흠뻑 쬐고 싶었다.

하지만 그런 따뜻한 낙원은 찾을 수 없었다. 내가 도착했을 때 버클리는 최근 들어 유례가 없던 혹독한 한파가 몰아치고 있었다. 나는 캘리포니아의 추위보다 더 으슬으슬한 건 없다는 사실을 금방 알아차렸다. 그린란드의 텐트 안도 그것에는 비할 바가 아니었다. 주택들도, 나를 포함한 사람들도, 추위에 대비가 되어 있지 않았다. 시내 곳곳에서 수도관이 얼어붙어 물을 배급받았다. 그런데 당시에는 몰랐지만 캘리포니아의 한파로 인해 생명사에 대한 내 생각이 바뀌게 되었다.

한파가 몰아치던 어느 날, 나는 몸을 녹이고 물을 떠 가기 위해 웨이크의 연구실로 갔다. 그는 포인트 레이스 국립 해변의 국립 공원 관리청에 근무하는 동료와의 통화를 막 끝낸 참이었다. 한파 때문에 국립 공원 내 담수호가 수십 년 만에 처음으로 얼어붙었다고 했다. 동물들도 사람들만큼이나 뚝 떨어진 기온에 대비가 되어 있지 않았다. 통화의 목적은 국립 공원 내 호수에 서식하는 도롱뇽 수천 마리가 동사했음을 웨이크에게 알리기 위해서였다. 국립 공원 관리청은 그 도롱뇽 집단을 동물학 박물관 컬렉션에 추가할 생각이 있는지 확인하고 싶었다. 도롱뇽은 자연재해로 이미 죽었으니 거기서 어떤 과학적 지식을 끌어낼 수 있다면 좋지 않겠는가?

이렇게 해서 연구에 사용할 수 있는 도롱뇽이 1000마리 넘게 생겼다. 하버드에 있을 때 나는 도롱뇽 손발이 배아 발생 과정에서 어떻게 형성되는지 조사하기 위해 도롱뇽의 사지를 연구했다. 이런 내 관심사를 고려해 우리는 동사한 도롱뇽의 발을 조사해서 내부 골격을 분석하기로 했다. 도롱뇽은 발이 두 개이므로 우리는 2000여 개의 발을 조사할 수 있었다.

도롱뇽 발 2000개에 내가 흥분한 것도 무리는 아니었다. 굴드의 강의 조교로 일했던 나는 진화가 어느 정도까지 우발적이고 어느 정도까지 필연적인지 테스트해 보고 싶었다. 도롱뇽의 혀에서부터 새우의 퇴화 기관에 이르기까지, 다발적 진화는 곳곳에서 목격되었다. 사실 조사하면 할수록 다발적 진화의 사례는 늘어나기만 했다. 웨이크는 도롱뇽 발이 매우 특정한 방식으로 진화했으며, 혀 시스템과 마찬가지로 여러 종에서 같은 방식이 제각기 따로 진화했다는 사실을 알게 되었다.

한파 덕분에 한 종의 한 개체군에 속하는 2000여 개의 발이 생겼다. 우리는 그 도롱뇽 발의 뼈 배열을 조사해 개체들 간에 어떤 차이가 있는지 분석하기로 했다. 변이는 자연 선택에 의한 진화의 연료이기 때문이다. 드디어 핵심적인 질문과 마주할 때가 되었다. 개체군 내 변이에 어떤 편향이 존재하는가? 다발적 진화는 자연 선택의 연료인 개체 간 차이가 무작위적이지 않기 때문에 일어나는 것일까? 만일 사지 뼈의 모든 배열이 같은 확률로 출현한다면 포인트 레이스에서 동사한 도롱뇽의 대규모 표본에서 무작위적인 변이가 나타날 것이다. 하지만 어쩌면 개체군 내 변이에 어떤 편향이 작용하고 있어서 진화를 특정 방향으로 이끌고 있는지도 모른다.

도롱뇽의 사지는 2억 년에 걸친 진화에서 랭케스터의 퇴화 기관처럼 진화해 왔다. 즉, 어떤 구조를 얻는 것에 의해서가 아니라 잃음으로써 진화했다. 도롱뇽 종들이 진화한 곳이 중국이든 중앙아메리카든 북아메리카든 관계없이 도롱뇽의 골격에는 몇 가지 특징이 반복적으로 나타난다. 첫째, 도롱뇽은 손발가락을 잃는 경향이 있고 그것도 항상 같은 손발가락을 잃는다. 도롱뇽이 손발가락을 잃을 때는 항상 새끼손가락 쪽 손가락을 잃지, 반대편을 잃지는 않는다. 둘째, 손발목의 뼈들이 유합함으로써 진화가 일어나는 경향이 있다. 도롱뇽은 보통 발목에 아홉 개의 뼈가 있다. 특수화된 종에서 뼈를 잃는 방법은 거의 정해져 있다. 인접한 뼈끼리 유합하는 것이다. 조상들이 별개의 두 뼈를 갖고 있던 자리에 후손들은 하나의 큰 뼈를 갖는다. 웨이크가 눈여겨 본 것은 이런 유합 패턴이 무작위적으로 생기는 것 같지 않다는 점이었다. 특정 유합 패턴이 반복적으로 출현한 반면, 다른 유합 패턴은 절대 나타나지 않았다.

박물관이나 동물원은 물론이고 심지어는 야생에서도 연구자가 한 종의 골격을 1000개씩 구할 기회는 흔치 않다. 이런 엄청난 규모의 표본은 노다지였다. 신뢰성이 높은 통계를 내고 그것을 토대로 가설을 검증할 수 있는 숫자였기 때문이다. 우리는 집단 내 변이에 편향이 있는지, 그래서 그것이 도롱뇽이 진화하는 방식에 영향을 줄 수 있는지 검증할 수 있었다. 문제는 도롱뇽의 발 내부를 어떻게 보느냐는 것이었다.

엑스레이 촬영은 불가능했다. 도롱뇽의 골격은 무른 연골로 되어 있어서 의학용 엑스레이로 포착되지 않는다. CT 스캐너에 넣기에는 개체 수가 너무 많았다. 그렇게 하려면 천문학적인 비용이 들 텐데 내 건강 보험은 도롱뇽에는 적용되지 않았다. 우리가 최종적으로 선택한 기법은 검사가 간단하면서도 아름다운 결과를 보여 주었다. 우리는 알코올, 물, 그리고 몇 가지 화학 염료가 담긴 일련의 통을 준비했다. 그리고 몇 주에 걸쳐 일련의 용액에 도롱뇽을 차례로 담가 각 용액이 체내 조직에 스며들도록 충분히 오래 두었다. 마지막 통에는 연골에 달라붙는 특수한 푸른 염료가 담겨 있어서, 이것이 연골을 암회색을 띤 청색으로 물들였다. 그런 다음 대단원으로 도롱뇽을 글리세린 통에 담갔다. 글리세린은 투명하고 점성이 있는 액체다. 표본의 몸에 글리세린이 스며들면 몸이 유리처럼 투명해진다. 큰 개체의 경우 이 모든 과정에 몇 주가 걸렸다. 작업을 제대로 해내자 으스스할 정도로 아름다운 것이 모습을 드러냈다. 몸은 투명했고 골격은 푸른색

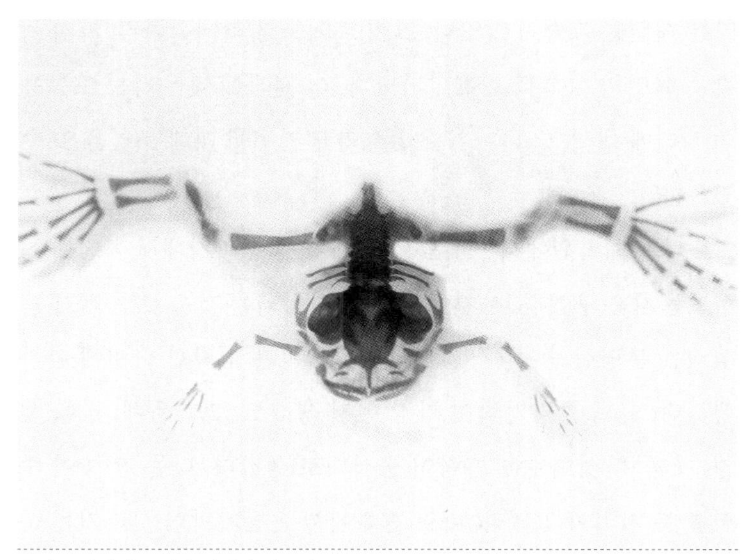

몸이 투명해지고 뼈가 염색된 개구리.

이었다. 마치 푸른 골격이 유리에 갇혀 있는 듯했다.

1000개의 표본에 이런 처리를 하는 데 2년이 걸렸다. 우리는 모든 표본의 모든 사지에 식별 번호를 붙이고 형태, 유합 방법, 뼈 소실 방법을 기록했다.

변이는 무작위적이지 않았다. 답은 글리세린에 담근 도롱뇽 몸만큼이나 투명했다. 뼈는 유합되었고 특정 손발가락이 소실되어 있었다. 게다가 중국 종, 멕시코 종, 심지어 캘리포니아 북부 종에서 관찰된 것과 똑같은 변이 패턴이 포인트 레이스 개체군에서 관찰되었다. 어떤 유합 패턴은 출현할 가능성이 높았지만 다른 패턴은 그렇지 않았다. 그리고 어느 지역에서나 몇 가지 똑같은 패턴이 반복적으로 나타났다. 이 결과에서 우리는 도롱뇽의 생리에 대해, 더 나아가 우발성과 필연성에 대해 무엇을 알 수 있을까?

나는 대학원에서 도롱뇽의 사지가 발생 과정에서 어떻게 형성되는지 연구했다. 사지에서 뼈가 형성되는 것을 보면 뼈가 형성되는 분명한 순서가 있었다. 손발가락은 정확한 순번에 따라 생겼다. 둘째 손발가락이 가장 먼저 생겼고, 그다음에 첫째, 셋째, 넷째, 다섯째 손발가락이 순서대로 생겼다. 나는 전에 이 순서를 본 기억이 있었다. 바로 진화에서 손발가락이 사라지는 순서와 정반대였다. 진화에서 가장 먼저 사라지는 손발가락이 발생 과정에서 가장 나중에 생겼다. 그다음에 사라지는 손발가락은 끝에서 두 번째로 발생했다. 손발가락이 사라지는 방식에는 어떤 질서가 있는 것 같았다. 마지막에 발생하는 것이 가장 먼저 소실된다는 것이다.

손발목의 연골도 엄밀하게 정해진 순서에 따라 발생한다. 연골은 그보다 먼저 생긴 연골에서 싹처럼 돋아난다. 한 개가 형성되면 거기서 다음 것이 돋아난다. 두 연골이 분리되면 또 다른 연골이 생겨난다. 이런 식의 출아와 분리가 반복되면서 아홉 개의 독립된 뼈가 만들어진다. 이것도 전에 본 기억이 있었다. 여러 도롱뇽 종의 진화 과정에서 서로 유합된 뼈들은 예외 없이 통상적인 발생 과정에서 서로에게서 돋아나는 뼈들이었다.

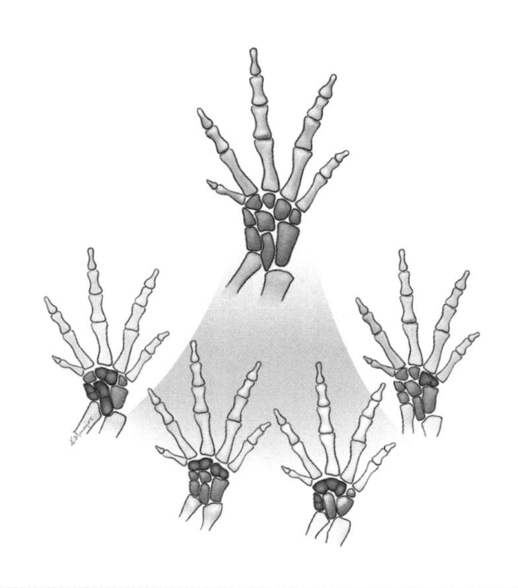

도롱뇽의 사지는 구성 요소를 잃음으로써 진화한다. 이 그림은 진화가 일어나는 동안 서로 이웃하는 뼈들이 어떻게 유합되는지 보여 준다.

이 심오한 해부학과 발생학의 근저에는 단순하고 강력한 생각이 숨어 있다. 도롱뇽의 사지가 어떻게 발생하는지 알면 그것이 어떻게 진화할지 어느 정도 예측할 수 있다는 것이다. 손발가락이 정해진 순서에 따라 형성되고 손발목뼈가 서로에게서 돋아나는 특정 패턴을 보이면 진화는 특정 방향으로 일어나기 쉬워진다. 마지막에 발생하는 것이 가장 먼저 소실된다는 법칙은 도롱뇽의 손발가락에 나타나는 변이의 방향성을 설명해 준다. 손발목뼈의 유합도 무작위적이지 않다. 유합된 뼈들은 통상적인 발생 과정에서 서로에게서 돋아난 것들이다.

배아 발생을 건축 과정에 비유해 보자. 여러분이 만일 건축가라면, 여러분이 선택하는 건축 공법과 자재에 따라 최종적으로 짓는 집의 종류가 달라질 것이다. 특정 종류의 집이 다른 종류의 집보다 지어지기 쉽다. 동사한 도롱뇽의 발에서 보았듯이, 같은 원리가 동물에도 적용된다. 동물의 발생 방식은 특정 발명이나 변화가 다른 것에 비해 생기기 쉽게 만든다.

도롱뇽의 발뼈에서 볼 수 있는 것과 같은 다발적 진화는 오랫동안 연구자가 생명사를 이해하는 데 혼란을 초래하는 가외 변인, 별난 이변으로 취급되었다. 하지만 보면 볼수록, 그것이 발명이 생기는 흔한 방법 중 하나임을 알게 된다. 많은 사례에서 다발적 진화는 변화의 심원한 규칙, 즉 종의 발생 과정에 내재된 편향을 반영한다. 사실상 모든 동물이 기본적으로 똑같은 유전자, 심지어는 통째로 같은 유전 레시피의 한 버전을 사용해 몸을 만든다면, 동물계에 다발적 진화가 존재하는 것도 놀라운 일은 아니다. 생명사의 중대한 발명들은 결코 우연이 아니라는 얘기다.

진화는 무작위적인 변화를 연료로 삼아 계속 한길로 나아가는 것이 아니다. 여러 종이 흔히 서로 다른 길을 통해 같은 장소에 도달한다. 굴드의 말을 빌려 이 현상을 표현한다면 “다른 우발적 상황을 넣어 생명의 테이프를 재생해도 중요한 부분은 달라지지 않을 것이다”가 된다.

에른스트 마이어가 나와 차를 나누는 동안 진화에 대한 자신의 견해를 말한 적이 있다. 그는 볼테르의 말을 변주해 이렇게 말했다. 진화의 결과는 '생각할 수 있는 최선의 세계'가 아니라 '현실적으로 가능한 세계들 중 최선'이라고. 유전, 발생, 진화사가 가능한 변화의 종류를 결정한다.

자연의 발명은 우연이 아니다

자연은 우리를 대상으로 실험을 한다. 그 실험들 중 몇몇에서는 생명사의 테이프가 재생되는 모습을 볼 수 있다. 조지 베일리가 베드포드 폴스의 다리 위에서 보았던 것처럼.

카리브해 지역에서는 세인트 마틴 섬부터 자메이카 섬까지 사실상 모든 섬에 도마뱀이 서식하고 있다. 이 섬들에는 우거진 숲, 탁 트인 들판, 해변 등 도마뱀이 번성할 수 있는 천혜의 환경이 존재한다. 역대 연구자들은 그 섬들이 진화를 연구하기에 적합한 자연 실험실임을 알았다. 다윈에게 갈라파고스 제도가 그랬듯이, 카리브해의 각 섬은 도마뱀의 다양한 종이 각기 다른 환경에 어떻게 적응하고 있는지 분석할 수 있는 수단이 된다. 어니스트 윌리엄스Ernest Williams(1914~1998)는 당대의 위대한 파충류학자였다. 그는 기존 연구를 토대로 카리브해의 다양한 섬에 비슷한 도마뱀이 서식하고 있음을 알아챘다. 숲에 사는 도마뱀들은 수목의 각 부위에 특수화되어 있다. 어떤 종은 숲 차양(수관)

에 살고, 어떤 종은 나무줄기에 살며, 어떤 종은 땅 근처인 나무줄기 밑부분에 산다. 수관에 사는 도마뱀은 어느 섬에 살든 관계없이 모두 몸집과 머리가 크고, 등에는 톱날 같은 돌기가 있으며, 몸은 짙은 녹색을 띤다. 나무줄기에 사는 도마뱀은 모두 중간 크기이고, 사지와 꼬리가 짧으며, 머리가 삼각형이다. 지표 가까이에 사는 도마뱀은 모두 큰 머리와 긴 다리를 가지고 있으며 대체로 갈색을 띤다.

윌리엄스의 지도를 받은 내 동료 조너선 로소스Jonathan Losos는 이 도마뱀들을 연구 대상으로 삼았다. 로소스는 DNA 기법을 이용해 다양한 섬에 사는 도마뱀들 사이의 유연관계를 조사했다. 여러분은 도마뱀의 해부학적 특징을 보고 이렇게 예상할지도 모른다. 수관에 사는 머리 큰 도마뱀은 다른 섬들에 사는 머리 큰 도마뱀과 가장 가깝고, 마찬가지로 나무줄기에 사는 다리 짧은 도마뱀과 지표 가까이에 사는 다리 긴 도마뱀은 다른 섬들의 그런 도마뱀들과 근연일 거라고. 하지만 로소스의 조사에서 밝혀진 사실은 그것과 달랐다. 오히려 각 섬의 도마뱀들은 같은 섬에 사는 다른 도마뱀들과 가장 가까웠다. 섬마다 유전적으로 구별되는 도마뱀 개체군이 살고, 도마뱀의 정착은 섬마다 따로 일어났다. 표류하던 도마뱀들이 언젠가 각 섬에 상륙했고, 각 섬의 자손들이 새로운 서식지의 여러 환경 조건에 적응한 것이다. 각 섬에서 도마뱀들이 지표, 나무줄기, 나뭇가지, 수관의 생활에 적응해 나간 과정은 다른 섬들과는 독립적으로 진행된 진화 실험이었던 셈이다. 각각의 섬이 별개의 실험이었다면, 진화는 같은 결과를 반복적으로 생산했다고 말할 수 있다. 생명사의 테이프를 각 섬에서 재생했다 해도 진화는 같은 방식으로 일어났을 것이다.

포유류의 진화에서는 똑같은 일이 더 큰 규모로 일어났다. 호주의 유대류 동물들은 나머지 세계와 격리된 상태로 1억 년 이상 진화하며 여러 형태를 가진 다양한 종을 탄생시켰다. 그 결과는 확실히 무작위적이지 않다. 유대류 날다람쥐, 유대류 두더지, 유대류 고양이, 심지어 유대류 우드척다람쥐까지 있다. 게다가 이 예들은 현생 종만 말한 것이다. 지금은 멸종했지만 과거에는 유대류 사자, 늑대, 심지어 검치호랑이까지 있었다. 격리된 대륙에서의 유대류 진화는 대개 세계 다른 지역에서의 포유류 진화와 비슷한 경로를 따랐다.

이런 자연의 실험은 생명사가 우발적 사건들이 난무하는 불확실한 도박판이 아니었음을 보여 준다. 주사위가 어떤 눈이 나올지는 어느 정도 결정되어 있었다. 유전자와 발생이 몸을 만드는 방식, 환경의 물리적 제약, 그리고 진화사에 의해 특정한 눈이 나오기 쉽게 주사위가 설계되어 있었다. 각 세대의 생물들은 기관과 몸을 만드는—유전자, 세포, 배아에 적힌—레시피를 물려받는다. 이런 유전 정보는 미래를 말해 준다. 변화의 특정 경로가 다른 경로에 비해 일어나기 쉽기 때문이다. 모든 생물의 몸과 유전자 내부에서는 과거, 현재, 미래가 혼연일체가 되어 있다.

인수 합병

조립식 진화가 세상을 바꾼다

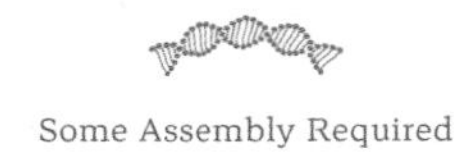

Some Assembly Required

이따금 세계가 새로운 발명이나 이론을 맞이할 준비가 되어 있지 않을 때가 있다. 레오나르도 다빈치(1452~1519)는 16세기에 활공기(글라이더)를 포함해 여러 가지 비행 기계를 설계했다. 그러나 당시는 그런 기계들을 만들 재료도, 만드는 공정도 존재하지 않았기 때문에 실제로 만들어지지 못했다. 생명의 역사도 마찬가지다. 폐와 팔을 가진 물고기는 그 후손들이 뭍으로 올라와 숨을 쉬고 단단한 대지를 밟기 훨씬 전부터 고대 바다에서 번성했다. 생물이 더 일찍 육상에 진출하지 못한 것은 아직 대형동물이 먹고살 수 있을 만큼 식물과 곤충이 풍부하지 않았기 때문이다. 진화사로 보나, 인간의 기술로 보나, 1960년대 젊은 과학자의 고군분투로 보나, 발명에는 타이밍이 전부다.

린 마굴리스Lynn Margulis(1936~2011)는 시카고대학교와 버클리대학교에서 미생물을 연구했다. 초기 연구 중 하나에서, 그

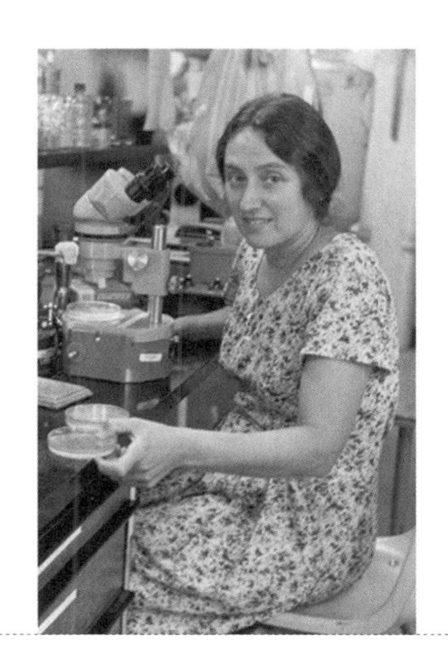

린 마굴리스.

녀는 생물계에는 다양한 세포가 있다는 것을 알고 그런 세포들이 어떻게 생겨났는지를 설명하는 새로운 이론을 제기했다. 하지만 그녀가 제출한 논문은 본인 말대로 "15개 정도의 학술지"로부터 거절당했다. 마굴리스는 이에 굴하지 않고 마침내 그리 유명하지 않은 이론생물학 학술지에 그 논문을 발표할 수 있었다. 부정적인 비평의 합창 속에서 마굴리스가 보여 준 불굴의 정신은 놀라웠다. 경력이 미천한 신출내기 여성 과학자가 남성이 지배하는 분야에 들어와 깊이 뿌리 내린 정통 학설에 반론을 제기한다는 것은 그 자체로 대단한 일이었다.

마굴리스는 동식물과 균류의 몸을 이루는 세포에 주목했다. 이런 세포는 박테리아 세포에서는 볼 수 없는 복잡성을 지니고 있다. 각 세포에는 핵이 있고 핵 안에는 게놈이 있다. 핵 주위에서는 많은 작은 기관이 다양한 기능을 수행하고 있는데 이들을 '세포소기관'이라 부른다. 그중에서도 가장 눈에 띄는 것은 세포에 에너지를 공급하는 기관이다. 식물 세포에는 엽록체가 있고 그 안에서 엽록소가 태양 에너지를 이용 가능한 형태로 바꾸는 광합성 반응을 수행한다. 마찬가지로 동물 세포에는 미토콘드리아가 있어서 산소와 당으로 에너지를 생산한다.

마굴리스는 이런 세포소기관들이 세포 안의 작은 세포처럼 보인다는 사실을 깨달았다. 각각은 자체 막으로 둘러싸여 세포의 나머지 부분과 분리되어 있다. 세포소기관은 세포 내에서 둘로 쪼개지는 방법, 즉 출아를 통해 증식한다. 먼저 길쭉하게 늘어났다가 덤벨처럼 가운데 부분이 좁아진다. 그런 다음 양쪽이 분리되어 두 개체가 된다. 세포소기관은 심지어 세포핵의 게놈과는 별도로 자체 게놈까지 가지고 있다. 그런데 세포소기관의 게놈은 핵의 게놈과는 매우 다르다. 핵 안에서는 DNA 가닥이 돌돌 말려 있지만, 미토콘드리아와 엽록체에서는 DNA 가닥의 끝과 끝이 맞물려 단순한 고리를 이룬다.

자체 막과 DNA를 갖추고 스스로 증식하는 이런 세포소기관들을 보며 마굴리스는 뭔가를 떠올렸다. 이런 특징을 전에 단세포 박테리아와 남조류에서도 본 적이 있었다. 박테리아와 남조류도 출아로 증식하고, 비슷한 막으로 둘러싸여 있으며, 엽록체나 미토콘드리아의 게놈과 매우 비슷한 모양의 게놈을 가지고 있다. 동물과 식물의 세포에 에너지를 공급하는 세포소기관들은 아무리 봐도 이들이 속한 세포의 핵보다 박테리아나 남조류와 훨씬 더 비슷해 보였다.

이런 관찰을 토대로 마굴리스는 진화사에 대한 과감한 새 이론을 제창했다. 엽록체는 원래 자유 생활을 하던 남조류로, 다른 세포에 포섭되어 그 세포를 위해 에너지를 공급하는 대사 일꾼으로 일하게 되었다는 것이다. 마찬가지로, 미토콘드리아도 원래 자유 생활을 하는 박테리아였으나 또 다른 세포에 합병되어 에너지를 생산하게 되었다. 두 사례와 같이 별개의 생물이 융합해 더 복잡한 새로운 개체를 만들었다는 마굴리스의 생각은 과감한 것이었다.

학술지로부터 열다섯 번이나 거절당한 가설답게, 마굴리스의 가설은 사방에서 비웃음을 사거나 아예 무시당했다. 마굴리스는 몰랐지만 60년 전에도 러시아와 프랑스의 생물학자가 제각기 따로 그녀의 생각과 비슷한 가설을 제창한 적이 있었는데, 그 가설 역시 웃음거리가 된 후 유명하지 않은 학술지에 파묻히고 말았다. 하지만 마굴리스의 가설은 그녀의 두려움 없는 태도, 집념, 창의성 덕분에 명맥을 이어 갈 수 있었다. 그녀는 수십 년에 걸쳐 더 많은 증거를 모으며 끈질기게 자신의 주장을 펼쳤다. 하지만 불행히도 그런 노력은 결실을 맺지 못했다. 마굴리스는 계속 푸대접을 받았다. 박테리아와 세포소기관이 비슷하다고 아무리 호소해도 그 분야의 과학자들은 받아들이지 않았다.

하지만 마굴리스에게도, 과학계 전체에도 다행스럽게도, 기술이 그녀의 가설을 따라잡을 수 있을 정도로 발전했다. 1980년대에 더 빠른 DNA 염기 서열 분석 기법이 개발되면서 세포소기관 내 유전자들의 역사를 세포핵 내부의 유전자들과 비교할 수 있었다. 드러난 계통수는 놀랍고도 흥미로웠다. 미토콘드리아도 엽록체도, 세포핵의 DNA와는 유전적 관계가 없었다. 엽록체는 식물 세포 안의 어떤 기관보다 남조류의 종들과 더 밀접한 관계가 있었다. 마찬가지로, 미토콘드리아는 산소를 소비하는 한 박테리아 종의 후손으로, 세포핵과는 무관했다. 모든 복잡한 세포는 두 가지 계통을 갖고 있다. 하나는 세포핵 계통이고, 또 하나는 한때 자유 생활을 했던 남조류와 박테리아 조상들의 계통이다.

최근의 DNA 비교 연구는 이런 종류의 합병이 생명사에서 흔한 사건이었음을 보여 준다. 또 다른 세포소기관을 지닌, 동물이나 식물과는 유연관계가 없는 세포들도 이런 식으로 생겨났다. 예를 들어 말라리아를 일으키는 단세포 미생물인 열대열원충*Plasmodium falciparum*은 세포의 한쪽에 마치 고깔모자처럼 얹혀 있는 이상한 세포소기관을 갖고 있다. 그것은 여러 가지 대사 과정에 관여한다. DNA 염기 서열을 분석해 보니, 그 세포소기관은 과거에 자유 생활을 했던 조류였던 것으로 밝혀졌다. 한때 독립된 세포로 살았던 역사 때문에 주위를 둘러싼 막에 독자적인 분

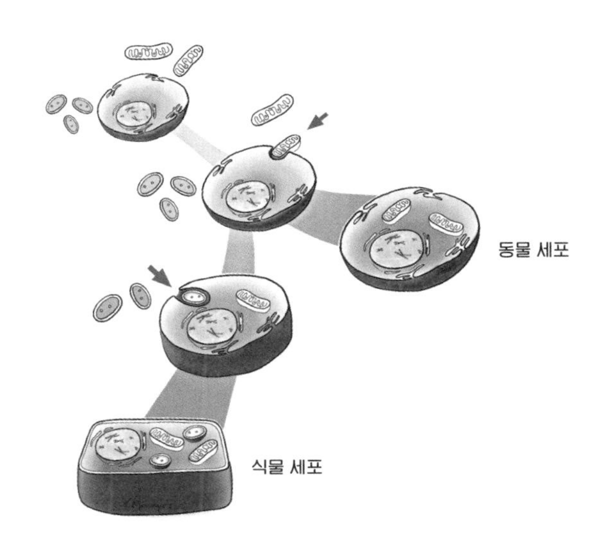

결합에 의한 진화. 복잡한 세포들은 두 종류의 미생물(화살표)을 포섭함으로써 탄생했다. 포섭된 미생물은 각각 미토콘드리아(위)와 엽록체(아래)가 되었다.

자들을 가지고 있다. 이들 분자는 의학적으로 유용해서, 항말라리아 약물은 이들 분자를 표적으로 수색 섬멸을 벌이며 말라리아 원충의 세포를 죽인다.

마굴리스는 어려운 시기를 견뎌 냈으나 안타깝게도 2011년, 73세에 뇌졸중을 겪고 더 이상 연구를 하지 못했다. 그래도 생전에 자신의 이론이 입증되는 것을 볼 수 있었다. 마굴리스는 자신의 연구 인생을 돌아보며 논란을 대하는 자신의 자세를 한 마디로 요약했다. 그 말은 수십 년 동안의 논쟁 속에서 그녀가 주문처럼 되뇐 말이었다. "나는 내 가설이 논란의 여지가 있다고 생각하지 않고 그냥 옳다고 생각한다."

창의력, 거침없는 성격, 그리고 기술 덕분에 우리가 생명사를 보는 관점이 달라졌다. 개체들이 융합해 더 복잡한 생물이 되었을 때, 즉 이전까지 자유 생활을 하던 생물들이 더 큰 전체의 일부가 되었을 때 비로소 변혁이 일어날 수 있었다. 오늘날 지구에 서식하는 모든 동식물은 몸 안에 복잡한 위계로 조직된 부품들인 기관, 세포, 세포소기관, 유전자라는 부품들을 갖추고 있다. 이런 조직이 어떻게 생겨났는지는 수십억 년에 걸친 이야기로, 그 시작은 지구라는 행성 자체가 기원할 무렵으로 거슬러 올라간다.

세포의 조립으로 단백질 공장이 탄생하다

과거로 깊숙이 들어갈수록 생명의 상은 점점 더 흐릿해진다. 아마도 이 사실을 누구보다 잘 아는 사람은, 지구에서 가장 오래된 생명의 흔적을 찾는 걸 필생의 연구 과제로 삼은 J. 윌리엄 쇼프J. William Schopf가 아닐까. 그를 서호주의 건조한 산비탈로 이끈 것도 그러한 탐색이었다. 이곳은 세계에서 가장 오래된, 30억 년 전의 암석이 노출되어 있는 특별한 장소다. 그 때문에 초기 지구의 상황을 이해하기 위해 각지에서 과학자들이 모여든다. 그런 암석들은 대개 겪어 보지 않은 일이 없다. 퇴적된 뒤로 수십억 년 동안 열을 받고, 짓눌리고, 들어 올려졌다. 화석을 포함해, 퇴적암에 들어 있던 것은 무엇이든 이미 타 버렸거나 으스러졌다.

1980년대 초반에 에이펙스 처트Apex Chert로 불리는 암석층을 조사하던 쇼프는 오랜 세월 동안 비교적 변성되지 않은 것처럼 보이는 암석을 발견했다. 고온이나 고압에 노출된 암석들은 그런 변성 작용으로 생기는 특징적인 광물을 포함하고 있는데, 에이펙스 처트층에는 그런 광물이 비교적 적었다. 드문 것을 발견했다고 생각한 쇼프는 암석 내부에 무엇이 들어 있는지 조사하기 위해 그 암석들을 연구실로 가져왔다. 해저에서 스며 나온 물질이 퇴적되어 생긴 암석인 처트는 죽은 후 바다 밑바닥에 가라앉은 생물의 유해를 포함하고 있는 경우가 많다.

처트를 처리하는 일은 공이 많이 든다. 암석을 다이아몬드 톱으로 얇게 썰고, 그 박편을 슬라이드에 올려 현미경 아래 놓고 관찰해야 한다. 쇼프는 대학원생 둘에게 이 일을 맡겼는데, 두 명이 2년간 온종일 현미경을 들여다봤지만 아무것도 발견되지 않았다. 이 일을 이어받은 세 번째 학생은 몇 달간 현미경을 들여다보다가 암석 내부에서 미세한 섬유를 발견했다. 하지만 대수롭지 않게 여기고 나중에 분석할 요량으로 그 암석을 표본 캐비닛에 넣었다. 그 학생은 그대로 회사에 취직했고 표본은 2년을 더 캐비닛 안에 있게 되었다.

어느 날 쇼프는 거기에 무엇이 있는지도 모르고 표본 캐비닛에서 그 처트를 꺼내 현미경으로 관찰했다. 미세 섬유들은 파편이나 띠, 또는 리본 모양을 하고 있었다. 대다수는 진주 목걸이처럼 작고 둥근 구조가 서로 줄줄이 이어져 있었다. 쇼프는 이런 구조를 전에도 본 적이 있었다. 군체를 이루는 현생 남조류였다. 하지만 세포처럼 보이는 이 미세 구조가 포함된 암석은 거의 35억 년 전의 것이었다. 쇼프는 지구와 태양계가 탄생한 지 10억 년이 지났을 때 형성된 암석에서 지구 최초의 화석을 발견했다는 대담한 발표를 했다.

모두가 납득한 것은 아니었다. 이 발표가 대서특필되자 강하게 비판하는 사람들이 등장했다. 한 비판은, 쇼프가 발견한 섬유상 구조는 수십억 년에 걸친 암석 생성 과정에서 자연스럽게 만들어진 산물일 수 있다고 지적했다. 비판하는 사람들은 그 미세 구조는 화석이 아니라 암석이 고압에 눌릴 때 생기는 흑연의 한 종류라고 주장했다. 학술지들은 쇼프의 주장에 대한 찬반을 논하는 논문으로 넘쳐 났다. 쇼프는 한 유명인과 함께 대중의 이목이 집중되는 공개 논쟁까지 벌였다. 암석 내부의 미세 섬유라는 주제는 극소수 사람들만의 관심사로 보일지 모르지만, 거기 걸려 있는 쟁점인 최초의 생명체를 이해하는 문제는 절대로 그렇지 않았다.

쇼프는 또 다른 방향에서 접근을 시도했다. 섬유상 구조와 남조류의 모양을 비교하는 대신 그는 초기 생명에 대한 다른 단서를 찾아 나섰다. 그가 미세 구조를 발견한 지 수십 년 후 새로운 기술들이 나와, 암석 속 입자나 화석으로 추정되는 미세 구조의 화학적 조성을 알아낼 수 있었다. 탄소 원자는 지구상에 여러 형태로 존재하며 종류마다 무게가 다르다. 생물은 탄소를 대사할 때 한 종류의 탄소를 선호한다. 이 화학적 특성 덕분에 생물이 묻혀 있던 암석에는 각 종류의 탄소 원자 비율이라는 형태로 지문이 남는다.

가정용 식기 세척기만 한 질량 분석기를 이용해 쇼프와 그의 동료들은 암석 속 입자와 섬유상 구조의 탄소 함량을 측정했다. 과연 섬유의 탄소에는 생명의 지문이 남아 있었다. 게다가 적어도 다섯 종류의 생물을 나타냈다. 한 섬유는 원시적인 광합성 생물이 남기는 탄소 지문을 가지고 있었다. 또 하나는 메탄 대사로 에너지를 얻는다고 알려진 미생물처럼 보였다. 만일 에이펙스 처트층이 태고의 지구를 보여 주는 창이라면, 35억 년 전에 벌써 지구상에는 다양한 생명체가 살고 있었다.

우리는 암석에서 생명의 화학적 흔적을 찾을 수 있다는 사실을 알고 있다. 설령 화석 자체는 이미 오래전에 사라졌더라도 생명의 화학적 흔적은 남아 있을 수 있다. 만일 어떤 생물이 탄소를 대사했다면 그 때문에 변화한 탄소 함량 비율이 암석 안에 찌꺼기처럼 남아 있을 것이다. 그린란드 동부의 암석에서 탄소 함량비를 조사하던 예일대학교 연구 팀은 에이펙스 처트층보다 훨씬 더 오래된 암석에서 생명의 흔적을 발견했다. 그 암석은 40억 년 전, 그러니까 지구와 태양계가 형성된 지 5억 년 후의 것이었다.

이런 조사들이 보여 주는 것은 생명의 여명기부터 20억 년 전까지 지구에는 홀로 생활하거나 군체를 이루어 생활하는 단세포 생물만 있었다는 사실이다. 각 미생물 개체의 유전자에서 후속 세대가 태어났다. 한 개의 모세포가 두 개의 딸세포로 분열하고, 그 딸세포가 다시 분열하고 그런 식으로 세대가 지날수록 수가 증가했다. 발명은 주로 새로운 대사 반응의 탄생이었으며, 그러한 화학적 적응을 통해 에너지나 연료, 또는 노폐물을 더 효율적으로 처리할 수 있게 되었다. 어떤 종들은 황이나 질소에서 에너지를 얻었고, 어떤 종들은 빛과 이산화탄소에서 에너지를 얻었다. 또 다른 종들은 산소를 이용해 에너지를 만들었다. 이런 단세포 생물들은 앞으로 다가올 혁명의 발판을 마련했다.

미생물의 대사는 세계를 변화시켰다. 20억 년 가까이 남조류는 지구상에서 가장 풍부한 생물이었다. 이들은 햇빛과 이산화탄소를 이용해 광합성을 하여 이용 가능한 형태의 에너지를 생산했는데 이때 나오는 노폐물이 산소였다. 남조류는 군체로 존재하는데, 쇼프가 발견한 것 같은 띠 모양을 하기도 하고 전자레인지만큼 커질 수 있는 독버섯 모양의 군락을 이루기도 한다. 이런 군체는 35억 년 전부터 전 세계에 풍부하게 존재했다. 그것들은 수십억 년에 걸쳐 대기에 산소를 뿜어냄으로써 대기의 조성을 완전히 바꾸었다. 대기 중 산소 농도는 40억 년 전에는 희박했지만 이제는 다양한 종류의 생명을 지탱할 수 있을 만큼 증가했다.

산소 농도의 증가는 미생물에게 은총이자 저주였다. 어떤 미생물에게는 산소가 독이었던 반면, 어떤 미생물에게는 새로운 가능성을 열어 주었다. 한 유형의 미생물이 번성하기 시작했는데 그것은 놀랍지 않게도 산소를 이용해 에너지를 만들어 내는 종류였다.

수십억 년 동안 단세포 생물은 기관 없는 몸으로 살았다. 요컨대 그들의 몸 안에는 전문적인 기능을 하는 소기관이 없었다. 변화의 조짐은 1992년 미시간주 이쉬페밍의 철광산에서 발굴된 화석에서 처음 나타난다. 이 화석은 세포들이 나선형 끈처럼 이어진 모습이었고, 전체 길이가 약 9센티미터였다. 대략 20억 년 전 암석에서 나온 이 화석은 세포소기관을 갖춘 복잡한 세포의 전형적인 구조를 보인다. 언뜻 보기에는 그래 보이지 않지만, 이 나선형 끈은 혁명을 예고하고 있었다.

산소를 대사하는 박테리아가 또 다른 미생물과 함께 팀을 이루었을 때 지구상에 새로운 종류의 생물이 탄생했다. 마굴리스가 보여 주었듯이 이 합병은 '1+1=2'가 아니었다. 그것은 '1+1=400'에 더 가까웠다. 이 합병에서 숙주가 된 세포는 세포핵과 각종 단백질을 생산하는 장치를 갖추고 있었다. 이 세포는 산소를 소비하는 박테리아를 포섭해 자체 발전소로 만듦으로써 훨씬 더 복잡한 단백질을 만들고 새로운 행동을 하기 위한 자원을 갖추었다.

산소를 소비하는 단세포 박테리아는 더 이상 자유 생활을 할 수 없게 되었다. 그것은 더 큰 전체, 즉 여러 부위를 갖춘 더 복잡하고 새로운 개체의 일부가 되었다. 얼마 전까지 자유 생활을 했던 박테리아는 이제 스스로의 필요에 따라 번식하지 못하고 숙주 세포를 보필하게 되었다. 이 합병으로 인해 더 활동적으로 살 수 있는 에너지와 새로운 종류의 단백질을 만들 수 있는 장치를 갖추게 된 융합 세포는 생명사의 또 다른 중대 변화를 예고했다.

이 새로운 세포, 즉 에너지로 충만한 단백질 공장을 발판으로 이 세계에 또 다른 종류의 개체가 출현하게 되었다.

또 한 번의 조립으로 몸이 생기다

지구상의 모든 동식물은 많은 세포로 이루어진 몸을 가지고 있다. 예쁜꼬마선충이라는 벌레는 약 1000개, 인간은 4조 개의 세포를 갖고 있다는 사실을 떠올려 보라. 세포의 수에는 이렇듯 큰 차이가 있지만 두 생물의 몸은 깊고 오래된 유사점을 공유한다.

화석 기록에 남겨진 가장 오래된 몸은 그리 거창해 보이지 않는다. 호주, 나미비아, 그린란드에 분포하는 6억 년 전 암석에서 발견된 초기 몸은 윤곽으로만 남아 있다. 거기 묻혔던 진짜 몸은 썩어서 사라진 지 오래다. 동전부터 큰 접시 정도까지 크기가 다양한 그 몸은 리본이나 이파리, 또는 원반처럼 생겼다. 모양은 별 볼 일 없지만 그것이 생겨난 경위는 전혀 그렇지 않다. 어쨌든 그것은 다세포 생물, 즉 몸을 지닌 생물 중 가장 오래된 화석이고, 몸은 지구라는 행성에 등장한, 그야말로 완전히 새로운 개체였다.

개체란 무엇인가라는 물음에 철학자들은 다양한 정의를 제시하지만, 가장 기본적인 의미에서 개체는 시작과 끝을 가지고 있고 탄생과 죽음이 있으며 번식할 수 있는 존재다. 중요한 것은 부분들이 협조해 기능적인 전체를 만든다는 점이다. 우리도 모두 개체다. 왜냐하면 우리 몸도 다른 동식물의 몸처럼 이런 속성들을 모두 갖추고 있기 때문이다. 또한 우리 몸이 건강하게 유지되는 것은 구성 요소들이 협력해 더 큰 전체를 구축하기 때문이다. 예컨대 뇌는 수조 개의 신경 세포로 이루어져 있지만 개별 세포들의 목록을 보고 생각, 감정, 기억이 어떻게 형성되는지 알 수는 없다. 뇌는 생각을 만들어 낼 수 있지만 개별 뉴런(신경 세포)은 그럴 수 없다. 생각은 수십억 개의 신경 세포가 조직화하여 만들어 내는 고차원적 성질이다.

몸 안의 다양한 세포도 개체이지만 존재 방식은 다르다. 각각의 세포는 탄생과 죽음이 있다. 증식도 한다. 그리고 상호 작용하는 구성 요소도 가지고 있다. 하지만 이걸 생각해 보라. 인간의 몸에는 거의 4조 개의 세포가 있다. 그 세포들이 모여 크기도, 모양도, 몸에서의 위치도 다른 여러 기관을 형성한다. 심장이나 간이나 장을 적절한 크기로 적절한 위치에 만들기 위해서는 증식하고 죽는 데 규칙이 있어야 한다. 몸은 이런 조직화 덕분에 존재할 수 있다. 세포는 혼자서 제멋대로 행동하지 않는다. 각 세포의 성장, 죽음, 활동은 기능하는 몸을 만들기 위해 조절된다. 몸 안의 세포들은 증식이 제한되고 적절한 시점에 죽는다. 이렇게 스스스로를 희생함으로써 더 높은 선善, 즉 몸 전체의 원활한 기능에 기여한다.

한 특수한 분자 장치가 세포에게 서로 협력해 몸을 형성하는 능력을 준다. 세포들은 서로 달라붙을 수 있어야 한다. 세포끼리 정해진 방식으로 붙지 않으면 몸을 단단하게 유지하기 어렵다. 예를 들어 피부 세포는 서로 달라붙어 층상 조직을 만들 수 있는 특별한 기계적 성질을 가지고 있다. 그 조직에 독특한 질감을 주는 것은 세포가 생산하는 콜라겐과 케라틴 등의 단백질이다. 마지막으로, 몸 안의 세포들은 정보를 공유할 수단도 필요하다. 그것이 없으면 증식과 죽음, 그리고 유전자 발현을 조정할 수 없기 때문이다. 그 수단을 제공하는 것도 단백질이다. 다양한 단백질이 세포에 메시지를 전달해 언제 어디서 분열하고, 죽고, 더 많은 단백질을 분비할지 알린다.

이런 일을 가능하게 하는 유전 기구가 바로 5장에서 다룬 유전자군이다. 그런 유전자군의 각 유전자는 서로 조금씩 다른 단백질을 만든다. 예를 들어 캐더린cadherin(칼슘 의존성 접착calcium-dependent adhesion의 줄임말로, '타입1 막관통단백질'이라고도 부른다—옮긴이)이라는 단백질군은 100가지 세포에 존재하며 각각 피부, 신경, 뼈 등 특정 조직에 작용한다. 이 단백질군은 피부를 비롯한 각 조직에서 세포들을 붙이고, 세포끼리 정보를 주고받는 수단으로도 쓰인다. 이 수단을 통해 세포들은 언제 분열하고, 언제 죽고, 언제 다른 단백질을 생산할지와 같은 정보를 서로 전달한다.

그리고 중요한 것은 여기부터다. 세포가 이 단백질들을 제조하려면 비용이 많이 든다. 왜냐하면 단백질을 합성하고 조립하는 데는 상당한 대사 에너지가 필요하기 때문이다. 이것이 바로 마굴리스가 말한, 새로운 종류의 세포 없이는 몸이 탄생할 수 없었던 이유다. 마굴리스가 떠올린 합병은 발전소와 단백질 제조기를 합치는 것이었다. 이 세포 공생체는 이렇게 해서 에너지원과 DNA를 함께 갖추고 다양한 단백질을 생산함으로써 몸의 진화를 가능하게 했다. 이 새로운 세포는 다른 세포들과 접착해 정보를 주고받으며 새로운 방식으로 행동할 수 있었다.

이렇게 수십억 년에 걸쳐 점점 더 복잡한 개체가 연속적으로 출현했다. 세포소기관을 갖춘 새로운 종류의 개체가 탄생하자, 그다음으로 많은 세포를 지닌 몸이 탄생할 수 있었다. 이 순서를 보면 '어떤 메커니즘으로 몸이 탄생했을까?'라는 의문이 떠오른다.

버클리대학교의 내 동료 니콜 킹Nicole King은 평생에 걸쳐 특별한 종류의 한 단세포 생물을 연구했다. 젤리빈(콩 모양의 젤리 과자—옮긴이)처럼 생긴 그 미생물은 색다른 특징을 갖고 있다. 마치 수도승이 놀라 머리카락이 곤두선 것처럼 세포의 한쪽 끝에 고리 모양으로 털이 나 있다. 깃편모충류Choanoflagellate라 불리는 이 미생물은 특별한 성질을 갖고 있다. 10여 년 전에 그 게놈이 해독되어 동물이나 다른 단세포 생물의 서열과의 비교가 이루어

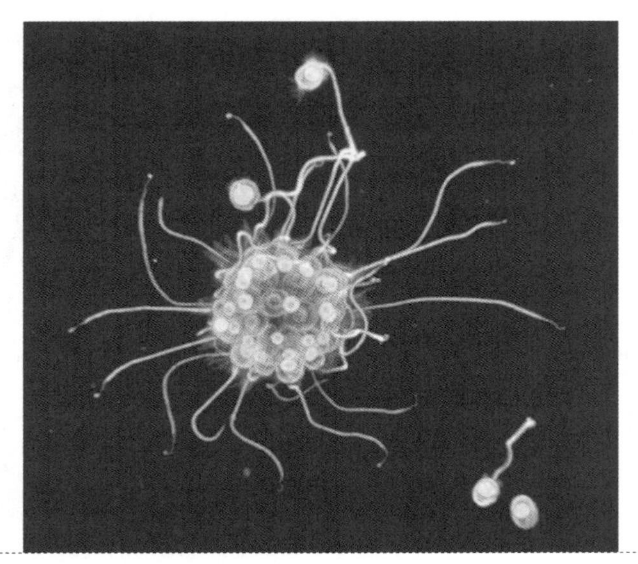

깃편모충류는 사진에서와 같이 군체를 형성할 수 있다.

졌다. 그 결과, 깃편모충류가 다세포 동물의 가장 가까운 친척임이 밝혀졌다. 유연관계가 이렇게 가깝다면, 깃편모충류가 몸의 탄생을 가져온 메커니즘에 대해 뭔가 단서를 제공할지도 모른다.

더욱이 깃편모충류는 중요한 재주를 부릴 줄 안다. 이들은 일생의 대부분을 깃 모양으로 난 털로 물을 가르며 자유롭게 헤엄치며 살아간다. 그러다 특별한 시기가 되면 어떤 방아쇠가 당겨지고 여러 개체가 모여 군체를 형성한다. 꽃처럼 생겼다고 해서 로제트rosettes라고 불리는 그 군체는 열 마리 이상의 개체가 서로 붙은 것이다. 단세포 생물에서 다세포 군체로의 이행은 진화사에서는 수십억 년이 걸린 일이지만, 깃편모충류에서는 순식간에 일어난다.

킹은 분자생물학자이지만 고생물학자처럼 생각한다. 화석 연구자들이 살아 있는 생물들을 보며 그 조상이 어떤 생물이었는지 알아내려고 하듯이, 킹은 몸 형성 과정에 대해 똑같이 질문했다. 몸 형성에 필요한 분자 메커니즘은 무엇이며 그 메커니즘은 어디서 왔을까?

지금까지 살펴본 것처럼 세포가 몸을 만들기 위해 특별한 단백질들을 제조한다면, 몸이 어떻게 탄생했는지 알기 위해서는 그런 단백질 분자들의 유래를 조사해야 할 것이다. 깃편모충류와 박테리아, 다양한 미생물의 게놈 서열이 검색 가능한 지금, 답은 게놈이 쥐고 있다. 연구자는 컴퓨터 데이터베이스를 이용해 원하는 생물의 게놈을 살펴보면서 그 생물이 어떤 단백질을 만들 수 있는지 정확히 알 수 있다.

깃편모충류의 게놈 서열이 해독되자 믿을 수 없는 사실이 하나 드러났다. 몸을 만드는 단백질의 상당수가 이 단세포 생물에 이미 갖춰져 있었던 것이다. 깃편모충류는 그 단백질들을 사용해 로제트를 형성하거나 먹이를 찾아 먹는다. 이 관찰을 토대로, 킹과 그의 동료들은 대상을 넓혀 다양한 미생물의 게놈을 조사했다. 그 결과는 앞에서 본 진화의 패턴이다.

킹과 그의 동료들은 콜라겐과 캐더린 등 동물들이 몸 만들기에 사용하는 여러 단백질과 기본적으로 같은 것이, 박테리아에서부터 세포소기관을 가진 더 복잡한 종류에 이르기까지 다양한 단세포 생물에 갖춰져 있음을 알았다. 그렇다면 몸을 만들지 않는 단세포 생물이 몸을 만드는 단백질로 무엇을 할까? 먹잇감 또는 주위 환경에 있는 무언가에 달라붙는 데 쓰거나, 포식자로부터 도망치는 데 쓴다. 아니면 화학 신호를 이용해 서로 정보를 주고받을 수도 있다. 미생물이 환경에 적응하기 위해 만들어낸 전구체들이 나중에 동물이 몸을 만드는 데 쓰인 것이다. 다세포 생물이 탄생할 수 있었던 것은 단세포 생물에서 원래 다른 기능을 담당하던 여러 단백질이 새로운 조합을 이루어 전용되었기 때문이다. 몸의 탄생을 가능하게 한 위대한 발명은 몸 자체가 탄생하기 훨씬 전에 이미 존재했던 것이다.

킹은 최근 깃편모충류에서 로제트 형성을 유발하는 방아쇠를 발견했다. 깃편모충류는 특정 박테리아 종을 만나면 군체를 형성하는 단백질을 만들기 시작한다. 왜 그 박테리아가 로제트 형성을 유발하는지는 아직 잘 모른다. 아마 그 박테리아가 깃편모충류에게 군체 형성을 촉진하는 화학 신호를 줄 것이다. 어쨌든 이 관찰 사실은 흥미로운데, 단세포 생물이 몸을 만드는 원재료를 제공했을 뿐 아니라 몸 형성을 유도하는 역할까지 했을지도 모르기 때문이다.

몸이 탄생하기 위해서는 잠재적 능력과 기회가 갖춰져야 했다. 몸을 만드는 데 필요한 기구는 몸이 화석 기록에 처음 등장하기 수십억 년 전부터 존재했다. 10억 년 전쯤 산소 농도 증가로 새로운 세계가 출현했고 이미 준비를 갖추고 있던 생물들이 그곳에서 번성하기 시작했다. 대기에 산소 농도가 증가함에 따라 산소를 대사하는 생물들은 예전보다 많은 에너지가 필요한 생활을 할 수 있게 되었다. 그 에너지를 이용하려면 마굴리스가 찾아낸 새로운 종류의 세포가 있어야 했다. 몸을 만드는 단백질의 대량 생산이 가능해진 것은 세포가 산소를 연료로 쓰는 발전소를 갖춘 덕분이었다. 그리고 그 연료는 10억 년 전에는 충분히 존재했다.

부분들이 이루는 조화로운 전체

몸의 조직은 러시아 인형과 상당히 비슷하다. 몸 안에는 기관들이 들어 있고, 기관은 조직들로 구성되며, 조직은 세포들로 이루어져 있고, 세포는 소기관을 갖추고 있으며, 소기관에는 유전자가 있다. 수십억 년의 진화사를 거치며 각 부분들은 사실상 개체성을 포기하고 더 큰 전체의 일부가 되었다. 자유 생활을 하던 미생물들끼리 융합해 새로운 종류의 세포를 탄생시켰고, 그 새로운 세포는 자신이 갖고 있던 특성 덕분에 또 다른 융합인 다세포성 몸을 탄생시킬 수 있었다. 점점 더 복잡한 종류의 개체가 점점 더 복잡한 부분들을 가지고 출현했다.

몸과 세포가 존재할 수 있는 것은 그 구성 요소들의 행동이 고도로 제어되고 있기 때문이다. 하지만 그 질서 밑에는 불협화음이 숨어 있다. 몸 안의 부분들이 조화를 이루기 위해서는 여러 세포들 사이의, 또는 게놈의 각 영역 간의 이해 충돌을 해소하지 않으면 안 된다. 몸 안에서는 유전자, 소기관, 세포들이 끊임없이 증식하고 있다. 이들을 제어하지 않으면 어느 하나가 몸을 장악해 버릴 수 있다. 제각기 이기적으로 행동하며 무한히 증식하려는 부분들과 몸의 필요는 서로 갈등을 빚고, 그런 갈등이 건강이나 질병, 혹은 진화에 얽힌 이야기를 만든다. 그 결말은 발명의 어머니일 수도, 파멸의 서곡일 수도 있다.

제멋대로 행동하고 마구잡이로 분열하며 증식하는 세포, 아니면 거꾸로 적절한 시기나 장소에서 죽지 않는 세포를 상상해 보라. 이런 세포들은 몸을 장악해 파멸로 이끌 수 있다. 사실 암이 하는 행동이 바로 이것이다. 암세포는 규칙을 어기고 이기적으로 행동하면서, 자신이 살고 있는 개체의 필요를 외면하고 자신의 증식이나 죽음에만 전념한다.

암은 부분과 전체(지금의 맥락에서는, 몸을 이루는 요소들과 몸 그 자체) 사이에 빚어지는 본질적인 긴장 관계를 보여 준다. 만일 부분들이 자신의 단기적인 이익을 위해 행동하며 분별없이 분열한다면 몸은 파멸을 맞게 될 것이다. 암은 세포에 유전적 돌연변이가 쌓여 세포가 너무 빨리 증식하거나 죽어야 할 때 죽지 않아서 생기는 병이다. 이에 몸은 면역 반응이나 방어 체계를 개발해 제멋대로 행동하는 세포들을 제거한다. 이런 검문소나 방어 체계가 무너져 세포들이 통제를 벗어나 행동할 때 암은 치명적인 병으로 변한다.

게놈 안에서도 비슷한 투쟁이 일어나고 있다. 바버라 매클린톡의 점핑 유전자는 암세포와 마찬가지로 자신의 사본을 늘리기 위해 존재한다. 마구잡이로 증식하려는 이기적 요소와 개체 사이에는 내전이 벌어지고 있다. 다세포 생물의 몸에서는 유전자가 이기적 요소를 필사적으로 억누르고, 바이러스가 끊임없이 침입하고, 수조 개 세포들이 협력하며 몸의 기능을 유지하고 있다. 그런 다세포 생물의 몸은 서로 다른 시점에, 때로는 서로 다른 곳에 출현한 부분들의 연합체이다. 이런 부분들은 일부는 싸우고 일부는 협력하지만 모두가 시간에 따라 변화하면서 진화에 연료를 공급한다. 몸은 부분들의 다양성과 상호 작용 덕분에 새로운 방식으로 변하고 진화할 수 있는 것이다.

부분들의 조합으로 진화의 새로운 가능성을 열다

바퀴는 약 6000년 전에 지구상에 출현했고 여행 가방은 수백 년 전부터 있었다. 그런데도 바퀴 달린 여행 가방은 겨우 몇십 년 전에야 발명되어 여행자들의 생활을 바꾸었다. 공항에 갈 때마다 나는 혁신적인 발명은 새로운 조합에서 나온다는 것을 실감한다.

마굴리스의 세포소기관은 자연계에서 조합이 발명의 원천으로서 얼마나 강력한 힘을 갖는지 보여 주었다. 한 생물 계통이 어떤 것을 스스로 발명하는 대신 다른 종에서 생겨난 형질을 인수한다면? 우리 세포의 에너지 발전소인 미토콘드리아는 우리 조상이 단세포 생물이던 시절에 그 조상의 게놈에 변화가 일어남으로써 생긴 것이 아니다. 미토콘드리아는 어디선가 발명되어 있었고, 그 태고의 박테리아가 우리 계통에 합병될 때 포섭되어 전용된 것이다. 마찬가지로 바이러스 역시 수백만 년 동안 게놈을 감염시키면서 새로운 단백질을 만들 수 있는 능력을 숙주 세포에 가져다주었다. 그런 바이러스가 다른 용도로 전용되었을 때 임신과 기억을 돕는 새로운 분자들이 탄생했다.

형질은 한 종에서 등장한 후 다른 종에게 뺏겨 새로운 용도로 전용될 수 있다. 숙주는 형질을 처음부터 만들어 낼 필요 없이 이미 만들어져 있는 발명을 인계받을 수 있다. 부분들의 조합과 그러한 조합으로 생기는 새로운 종류의 개체가 진화의 새로운 가능성을 연다.

수십억 년 동안 생명은 단세포로 존재했고, 생물들은 에너지와 주변의 화학 물질을 대사하는 방식을 발명했다. 생명은 처음에는 작았다. 그러다 점점 더 복잡한 개체가 출현하면서 새로운 단백질 제조 방법, 이동법, 섭식 방법이 생겼다. 동물, 식물, 균류처럼 몸을 갖춘 생물은 이 행성에서 비교적 신참이며, 이들 모두가 다른 개체와 합병할 때 유래한 세포들로 구성되어 있다. 몸의 출현은 진화의 새로운 가능성을 열었다. 제각기 세포소기관들을 갖춘 여러 세포로 이루어진 생물은 몸집을 키울 수 있었고, 새로운 조직과 기관을 발생시킬 수 있었다. 그렇게 생겨난 다양한 조직과 기관들 덕분에 동물들이 높은 고도까지 날고, 바다 밑바닥을 헤엄치고, 태양계의 먼 곳을 탐사하는 인공위성을 고안할 수 있는 것이다.

자연의 발명을 도용한 크리스퍼-카스

다른 생물종의 기술과 발명을 병합하고 빌리고 전용하는 것은 우리 조상들이 수십억 년 전부터 해 왔던 일이며 우리 후손들이 앞으로 할 일이기도 하다.

1993년에 스페인의 미생물학자 프란시스코 모히카Francisco Mojica가 스페인 남부의 코스타 블랑카에서 염습지를 연구하고 있었다. 염도가 극도로 높은 서식지에서 번성할 수 있는 박테리아가 어떻게 진화했는지 밝히는 것이 그의 목표였다. 그런 박테리아의 게놈에 있는 무언가가 대부분의 종에게 치명적인 환경에 저항할 힘을 주고 있었다. 그 무언가를 찾아 나선 지 거의 10년 만에 그 박테리아의 게놈 서열을 분석한 그는 수수께끼 같은 특징을 발견했다. 그 박테리아 DNA의 대부분은 A, T, G, C라는 염기들이 배열된 일반적인 박테리아 서열로 이루어져 있었다. 그런데 DNA의 몇몇 부위에 한나Hannah라는 이름처럼 거꾸로도 똑같이 읽히는 회문 구조를 한 짤막한 서열이 있었다. 게다가 한 짧은 회문 구조가 일정한 간격을 두고 반복적으로 놓여 있었다. '회문 구조-다른 서열(스페이스)-회문 구조-또 다른 서열(스페이스)'의 패턴이었다. 사실 이것은 과학 발견의 '다발성'을 보여 주는 사례로, 일본의 한 연구소가 약 10년 전에 이런 회문 구조 서열들을 확인했다.

이것이 우연한 현상이 아니라고 생각한 모히카는 이 이상한 패턴이 다른 박테리아에도 있는지 확인해 보았다. 아니나 다를까, 이 패턴은 20종이 넘는 박테리아에서 발견되었을 정도로 흔했다. 이렇게 구조가 명확하고 널리 퍼져 있는 패턴이라면 틀림없이 어떤 기능이 있을 텐데, 그게 무엇일까?

이 무렵 모히카는 스페인에서 자신의 연구실을 열었지만 염기 서열을 분석하거나 그 밖의 다른 첨단 실험을 할 돈이 없었다. 하지만 단념하지 않고 데스크톱 PC, 워드 프로세싱 소프트웨어, 그리고 유전자 데이터베이스에 접근할 수 있는 인터넷을 이용하기로 했다. 컴퓨터에 회문 구조 서열과 그 사이에 놓인 스페이스 서열을 입력하고 그 서열들이 다른 생물에도 있는지 알아보았다. 그런 생물이 있긴 했지만 박테리아는 아니었다. 완벽하게 일치하는 서열은 바이러스에서 발견되었다. 게다가 그 바이러스는 이 종의 박테리아가 저항성을 보이는 바이러스였다. 그는 회문 구조 사이에 낀 88개 스페이스 부위들을 하나씩 들여다보았다. 그중 3분의 2 이상이 그 박테리아가 저항성을 보이는 바이러스의 서열과 일치했다. 마치 이 부위가 바이러스의 침입으로부터 그 박테리아를 보호하고 있는 것 같았다.

모히카는 이 '회문 구조-스페이스' 패턴이 박테리아가 바이러스를 공격하는 무기라는 대담한 가설을 세웠다. 그리고 자신의 가설을 몇몇 유력 학술지에 제출했다. 한 곳은 동료 검토조차 하지 않고 거절했고, 또 한 군데는 '참신함이나 중요성'이 부족하다는 이유로 되돌려 보냈다. 이 과정을 다섯 번이나 되풀이한 후 마침내 한 분자 진화 학술지로부터 수락을 받았다. 같은 해 프랑스의 한 연구소도 약간 다른 방법을 사용해 독립적으로 같은 가설을 발표했다.

그 후 같은 관심사를 공유하는 다른 연구실들이 연구에 뛰어들었다. 박테리아의 방어 체계는 요구르트 산업에 요긴하게 쓰였다. 요구르트 배양균이 항상 바이러스의 침입에 노출되어 있는 탓이었다. 이런 확실한 동기 덕분에, 곧 박테리아의 방어 체계가 바이러스와의 군비 경쟁에서 진화했다는 사실이 입증되었다. 바이러스는 박테리아뿐 아니라 인간도 공격한다. 우리는 바이러스의 대부분을 면역 체계로 막아 낸다. 박테리아도 분자 가이드와 메스를 사용하는 일종의 면역 체계를 가지고 있다. 회문 구조가 가이드처럼 분자 메스를 바이러스에게로 데려가면 분자 메스가 바이러스 DNA를 잘라 무해하게 만드는 것이다. 바이러스는 다른 게놈을 감염시키고 분열 증식해 그 게놈을 장악하기 때문에, 박테리아는 회문 구조를 바이러스의 이런 이기적 본성에 대처하는 방어책으로 사용한다.

이 발견에 이어 세계 각지의 많은 연구실에서 분자 메스(Cas9이라고 부른다)에 대한 창의적이고 획기적인 연구를 실시한 결과, 박테리아에 있는 이 방어 체계를 이용하면 바이러스 DNA

뿐 아니라 모든 생물의 DNA를 편집할 수 있는 것으로 나타났다. 박테리아의 방어 체계를 변형해 다른 종에 사용하는 방법을 설명하는 논문들이 몇 달 새 앞다투어 과학 학술지에 제출되었다. '크리스퍼-카스'라고 불리는 이 기술은 게놈 편집의 기본이며(니팸 파텔이 옆새우에서 부속지를 옮기기 위해 사용한 것도 이 기술이다), 현재는 이 기술을 이용해 농업부터 보건 의료에 이르는 온갖 목적으로 동식물과 인간의 게놈을 편집하고 있다. 게다가 이것은 시작에 불과하다. 전보다 정확하고 빠르고 효율적인 새 기술이 거의 매달 개발되고 있다.

이 기술을 사용하면 사실상 하루아침에 게놈의 일부를 다시 쓸 수 있다. 진화사에서는 이런 종류의 변화가 일어나는 데 수백만 년이 걸렸다. 이 기술은 아직 초기 단계이고 보도는 과장되기 마련이지만, 우리가 동식물의 게놈 일부를 빠르고 값싸게 편집할 수 있는 것만은 분명한 사실이다. 내 연구실에서는 이 기술을 물고기에 적용해 아주 초보적인 단계인 유전자 삭제를 시도했다. 다른 연구실에서는 게놈의 한 영역을 통째로 잘라 붙임으로써 유전자와 그 스위치를 한 종에서 다른 종으로, 또는 한 개체에서 다른 개체로 옮기는 데 성공했다.

크리스퍼-카스라는 게놈 편집 기술이 개발된 역사는 진화상의 발명이 40억 년 동안 걸어온 길을 따른다. 기술 혁신을 이끈 획기적 발견이 이루어진 곳은 그 기술이 쓰이는 동식물 게놈 편집 분야가 아니라, 염습지 생태계 연구였다. 그 뒤로 이어진 궤적은 복잡하게 뒤엉킨 길이었다. 여러 개발자가 동시에 비슷한 아이디어를 내고, 서로 다른 기술을 융합해 똑같은 발견의 공기를 마셨다. 그리고 생물에게 생긴 발명과 마찬가지로, 중요한 전기는 한 종(박테리아)에 생긴 발명을 다른 종(인간)이 전용했을 때 찾아왔다. 크리스퍼-카스가 개발되기까지는 동시에 연구한 선후배 과학자 수백 명의 노력이 필요했다. 이 이야기에는 역사의 우여곡절, 다발성, 생각지도 못한 수많은 선구자가 얽혀 있어서 변호사라는 종種에게 안성맞춤이다. 크리스퍼-카스 개발의 역사는 주로 특허를 둘러싸고 다투는 과정에서 규명되었기 때문이다.

세포와 게놈이 수십억 년 동안 해 온 일을 의식을 가진 우리 뇌가 해냈다고 생각하면 어쩐지 숭고한 느낌이 든다. 한 생물(박테리아)이 개발한 기술은 인수, 변형, 전용을 통해 다른 생물을 변화시켰다. 뇌는 생물의 몸에 일어난 이런 발명을 빌려서 고쳐 쓰고 있는 셈인데, 뇌 그 자체도 전용된 바이러스 단백질들로 이루어져 있으며, 과거에 자유 생활을 했던 박테리아에게 에너지를 공급받는다. 이처럼 새로운 조합은 세계를 바꿀 수 있는 것이다.

에필로그

여름 눈보라가 휘몰아치는 바람에 2018년 크리스마스 날 나는 오전 내내 텐트에 틀어박혀 있었다. 날이 개자마자 다리도 좀 펼 겸 야영지 근처에 있는 산등성이를 올랐다. 걸음을 내디딜 때마다 해방감이 높아지는 것을 느꼈고 그렇게 오르다 보니 어느덧 남극 횡단 산맥의 봉우리들 중 하나인 리치 산의 정상에 도달해 있었다. 주위에는 미국 대륙보다 넓은 빙원이 펼쳐져 있었다. 우리 팀은 발 달린 물고기 틱타알릭 로제아이가 나온 북극권 지층에서부터 더 오래된 지층으로 화석 찾기 표적을 옮긴 상태였다. 북극에서 볼 때 지구 뒤편에 해당하는 이곳에서 우리가 찾으려던 것은 내골격을 지닌 초기 물고기였다. 그런 물고기 화석이 나올 만한 연대와 암석 유형들을 검토한 결과 우리는 남극의 이 산악 지대로 오게 되었다.

이곳에서 빙하 위로 치솟은 산꼭대기는 층층이 쌓인 케이크

같은 단면을 노출하고 있다. 그 단면의 알록달록한 색깔은 주위를 둘러싼 하얀 바다와 선명한 대비를 이룬다. 붉은색, 갈색, 녹색의 암석이 겹겹이 쌓인 지층에는 생명과 지구의 4억 년 역사가 담겨 있다. 암석의 구조를 보면 과거 이 극지방에 아마존의 삼각주에 버금가는 광대한 열대 삼각주가 있었으며, 그 후에는 격렬한 화산 활동이 일어났음을 알 수 있다. 생명은 이 땅에서도 변화해 왔다. 맨 아래층의 거의 4억 년 전 암석에서는 주로 물고기가 나오는 반면, 꼭대기 층의 2억 년 전 암석에는 다양한 파충류가 살았던 생태계가 보존되어 있다.

그런 지층을 이렇게 멀리서 바라보다 보면 진화적 변화가 순차적으로 진행되는 모습을 상상하게 된다. 이 지역으로 한정하지 않고 규모를 전 세계로 넓힌다면, 최초의 미생물이 나오는 지층 위에 초기 동물을 포함한 지층이 있고, 초기 물고기를 산출하는 지층 위에는 양서류를 산출하는 지층이 있으며, 초기 양서류를 포함한 지층 위에는 파충류를 포함한 지층이 놓여 있을 것 같다.

인간은 지식의 공백을 희망, 기대, 두려움이 조금씩 버무려진 우리 자신의 선입관으로 메우는 경향이 있다. 우리 뇌는 점처럼 흩어져 있는 과거 사건들을 연결해 한 변화가 다음 변화로 연쇄적으로 이어지는 선형적인 내러티브를 구성하는 경향이 있다. 우리 모두 한 번쯤 보았을 인류의 진화를 나타내는 그림에서는 진화가 원숭이에서 유인원을 지나 인류로, 그리고 인류는 다시

네발로 걷는 구부정한 생명체에서 두 발로 걷는 생명체로 줄지어 행진하는 모습으로 묘사된다. 이 그림은 흔히 풍자에 쓰여서, 진화의 종점이 소파에 앉아 만화 〈심슨〉을 시청하거나 휴대폰을 손에서 내려놓지 않는 인간으로 그려진다. 이런 진화관은 우리 안에 깊숙이 자리 잡고 있다. 그동안 '잃어버린 고리'라는 말을 수도 없이 듣지 않았는가? 이 말은 진화가 마치 하나의 고리가 다음 고리로 거침없이 이어지는 하나의 큰 사슬인 것처럼 들린다. 그 잃어버린 고리는 조상과 자손의 형질이 정확히 반반 섞인 모습일 거라는 말도 들은 적이 있을 것이다.

확실히 화석 기록에서 최초의 물고기가 최초의 육생 생물보다 먼저 등장한다. 하지만 지금까지 살펴보았듯이 다양한 종의 화석, 배아, DNA를 조사하면 할수록 동물이 땅에 살 수 있도록 돕는 변화의 대다수가 그보다 일찍, 즉 물고기가 물속에 살 때 생겼음을 알게 된다. 생명사의 모든 중요한 혁명이 이와 같은 길을 따랐다. 무슨 일이든 우리가 시작되었다고 생각하는 시점에 시작된 것은 아무것도 없다. 즉, 진화의 선구자는 우리가 예상한 것보다 일찍, 우리가 예상하지 못한 곳에서 나타난다. 더구나 다윈이 150년 전 세인트 조지 잭슨 마이바트의 비판에 응답할 때 이미 깨달았듯이, 생명사는 그것 외의 형태로는 일어날 수 없었다.

다윈은 DNA에 대해서도, 세포의 작동에 대해서도, 그리고 배아 발생에서 유전 레시피가 어떻게 몸을 만드는지에 대해서도 알지 못했다. DNA는 끊임없이 몸부림치고, 구부러지고, 내전을 치르고, 외부 침입자들과 전쟁을 치르면서 진화적 변화를 위한 연료를 제공한다. 우리 게놈에서 10퍼센트를 태고의 바이러스가 차지하고, 60퍼센트 이상을 폭주하는 점핑 유전자가 만들어 낸 반복 서열이 차지한다. 우리 자신의 유전자가 차지하는 비율은 2퍼센트에 불과하다. 다양한 종의 세포와 유전 물질이 합병하고 유전자가 끊임없이 중복되고 전용된다는 점에서, 생명사의 흐름은 곧은 수로라기보다는 꼬이고 구부러진 강에 가깝다. 어머니 자연은 게으른 제빵사와 같아서, 옛 레시피와 원료를 전용하고 복제하고 수정하고 재배치함으로써 어마어마하게 다양한 조합을 만들어 낸다. 그리하여 단세포 미생물은 수십억 년에 걸쳐 임시변통하거나 베끼거나 남의 것을 가져오는 방법으로 지구상의 모든 환경에서 번성하고 나아가 달 표면을 걷는 데까지 진화했다.

나는 가끔 30년 전 나로 하여금 이 길을 가게 만든 도식을 들여다본다. 어류와 양서류가 화살표로 연결된 그림 말이다. 지금 보면 시대에 뒤떨어져 보이고 심지어 무지해 보이기까지 한다. 그 그림은 우리가 게놈, 바이러스 침입자, 그리고 몸을 만드는 유전자군에 대해 잘 알지 못했던 시대의 진화생물학에 근거하고 있다. 당시는 동료들과 내가 2004년에 발견한 발 달린 물고기에 대해서도, 최근 발굴되어 생명사의 다른 중요한 사건들에 대해 알려 주는 화석들에 대해서도 알려져 있지 않았다. 오늘날 우리는 불과 몇십 년 전만 해도 꿈도 꿀 수 없었던 과학을 하고 있다.

과학적 발견의 역사도 생명사와 마찬가지로 뜻밖의 반전과 막다른 골목, 기회로 가득하고 그런 우여곡절은 우리의 생명관을 바꿔 놓는다. 우리가 자연의 다양성을 조사하기 위해 사용하는 개념들도, 수백 년 전까지는 아니더라도 수십 년 전의 전임자들이 고안한 것을 가져와 수정한 것이다.

시인 윌리엄 블레이크는 "한 알의 모래 알갱이에서 우주를, 한 송이 야생화에서 천국을" 본다고 했다. 보는 방법을 알면 모든 생물의 기관, 세포, DNA 안에서 수십억 년의 역사를 볼 수 있고, 나아가 우리가 지구상의 나머지 생명체와 연결되어 있다는 느낌을 맛볼 수 있다.

감사의 말

이 책을 나의 돌아가신 부모님 세이모어 슈빈과 글로리아 슈빈에게 바친다. 자연계에 애정을 가지게 된 것도, 자연계가 어떻게 작동하는지 호기심을 느낀 것도, 그리고 좋은 이야기를 들려주는 것의 중요성을 알게 된 것도 모두 부모님 덕분이다.

전작에서는 소설가로서 과학을 소화하는 것이 쉽지 않다고 생각한 아버지를 대상 독자로 설정했다. 아버지가 책의 이야기를 즐기고 과학의 묘미를 이해한다면 내가 제대로 하고 있다는 생각이 들 것 같아서다. 이 책에도 모든 페이지에 아버지의 존재가 남아 있다.

이 책은 삽화가 칼리오피 모노이오스Kalliopi Monoyios와 함께 작업한 세 번째 책이다. 그녀는 과학에 대한 열정과 시각적 스토리텔링에 대한 예리한 감각을 선사한다. 이 책에서도 예외가 아니다. 그녀는 초고를 읽어 주었고, 도판을 사용하는 데 필요한 허가도 받아 주었으며, 무엇보다 내 글과 과학에 숨어 있는 결함을 찾아 주었다. 칼리오피는 웹사이트 www.kalliopimonoyios.com과 인스타그램(kalliopi.monoyios)을 운영하고 있다.

많은 분이 자신의 연구, 개인사, 아이디어를 너그럽게 공유해 주었다. 그분들은 세드릭 페쇼트Cedric Feschotte, 밥 힐Bob Hill, 메리-클레어 킹, 니콜 킹, 크리스 로우Chris Lowe, 빈센트 린치, 니팸 파텔, 제이슨 셰퍼드, 데이비드 웨이크다.

존 노벰버John Novembre, 미셸 세이들Michele Seidl, 칼리오피 모노이오스는 원고의 일부 또는 전부를 읽고 값진 의견을 주었다. 인물의 개인사에 잘못된 부분이 있거나 과학상의 오류가 있다면 당연히 내 탓이다.

내 연구실 식구들은 지난 3년 동안 내가 연구실을 비웠음에도 잘 버텨 주었다. 옛 멤버와 현 멤버 모두에게 감사드린다. 노리타카 아다치Noritaka Adachi, 멜빈 보닐라Melvin Bonilla, 앤드루 거키, 케이티 미카Katie Mika, 미르나 마리닉Mirna Marinic, 나카무라 테츠야, 아트레요 팔Atreyo Pal, 조이스 피에레티Joyce Pieretti, 이고르 슈나이더Igor Schneider, 가야니 세네비라트네Gayani Senevirathne, 톰 스튜어트Tom Stewart, 줄리어스 태빈Julius Tabin. 이들의 연구를 접할 때마다 나도 더 열심히 해야겠다고 생각할 수 있었다.

운 좋게도 내게는 내 연구와 연구 성과를 알리는 것을 도와준 과학적 협력자들이 있다. 그들은 최근에 다녀온 극지 조사에 참여한 멤버들, 그리고 나와 함께 공동 연구를 했거나 분자생물학에 대해 지도해 준 분들이다. 션 캐럴, 테드 데슐러Ted Daeschler, 마커스 데이비스Marcus Davis, 존 롱John Long, 애덤 말루프Adam Maloof, 팀 센든Tim Senden, 호세-루이스 고메즈 스카르메타José-Luis Gomez Skarmeta, 그리고 클리프 태빈Cliff Tabin에게 감사한다.

무슨 일이든 우리가 시작되었다고 생각하는 시점에 시작되는 것은 아무것도 없다. 이 책에서 제시한 이 개념은 하버드와 버클리의 대학원 시절 이후 어떤 형태로든 계속 내 마음속에 있었다. 대학원생 시절 내가 교류한 사람들의 생각과 접근 방식은 내 세계관에 깊은 영향을 미쳤다. 페레 알베르츠Pere Alberch, 스티븐 제이 굴드, 에른스트 마이어, 그리고 데이비드 웨이크 등이 그렇다.

애니 버크Annie Burke, 에드윈 길란드Edwin Gilland, 그레그 메이어Greg Mayer를 포함해 대학원 동료들로부터도 큰 영향을 받았다. 이 모든 사람과의 토론과 논쟁을 통해 내 생각이 구체적인 형태를 얻어 갔다.

이 책의 대부분을 집필한 것은 매사추세츠주 우즈홀 해양생물학연구소 리더십 프로그램에 참여할 때였다. 우즈홀 해양생물학연구소는 과학을 배우고 실천하기에 좋은 곳으로, 상주 과학자든 객원 과학자든 할 것 없이 매년 생명과학 분야에 종사하는 연구자들이 그곳으로 모여든다. 나는 우즈홀 해양생물학연구소의 릴리 도서관에서 집필을 하는 동안, 이 책의 여러 장에 소재를 제공했으며 과거에 이 연구소에 머물렀던 사람들과 연결되어 있다는 생각을 했다. 줄리아 플랫, O. C. 휘트먼, T. H. 모건, 에밀 주커칸들이 그들이다. 웰플리트 도서관, 이스트햄 도서관, 올리언스 도서관, 트루로 도서관은 모두 여름마다 조용하고 기분 좋은 집필 장소를 제공했다.

내 출판 대리인 카틴카 맷슨Katinka Matson, 막스 브록만Max Brockman, 러셀 웨인버그Russell Weinberger는 나를 지속적으로 지원하며 이 책의 기획에 주도적인 역할을 했다. 댄 프랭크Dan Frank는 지금까지 세 권의 내 저서를 편집했는데, 그와 함께하는 작업은 매번 집필과 출판 기술을 배우는 마스터 클래스였다. 댄은 나를 격려하고 나아지도록 자극하면서도 참을성 있게 지켜봐 주었다. 내 책의 영국판 편집자 샘 카터Sam Carter는 내게 격려를 아끼지 않았다. 댄 프랭크의 조수인 버네사 레이철 호튼Vanessa Rae Haughton은 원고부터 제본까지 이 프로젝트를 유쾌하게 이끌었다.

판테온 출판사의 훌륭한 제작 팀과 교열 팀—로메오 엔리케즈Roméo Enriquez, 엘렌 펠드만Ellen Feldman, 재닛 비엘Janet Biehl, 척 톰슨Chuck Thompson, 로라 스타렛Laura Starrett—은 그야말로 최고였다. 본문 디자인을 맡아 준 애나 나이턴Anna Knighton, 그리고 책의 주제를 바탕으로 멋진 표지를 그려 준 페리 드 라 베가Perry De La Vega에게도 감사한다. 미치코 클라크Michiko Clark와 판테온 출판사의 홍보 팀과 함께 일하는 것은 큰 기쁨이었다.

우리 가족은 이 책이 완성되기까지 거의 5년 동안 나의 부재를 견디고, 화석과 DNA와 생명사에 대한 끝없는 논의를 참아 냈다. 아내 미셸 세이들과 두 아이 너새니얼과 해나는 항상 내 곁에서 함께 길을 걸었다. 그 길은 진화를 꼭 닮아 우여곡절과 놀라움, 그리고 당연히 경이로움으로 가득했다.

더 읽을거리

생명과 지구의 역사를 다룬 훌륭한 개론서가 많이 나와 있다. 뛰어난 고생물학자이자 재능 있는 작가인 리처드 포티는 포괄적인 개론서 두 권을 썼다. 《생명 40억 년의 비밀》과 《살아 있는 지구의 역사》이다. 리처드 도킨스는 《조상 이야기》에서 생명의 계통수를 거꾸로 거슬러 올라간 다음 생물종이 시간이 흐름에 따라 어떻게 변했는지 서술하고, 연구자가 생명사를 재구성하는 데 사용하는 방법들을 설명했다.

생명의 초기 역사에 대한 설득력 있고 유익한 책으로는 앤드루 H. 놀의 《생명 최초의 30억 년》, 닉 레인의 《바이털 퀘스천》, 그리고 윌리엄 쇼프의 《생명의 요람Cradle of Life: The Discovery of Earth's Earliest Fossils》이 있다. 화석 기록에 기초한 역사를 생생하고 포괄적으로 논한 책으로는 브라이언 스위테크Brian Switek의 《돌에 적힌 이야기Written in Stone: Evolution, the Fossil Record, and Our Place in Nature》가 있다.

형질의 다발적 진화처럼, 지난 몇 년 동안 유전자와 유전 현상을 다룬 훌륭한 개론서가 많이 등장했다. 싯다르타 무케르지의 《유전자의 내밀한 역사》, 애덤 러더퍼드의 《우리는 어떻게 지금의 인간이 되었나》, 그리고 칼 짐머의 《웃음이 닮았다She Has Her Mother's Laugh: The Powers, Perversions, and Potential of Heredity》를 보라. 데이비드 쾀멘의 《진화를 묻다》는 분자 수준의 진화와 거기서 파생된 새로운 개념들을 매혹적으로 설명한 책이다.

주

프롤로그

“팔 있는 물고기, 다리 달린 뱀, 똑바로 서서 걸을 수 있는 유인원”에 대한 참고문헌. N. Shubin et al., “The Pectoral Fin of *Tiktaalik roseae* and the Origin of the Tetrapod Limb,” *Nature* 440 (2006): 764–71; D. Martill et al., “A Four-Legged Snake from the Early Cretaceous of Gondwana,” *Science* 349 (2015): 416–19; and T. D. White et al., “Neither Chimpanzee nor Human, Ardipithecus Reveals the Surprising Ancestry of Both,” *Proceedings of the National Academy of Sciences* 112 (2015): 4877–84.

1. 기능의 변화: 옛것을 이용해 새것을 만들다

그 강의를 진행한 사람은 고故 패리시 A. 젠킨스Farish A. Jenkins였다. 젠킨스는 나중에 내 멘토가 되어 틱타알릭 로제아이의 발견으로 이어진 탐사에도 동행했다. 내게 영감을 준 그 그림의 출처는 척추동물 진화의 중요한 변화들을 다룬 짧지만 멋진 책이다. 래너드 라딘스키Leonard Radinsky, 《척추동물 설계의 진화The Evolution of Vertebrate Design》(Chicago: University of Chicago Press, 1987), 78쪽에 나오는 그림 9.1이다. 패리시의 절친한 친구인 라딘스키로부터, 샤론 에머슨Sharon Emerson이 그린 그 책의 삽화 초안을 제공받았다. 공교롭게도 라딘스키는 내 전임자로 시카고대학교 해부학과 학과장을 지냈다. 라딘스키의 그림에 영감을 받은 내가 수십 년 후 그의 발자취를 따르게 될 줄은 대학원생 시절에는 몰랐다.

본문에 인용한 릴리언 헬먼의 말은 그녀의 《자서전An Unfinished Woman: A Memoir》(New York: Penguin, 1972)에 등장한다. 헤르만이 표현한 개념을 생물학 언어로 번역하면 굴절 적응exaptation과 전적응preadaptation이 된다. 둘 사이의 미묘한 차이에 대해서는 Stephen J. Gould and Elisabeth Vrba, "Exaptation—A Missing Term in the Science of Form," *Paleobiology* 8 (1982): 4-15를 보라. 이 논문도 보라. W. J. Bock, "Preadaptation and Multiple Evolutionary Pathways," *Evolution* 13 (1959): 194-211. 두 논문은 모두 중요하고, 풍부한 사례를 소개하고 있다.

세인트 조지 잭슨 마이바트의 이야기는 다음 책을 참고했다. J. W. Gruber, *A Conscience in Conflict: The Life of St. George Jackson Mivart* (New York: Temple University Publications, Columbia University Press, 1960). 1871년에 출판된 마이바트의 저서 《종의 기원에 관하여》는 현재 온라인에서 볼 수 있다. https://archive.org/details/a593007300mivauoft.

다윈의 《종의 기원》 여섯 번째 판도 온라인에서 볼 수 있다. https://www.gutenberg.org/files/2009/2009-h/2009-h.htm.

"2퍼센트 날개의 문제"에 대한 굴드의 의견은 Stephen Jay Gould, "Not Necessarily a Wing," *Natural History* (October 1985)에 나온다.

생틸레르의 인생과 연구에 대해서는 다음 문헌을 참고했다. H. Le Guyader, *Geoffroy Saint-Hilaire: A Visionary Naturalist* (Chicago: University of Chicago Press, 2004)와 P. Humphries, "Blind Ambition: Geoffroy St-Hilaire's Theory of Everything," *Endeavor* 31 (2007): 134-39이다.

호주의 폐어를 처음 기재한 논문. A. Gunther, "Description of Ceratodus, a Genus of Ganoid Fishes, Recently Discovered in Rivers of Queensland, Australia," *Philosophical Transactions of the Royal Society of London* 161 (1870-71): 377-79. 그 발견의 역사에 대해서는 이것을 보라. A. Kemp, "The Biology of the Australian Lungfish, Neoceratodus forsteri (Krefft, 1870)," *Journal of Morphology Supplement* 1 (1986): 181-98.

부레와 폐의 발생학적, 진화학적 관계에 대해서는 Bashford Dean, Fishes, Living and Fossil(New York: Macmillan, 1895)를 보라. 딘이 작성한 메트로폴리탄 미술관의 갑옷 컬렉션 카탈로그는 온라인에서 볼 수 있다. http://libmma.contentdm.oclc.org/cdm/ref/collection/p15324coll10/id/17498. 딘의 연구와 인생에 대해서는 다음 웹페이지를 참조하라. https://hyperallergic.com/102513/the-eccentric-fish-enthusiast-who-brought-armor-to-the-met/.

공기 호흡을 분석한 문헌. K. F. Liem, "Form and Function of Lungs: The Evolution of Air Breathing Mechanisms," *American Zoologist* 28 (1988): 739–59; Jeffrey B. Graham, *Air-Breathing Fishes* (San Diego: Academic Press, 1997). 두 문헌은 폐가 경골어류의 원시적 특징임을 보여 준다. 이 사실은 부레와 폐의 유사성을 확인해 준다.

최근의 유전적 비교에서 폐와 부레의 깊은 유사점이 발견되었다. A. N. Cass et al., "Expression of a Lung Developmental Cassette in the Adult and Developing Zebrafish Swim-bladder," *Evolution and Development* 15 (2013): 119–32를 보라. 딘과 그의 동시대인들이 이 연구를 알게 되면 분명 자랑스러워할 것이다.

폐 이야기는 '땅에 사는 물고기'의 기원에 기능 변화가 중요한 역할을 했음을 보여 주는 한 가지 대표적 사례일 뿐이다.

군나르 세베-쇠데르베리Gunnar Säve-Söderbergh는 22세 때 화석을 찾기 위해 소규모 지질학 팀을 이끌고 그린란드 지역의 지층을 조사했다. 그들은 비교적 단순하고 조잡한 기술을 사용했다. 매일 팀원들이 여기저기 흩어져 지층이 분포하는 곳을 조사하며 표면에서 풍화되고 있는 뼈를 찾았고, 찾으면 그 뼛조각들을 추적해 그것이 유래한 지층을 확인했다. 이런 방법은 우리 팀이 80년 후 캐나다 북극권에서 틱타알릭 로제아이를 발견했을 때 사용한 것이었다.

세베-쇠데르베리가 찾는 화석은 땅 위를 걸은 최초의 생물이었다. 당시 약 3억 6500년 전 데본기 지층에서는 사지를 가진 동물의 존재를 나타내는 흔적조차 발견되지 않았다. 그의 목표는 더 오래된 지층에서 물고기를 닮은 양서류, 즉 어류와 양서류의 구별을 흐리게 하는 종을 찾는 것이었다.

세베-쇠데르베리는 전설적인 에너지의 소유자였다. 밤늦게까지 일했고 화석을 찾기 위해 엄청난 거리를 걸었다. 또한 자신감이 강했다. 비관주의자는 화석을 발견하지 못한다. 화석을 찾기 위해서는 긴 시간 동안 숱한 실패에 굴하지 않고 조사를 계속해야 하는데 그러려면 원하는 지층에 화석이 묻혀 있다고 믿어야 한다. 그의 팀은 날마다 그날 발견한 화석을 두 개의 상자 중 하나에 넣었다. 물고기(어류)는 P상자에 넣고, 양서류는 A상자에 넣었다. 참으로 대담한 시도였다. 그 시대 지층에서는 양서류가 발견된 적이 없었기 때문이다. 아니나 다를까, 1929년 조사 기간 내내 어류 상자는 화석으로 넘쳐 난 반면 양서류 상자는 텅 비어 있었다.

야외 조사가 거의 끝나갈 무렵, 세베-쇠데르베리는 셀시우스 베리Celsius Berg의 잡석 속에서 기묘한 뼛조각들을 다수 발견했다(셀시우스 베리는 얼어붙은 동그린란드해에 접한 적갈색 언덕이다). 그는 판자 모양의 뼈(판상골) 10여 점을 발굴했는데 각각은 암석에 박혀 있어서 아직 구조의 대부분이 보이지 않았다. 돌기와 융기가 있는 이 판상골은 당시 알려진 일부 물고기 화석과 비슷했다. 보존된 부분으로 판단한다면 그 뼈들은 어류 상자에 들어가야 했다. 그러나 분명히 두개골에서 유래한 것이었지만 그 뼈들은 너무 납작해서 당시 알려진 어떤 물고기와도 연관이 없었다. 세베-쇠데르베리는 그것이 양서류 화석일지도 모른다고 생각했다. 낙관주의자인 그는 그것을 A상자에 넣었다.

세베-쇠데르베리는 스웨덴으로 돌아와 각각의 뼈를 둘러싼 암석을 제거하는 힘든 작업을 시작했다. 암석을 제거하자 진정한 경이가 드러났다. 몸의 형태는 물고기와 비슷했지만 머리의 긴 주둥이와 편평한 형태는 양서류와 비슷했다. 세베-쇠데르베리는 초기 양서류를 발견한 것이었다.

그 화석은 유명한 존재가 되었다. 세베-쇠데르베리도 유명한 존재가 되었을 테지만 안타깝게도 서른 번째 생일을 앞두고 결핵으로 죽음을 맞았다.

세베-쇠데르베리의 연구에 얽힌 이야기는 그의 동료이자 친구인 에리크 야르비크Erik Jarvik를 통해 전해졌다. 초기 탐사대에 참가했던 야르비크는 최초로 발견된 데본기 사지동물 중 하나인 익티오스테가*Ichthyostega*에 대한 두툼한 학술 논문 E. Jarvik, "The Devonian Tetrapod Ichthyostega," *Fossils and Strata* 40 (1996): 1-212에서 그 그린란드 탐사를 간략히 기술했다. 칼 짐머는 저서 *At the Water's Edge: Fish with Fingers, Whales with Legs* (New York: Atria, 1999)에서 세베-쇠데르베리와 야르비크를 다루면서 그 분야의 더 광범위한 역사를 읽기 쉬운 문체로 논한다.

세베-쇠데르베리의 발견 50년 후 내 동료인 케임브리지대학교의 제니 클랙Jenny Clack이 셀시우스 베리를 찾아 새로운 시각으로 조사를 시작했다. 그녀의 고생물학 팀은 세베-쇠데르베리의 발견과 기록에 정통했다. 그들의 목표는 세베-쇠데르베리가 수집하지 못한, 그 골격의 빠진 부분을 찾는 것이었다. 화석을 둘러싼 열광 속에서, 익티오스테가의 사지에 대해서는 알려진 바가 없다는 사실은 묻혔다. 클랙은 그것을 바로잡기 위해 직접 화석을 찾아 나서기로 한 것이다. 적임자들로 꾸려진 팀, 좋은 날씨, 그리고 그 지층에서 화석이 나올 가능성이 높다는 정보 덕분에 클랙은 귀중한 화석들을 가지고 돌아올 수 있었다. 그리고 이 화석들에는 보존 상태가 좋은 사지 골격이 붙어 있었다.

그 사지는 포유류든 조류든 양서류든 파충류든 사지가 있는 모든 동물에서 볼 수 있는 전형적인 패턴인 '하나의 뼈-두 개의 뼈-작은 뼈들-손가락뼈'로 조직되어 있었다(4장을 보라). 놀라운 사실은 손발에 있었다. 이 동물의 손발에는 손발가락이 다섯 개 이상, 무려 여덟 개가 있었다. 여분의 손발가락이 있는 손발은 넓적하고 납작한 형태가 되었다. 전체적인 비율에서부터 각 뼈에 남은 근육 흔적에 이르기까지 모든 증거는 그 사지가 물에서 노처럼 쓰였음을 암시했다. 사지의 전체 형태는 손보다 지느러미발에 더 가까웠다.

이 사실은 다윈이 말한 "기능의 변화"와 무슨 관계가 있을까? 손발가락이 있는 사지를 소유한 최초의 동물은 그 사지를 땅 위를 걷는 데 사용한 것이 아니라 물에서 노처럼 젓기 위해, 또는 늪지와 하천의 얕은 곳에서 움직이기 위해 사용했다. 폐와 마찬가지로 육생 생물의 사지라는 위대한 발명의 원래 용도는 땅에서 사는 것이 아니라 수서 환경을 새로운 방식으로 이용하는 것이었다. 사지라는 기관이 먼저 어떤 환경에서 생겨났고, 이후 새로운 기능으로 전용됨으로써 대변혁(새로운 환경으로의 전환)이 일어난 것이다.

클랙의 권위 있는 저서《사지동물의 기원과 진화Gaining Ground: The Origin and Evolution of Tetrapods》(Bloomington: Indiana University Press, 2012)는 이 분야를 현대화한 인물이 사지동물의 기원을 밝히기 위해 평생을 연구한 결과물이다. 그녀의 책에는 이 분야의 과학 지식과 역사 외에도, 그린란드 데본기층에서 실시했던 발굴 조사를 본인의 시선으로 기록한 귀중한 설명이 담겨 있다.

동물의 폐, 팔, 팔꿈치, 손목은 모두 현생 종에서든 오래전에 멸종한 종에서든 수생 동물에서 처음 출현했다. 수중 생활에서 육상 생활로의 이행이라는 대변혁은 새로운 발명을 필요로 하지 않았다. 수백만 년 전에 생겨난 발명을 전용함으로써 일어났다.

만일 생명의 역사가 변화의 외길을 걷는다면, 그래서 한 단계가 다음 단계로 가차 없이 넘어가면서 기능이 점진적으로 개선되어 가는 것이라면, 큰 변화는 일어날 수 없을 것이다.. 하나의 발명이 아니라 특허 사무소 한 개 분량의 발명이 동시에 생겨나기를 기다려야 할 테니까. 그런데 만일 발명이 이미 존재하고 있는데 다른 일을 하고 있는 경우라면, 단순히 전용함으로써 변화의 새로운 길을 열 수 있다. 이 변화 가능성이야말로 다윈의 답변("기능의 변화")이 가진 힘이다.

태고의 동물이 폐, 팔뼈, 손목, 심지어는 손가락까지 지니고 물속에 살았다는 사실을 알면 물고기의 육상 진출에 대한 질문이 바뀐다. 물어야 할 것은 "동물은 어떻게 땅 위를 걷도록 진화했는가"가 아니라, "왜 그 변화가 지구 역사에서 더 빨리 일어나지 않았는가?"가 된다.

단서는 이번에도 암석에 들어 있다. 수십 억 년 동안 퇴적된 지구상의 어느 지층을 봐도 보이지 않는 게 하나 있다. 40억 년 전부터 약 4억 년 전 암석에는 광대한 바다와 좁은 해협, 그리고 육지에서 크고 작은 암석을 실어 나른 급류의 흔적이 있다. 하지만 주목할 점은 거기에 육상 식물의 흔적은 없다는 것이다.

육지에 식물이 없는 세계를 상상해 보라. 식물은 죽으면 썩어서 토양을 생성한다. 또한 식물의 뿌리는 토양이 흩어지지 않게 붙들어 준다. 육지에 식물이 없다면 흙이 없는 척박한 돌투성이 세상이 될 게 틀림없다. 또한 동물들이 먹을 만한 것도 없다.

육상 식물은 약 4억 년 전 화석 기록에 처음 등장하고 곧이어 곤충처럼 생긴 생물이 등장했다. 식물이 육상으로 진출하면서 벌레와 곤충이 번성할 수 있는 완전히 새로운 세계가 출현했다. 화석화된 식물의 잎 중에는 손상된 것이 있는데 이는 초기 벌레가 그 잎을 갉아먹었음을 암시한다. 육상으로 진출한 식물은 죽으면 썩어 암설토를 만들었고, 그 토양 덕분에 얕은 하천과 호수가 어류와 양서류의 서식지가 되었다.

폐가 있는 물고기가 3억 7500만 년 전보다 일찍 육지로 올라오지 않은 이유는 그때까지 육지가 생물이 살 수 없는 곳이었기 때문이다. 식물과 그 뒤를 따른 곤충이 모든 것을 바꾸었다. 육지 생태계는 육지에서 단시간 동안 머물 수 있는 물고기가 서식할 수 있는 환경이 되었다. 새로운 환경이 등장했을 때 비로소 우리의 먼 물고기 조상들은 물에 살 때 얻었던 기관을 이용해 육지에 첫걸음을 내디딜 수 있었다. 요컨대 모든 것은 타이밍이다.

최근 지질학 연구는 식물이 어떻게 세계를 바꾸었는지 밝혀냈다. 특히 주목할 점은, 식물의 육상 진출이 데본기에 존재했던 하천의 성격을 어떻게 바꾸었는가이다. 뿌리를 내리는 식물은 새로 생성된 토양을 붙들어 묶어 얕은 하천의 물가에 안정한 둑을 형성한다. 더 자세한 논의와 분석으로는 M. R. Gibling and N. S. Davies, "Palaeozoic Landscapes Shaped by Plant Evolution," *Nature Geoscience* 5 (2012): 99–105를 보라.

공룡의 진화, 새와의 관계, 그리고 일반인을 위한 공룡 과학자들의 설명을 원하면 다음 책들을 보라. Lowell Dingus and Timothy Rowe, *The Mistaken Extinction* (New York: W. H. Freeman, 1998); Steve Brusatte, *The Rise and Fall of the Dinosaurs: A New History of a Lost World* (New York: HarperCollins, 2018); and Mark Norell and Mick Ellison, *Unearthing the Dragon* (New York: Pi Press, 2005).

시조새와 새의 기원에 대한 헉슬리의 연구를 대중에게 재미있게 소개한 문헌. Riley Black, "Thomas Henry Huxley and the Dinobirds," *Smithsonian* (December 2010).

놉처 남작, 그의 다채로운 인생, 그리고 그의 선구적 연구에 대해서는 다음 문헌을 보라. E. H. Colbert, *The Great Dinosaur Hunters and Their Discoveries* (New York: Dover, 1984); Vanessa Veselka, "History Forgot This Rogue Aristocrat Who Discovered Dinosaurs and Died Penniless," *Smithsonian* (July 2016); and David Weishampel and Wolf-Ernst Reif, "The Work of Franz Baron Nopcsa (1877–1933): Dinosaurs, Evolution, and Theoretical Tectonics," *Jahrbuch der Geologischen Anstalt* 127 (1984): 187–203.

존 오스트롬은 1960년대와 1970년대에 많은 연구 논문을 발표했다. 데이노니쿠스를 공식 기재한 논문은 J. Ostrom, "Osteology of Deinonychus antirrhopus, an Unusual Theropod from the Lower Cretaceous of Montana," *Bulletin of the Peabody Museum of Natural History* 30 (1969): 1–165이다. 후속 논문들로는 "Archaeopteryx and the Origin of Birds," *Biological Journal of the*

Linnaean Society 8 (1976): 91–182; and J. Ostrom, "The Ancestry of Birds," *Nature* 242 (1973): 136–39가 있다. 오스트롬의 업적에 대해서는 Richard Conniff, "The Man Who Saved the Dinosaurs," *Yale Alumni Magazine* (July 2014)을 보라.

형질의 기원에 대한 최근 조사는 고생물학과 발생생물학 분야에 걸쳐 있다. 다음 문헌을 보라. Prum and A. Brush, "Which Came First, the Feather or the Bird?," *Scientific American* 288 (2014): 84–93; and R. O. Prum, "Evolution of the Morphological Innovations of Feathers," *Journal of Experimental Zoology* 304B (2005): 570–79.

2. 발생하는 발생학: 발명의 씨앗은 어떻게 자라는가

뒤메릴 이야기의 하이라이트는, 처음에 놀라운 광경을 목격하는 장면과 수수께끼를 최종적으로 해결하는 장면일 것이다. 이후 뒤메릴은 아홀로틀의 번식 군집을 만들어 원하는 연구자들에게 너그러이 나눠 주었다. 그 번식 군집의 자손들이 오늘날 어느 연구실엔가 살고 있을지도 모른다. 제목만 봐서는 알 수 없겠지만 다음 문헌은 뒤메릴에 대한 훌륭한 최신 자료다. G. Malacinski, "The Mexican Axolotl, *Ambystoma mexicanum*: Its Biology and Developmental Genetics, and Its Autonomous Cell-Lethal Genes," *American Zoologist* 18 (1978): 195–206. 뒤메릴이 실시한 초기 연구의 일부가 다음 문헌에 등장한다. M. Auguste Duméril, "On the Development of the Axolotl," *Annals and Magazine of Natural History* 17 (1866): 156–57; and "Experiments on the Axolotl," *Annals and Magazine of Natural History* 20 (1867): 446–49.

발생학 분야에는 그 분야의 연구에 원동력이 될 정도로 훌륭한 교과서가 몇 권 있다. 다음은 그중 두 권이다. Michael Barresi and Scott Gilbert, *Developmental Biology* (New York: Sinauer Associates, 2016); and Lewis Wolpert and Cheryll Tickle, *Principles of Development* (New York: Oxford University Press, 2010).

폰 베어에 대한 대목(라벨을 붙이지 않은 실수에 대한 인용을 포함해)과 판더에 대한 대목은 로버트 리처즈Robert Richards의 기록을 참고했다. 온라인에서 볼 수 있다. home.uchicago.edu/~rjr6/articles/von%20Baer.doc.

스티븐 제이 굴드는 *Ontogeny and Phylogeny* (Cambridge, MA: Belknap Press, 1985)의 전반부에서 발생학의 경이로운 역사를 서술하면서 폰 베어, 헤켈, 뒤메릴의 연구를 다룬다. 다음의 짤막한 리뷰 논문은 그 책의 훌륭한 속편이다. B. K. Hall, "Balfour, Garstang and deBeer: The First Century of Evolutionary Embryology," *American Zoologist* 40 (2000): 718–28.

많은 사람이 학교에서 헤켈의 가설을 배웠지만 이 분야의 연구자들은 헤켈에 대해 애증의 태도를 취해 왔다. 헤켈의 연구를 열렬히 지지한 사람들이 있는 반면, 누군가는 가스탱처럼 헤켈을 사기꾼으로 취급했다. 최근의 과학 역사책에는 다양한 견해가 기록되어 있다. 그런 책 중 하나가 Robert Richards, *The Tragic Sense of Life: Ernst Haeckel and the Struggle over Evolutionary Thought* (Chicago: University of Chicago Press, 2008)이다. 최근에 일부 발생학자들은 헤켈의 도판들 중 일부가 (관대하게 말해서) 헤켈이 말하고 싶은 점을 강조하는 방식으로 그려졌다고 생각한다. M. K. Richardson et al., "Haeckel, Embryos and Evolution," *Science* 280 (1998): 983–85.

앱슬리 체리-개러드의 《지상 최악의 여행》 (London: Penguin Classics, 2006)은 탐험 문학의 고전이다. 나도 남극 탐사를 처음 나가기 전에 그 책을 읽은 덕분에 맥머도 만, 허트 갑岬, 에러버스산을 보며 처음 보는 것임에도 익숙한 풍경처럼 느꼈다.

월터 가스탱의 《유생 형태와 동물에 얽힌 다른 시》 (Oxford: Blackwell, 1951)는 1985년에 시카고대학교 출판부에서 재발행되었다.

'이시성'에 대해서는 적어도 가스탱 시대부터 방대한 문헌이 저술되었다. 발생 속도와 타이밍에 따른 분류가 다수 제안되었다. 다음 문헌을 통해 몇 가지 주요 접근법을 (훌륭한 참고 문헌과 함께) 훑어볼 수 있다. P. Alberch et al., "Size and Shape in Ontogeny and Phylogeny," *Paleobiology* 5 (1979): 296–317; Gavin DeBeer, *Embryos and Ancestors* (London: Clarendon Press, 1962); and Stephen Jay Gould, *Ontogeny and Phylogeny* (Cambridge, MA: Belknap Press, 1985). 굴드의 책은 1980년대에 큰 영향을 미쳤고 이시성에 대한 새로운 관심을 불러일으켰다.

양서류의 생리와 변태에 대해서는 다음 문헌을 보라. W. Duellman and

L. Trueb, *Biology of Amphibians* (New York: McGraw-Hill, 1986); and D. Brown and L. Cai, "Amphibian Metamorphosis," *Developmental Biology* 306 (2007): 20–33. Duellman과 Trueb의 책은 해부학, 진화, 발생을 철두철미하게 다룬다.

최근에 실시된 게놈 분석에서, 멍게를 포함한 피낭동물들이 척추동물의 가장 가까운 현생 친척으로 확인되었다. F. Delsuc et al., "Tunicates and Not Cephalochordates Are the Closest Living Relatives of Vertebrates," *Nature* 439 (2006): 965–68을 보라. 우리가 척추동물의 기원을 규명할 때 이용하는 또 다른 현생 생물은 창고기다. 창고기의 게놈에 대해서는 다음 문헌을 보라. L. Z. Holland et al., "The Amphioxus Genome Illuminates Vertebrate Origins and Cephalochordate Biology," *Genome Research* 18 (2008): 1100–11.

가스탱의 가설과 척추동물 기원이라는 문제를 전반적으로 다룬 책. Henry Gee, *Across the Bridge: Understanding the Origin of Vertebrates* (Chicago: University of Chicago Press, 2018).

네프가 찍은 상징적인 사진은 수년 동안 많은 논의를 불러일으켰다. 네프가 박제 표본을 사용했다는 점에는 의심의 여지가 거의 없다. 가장 최근 자료로 Richard Dawkins, *The Greatest Show on Earth* (New York: Free Press, 2010)를 참고하라. 박제한 자세는 인위적으로 조율되었을 가능성이 있지만, 침팬지 새끼와 인간의 아기가 머리둥근천장의 비율, 얼굴, 대후두공(척수와 신경이 지나가는 통로)의 위치에서 유사성을 보인다는 지적은 아래 참고 문헌들에서 정량적으로 입증되었다.

인간 유형 성숙을 지지하는 가장 유명한 저술로는 애슐리 몬터규의 *Growing Young* (New York: Greenwood Press, 1989)와 스티븐 제이 굴드의 *Ontogeny and Phylogeny* (Cambridge, MA: Belknap Press, 1985)를 꼽을 수 있다. 반대 견해는 B. T. Shea, "Heterochrony in Human Evolution: The Case for Neoteny Reconsidered," *Yearbook of Physical Anthropology* 32 (1989): 69–101에서 볼 수 있다. 일부 특징이 유형 진화로 보이는 반면, 예를 들어 직립 두 발 보행처럼 보이지 않는 특징도 있다.

1917년에 초판이 출판된 다아시 웬트워스 톰슨의 《성장과 형태에 관하여》 (New York: Dover, 1992)는 정량생물학에 혁명을 일으켰다. 톰슨의 시대 이후로 형태 변화를 정량적으로 분석하는 분야인 형태계측학은 활발한 연구 분야로 자리 잡았다.

발생과 진화에서 신경 능선의 중요성을 검토한 문헌. C. Gans and R. G. Northcutt, "Neural Crest and the Origin of Vertebrates: A New Head," *Science* 220 (1983): 268–73; and Brian Hall, *The Neural Crest in Development and Evolution* (Amsterdam: Springer, 1999)을 보라.

줄리아 플랫의 연구와 인생에 대해서는 S. J. Zottoli and E. Seyfarth, "Julia B. Platt (1857–1935): Pioneer Comparative Embryologist and Neuroscientist," *Brain, Behavior and Evolution* 43 (1994): 92–106을 보라.

3. 게놈 안의 지휘자: 이토록 역동적인 진화 레시피

"우리가 생명의 비밀을 알아냈다!"는 전거가 미심쩍은 말은 J. D. Watson, *The Double Helix* (New York: Touchstone, 2001)에서 따온 것이다. 본문에 인용한 왓슨과 크릭의 문장은 연구 결과를 과학계에 발표한 두 쪽짜리 논문에서 발췌한 것이다. 해당 부분을 통째로 인용하면 다음과 같다. "우리는 디옥시리보핵산DNA의 염기 구조를 제안하고 싶다. 이 구조는 생물학적으로 상당히 흥미로운, 새로운 특징을 지니고 있다." J. D. Watson and F. Crick, "A Structure for Deoxyribose Nucleic Acid," *Nature* 171 (1953): 737–38.

DNA의 작동과 DNA에서 단백질이 만들어지는 방식을 밝혀낸 경위는 Matthew Cobb, *Life's Greatest Secret: The Race to Crack the Genetic Code* (New York: Basic Books, 2015)에 나온다. Horace Freeland Judson의 고전적 저작, *The Eighth Day of Creation: Makers of the Revolution in Biology* (New York: Simon and Schuster, 1979)도 보라.

주커칸들과 폴링은 1960년대 중반에 발표한 일련의 논문들에서 자신들의 새로운 접근 방식을 개시했다. 중요한 논문으로는 다음 논문들이 있다. E. Zuckerkandl and L. Pauling, "Molecules as Documents of Evolutionary History," *Journal of Theoretical Biology* 8 (1965): 357–66; and E. Zuckerkandl and L. Pauling, "Evolutionary Divergence and Convergence in Proteins," 97–166, in V. Bryson and H. J. Vogel, eds., *Evolving Genes and*

Proteins (New York: Academic Press, 1965).

주커칸들과 폴링은 종들 간의 유연관계를 밝히는 데 그치지 않았다. 그들은 단백질과 유전자의 차이를 일종의 시계로 사용함으로써 종들이 공통 조상에서 갈라져 독립적으로 진화한 지 얼마나 오래되었는지 알아낼 수 있다고 주장했다. 만일 한 단백질의 아미노산 서열의 변화율이 장기간 비교적 일정하다면 단백질들 간의 서열 차이로 시간을 계산할 수 있을 것이다.

이 분자 시계 가설은 단백질의 아미노산 서열의 변화율이 오랜 기간 일정하다는 것을 전제로 한다. 이 개념을 실제 연구에 적용하려면 아미노산 서열 차이를 알아야 한다. 가공의 예로 개구리, 원숭이, 인간을 비교해 보자. 먼저 이 세 종의 단백질 아미노산 서열을 분석한다. 그런 다음 종들 사이에 차이를 보이는 아미노산의 개수를 센다. 예를 들어 피부를 만드는 한 단백질을 조사한다고 가정해 보자. 개구리의 단백질 서열은 인간과 원숭이의 단백질 서열 각각과 80개 차이를 보인다. 인간과 원숭이는 30개만 다르다. 분자 시계를 사용하기 위해서는, 기존에 알려진 화석의 연대를 바탕으로 아미노산의 변화율을 결정해야 한다. 그런 다음 아미노산의 변화율이 결정되면 그것을 아직 화석이 발견되지 않은 생물에 적용한다.

개구리, 원숭이, 사람이 4억 년 전에 공통 조상에서 갈라졌음을 암시하는 화석이 있다고 치자. 시계에 눈금을 매기기 위해 4억 년을 80으로 나누면, 단백질의 변화율이 100만 년 동안 0.2퍼센트씩이 된다. 그런 다음 이 숫자를 사용해 인간과 원숭이의 공통 조상이 언제쯤 살았는지 계산할 수 있다. 0.2에 30을 곱하면 600만 년 전이 된다. 이것은 가공의 예이지만 절차는 실제와 다르지 않다. 즉, 단백질 서열들을 분석하고, 아미노산 차이를 계산하고, 기준이 되는 화석을 이용해 단백질의 변화율을 추산한 다음, 그 속도를 적용해 화석이 없는 사건들의 연대를 알아낸다.

주커칸들과 폴링이 과감한 논문을 쓰기로 한 에피소드와 그 작업의 일반적인 역사적 맥락은 다음 문헌에 나온다. G. Morgan, "Émile Zuckerkandl, Linus Pauling, and the Molecular Evolutionary Clock," *Journal of the History of Biology* 31 (1998): 155–78. 주커칸들과 폴링의 논문은 E. Zuckerkandl and L. Pauling, "Molecular Disease, Evolution and Genic Heterogeneity," 189–225, in Michael Kasha and Bernard Pullman, eds., Horizons in Biochemistry: *Albert Szent-Györgyi Dedicatory Volume* (New York: Academic Press, 1962)이다.

에밀 주커칸들의 구술 기록은 "The Molecular Clock," https://authors.library.caltech.edu/5456/1/hrst.mit.edu/hrs/evolution/public/clock/zuckerkandl.html을 보라.

앨런 윌슨과 메리 클레어 킹은 자신들의 연구에서 이 분자 시계 접근법을 계속 추진해 나갔다. 그 시작은 인간과 침팬지가 비교적 최근에 공통 조상에서 갈라졌음을 가리키는, 중요하지만 이론의 여지가 있는 분자 시계에 대한 논문이었다. 그 논문은 A. Wilson and V. Sarich, "A Molecular Time Scale for Human Evolution," *Proceedings of the National Academy of Sciences* 63 (1969): 1088–93이다. 그들의 목표는 이 분석에 더 많은 단백질을 추가함으로써 분자 시계의 정확도를 높이는 것이었다. 킹의 뛰어난 논문은 M. C. King and A. C. Wilson, "Evolution at Two Levels in Humans and Chimpanzees," *Science* 188 (1975): 107–16이다. 논문 제목에 있는 두 수준$_{\text{Two levels}}$이란 단백질을 코드화하는 수준에서의 진화와 유전자 조절, 즉 스위치 수준에서의 진화를 말한다. 논문 데이터는 인간과 침팬지의 차이 대부분이 언제 어디서 유전자가 발현되느냐, 즉 유전자 조절의 차이에서 나온다는 것을 암시한다.

다음은 그들의 연구를 입증하는 최근 문헌이다. Kate Wong, "Tiny Genetic Differences Between Humans and Other Primates Pervade the Genome," *Scientific American*, September 1, 2014; and K. Prüfer et al., "The Bonobo Genome Compared with Chimpanzee and Human Genomes," *Nature* 486 (2012): 527–31.

인간 게놈 프로젝트의 역사와 영향을 다루는 웹사이트가 여러 개 있다. "The Human Genome Project (1990–2003)," The Embryo Project Encyclopedia, https://embryo.asu.edu/pages/human-genome-project-1990-2003; "What Is the Human Genome Project?," National Human Genome Research Institute, https://www.genome.gov/12011238/an-overview-of-the-human-genome-project/; and https://www.nature.com/scitable/topicpage/sequencing-human-genome-the-contributions-of-francis-686.

인간 게놈 프로젝트에 관한 주요 과학 논문들. International Human Genome Sequencing Consortium, "Finishing the Euchromatic Sequence of the Human Genome," *Nature* 431 (2004): 931–45; and International Human Genome Sequencing Consortium, "Initial Sequencing and Analysis of the Human Genome," *Nature* 409 (2001): 860–921.

인간 게놈 프로젝트와 관련 있는 책. Daniel J. Kevles and Leroy Hood, eds., *The Code of Codes* (Cambridge, MA: Harvard University Press, 2000); and James Shreeve, *The Genome War: How Craig Venter Tried to Capture the Code of Life and Save the World* (New York: Random House, 2004). John Craig Venter, *A Life Decoded: My Genome: My Life* (New York: Viking Press, 2007)에서 당사자의 이야기를 직접 들을 수 있다.

게놈의 구성과 유전자의 개수에 대해서는 저명한 과학자들의 공동 연구를 포함해 방대한 문헌이 있다. 훌륭한 참고 문헌 목록을 갖춘 입문용 자료는 다음과 같다. A. Prachumwat and W.-H. Li, "Gene Number Expansion and Contration in Vertebrate Genomes with Respect to Invertebrate Genomes," *Genome Research* 18 (2008): 221–32; and R. R. Copley, "The Animal in the Genome: Comparative Genomics and Evolution," *Philosophical Transactions of the Royal Society*, B 363 (2008): 1453–61. 학술지 《네이처》도 훌륭한 입문용 웹사이트를 운영하고 있다. https://www.nature.com/scitable/topicpage/eukaryotic-genome-complexity-437.

강력한 게놈 브라우저 덕분에 과학자들은 서로 다른 종의 유전자와 게놈을 비교할 수 있다. 가장 자주 사용되는 브라우저는 ENSEMBL, https://useast.ensembl.org/; VISTA, http://pipeline.lbl.gov/cgi-bin/gateway2와 BLAST search tool, https://blast.ncbi.nlm.nih.gov/Blast.cgi이다. 꼭 시도해 보라. 두 브라우저는 발견의 세계를 손쉽게 만날 수 있게 해 준다.

프랑수아 자코브와 자크 모노의 대표적 논문은 생물학 역사상 가장 위대한 논문 중 하나다. "Genetic Regulatory Mechanisms in the Synthesis of Proteins," *Journal of Molecular Biology* 3 (1961): 318–56. 그러나 초심자가 읽기는 어렵다. 이 논문에 대한 철저하고도 읽기 쉬운 분석으로는 과학 커뮤니케이션의 고전인 다음 책을 보라. Horace Freeland Judson, *The Eighth Day of*

Creation: Makers of the Revolution in Biology (New York: Simon and Schuster, 1979).

자코브와 모노가 했던 연구의 놀라운 배경을 알고 싶다면, 션 캐럴이 들려주는 매혹적이고 권위 있는 이야기를 읽어 보라. *Brave Genius: A Scientist, a Philosopher, and Their Daring Adventures from the French Resistance to the Nobel Prize* (New York: Norton, 2013). 나는 두 사람의 연구에 대해 모든 것을 안다고 생각했지만, 이 책을 읽고 완전히 새로운 세계를 만날 수 있었다.

션 캐럴 본인도 중요한 책을 썼으며, 그 책에서 유전자 조절이 진화에 어떻게 영향을 미칠 수 있는가를 논했다. 《이보디보, 생명의 블랙박스를 열다Endless Forms Most Beautiful: The New Science of Evo Devo》 (New York: Norton, 2006).

사지 형성 이상에서의 소닉 헤지호그의 역할에 대해서는 E. Anderson et al., "Human Limb Abnormalities Caused by Disruption of Hedgehog Signaling," *Trends in Genetics* 28 (2012): 364–73을 보라. 형성 이상은 소닉 헤지호그 유전자의 활성화에 변화가 일어나거나, 또는 소닉 유전자와 상호 작용하는 유전자군의 경로에 교란이 발생할 때 생긴다.

원거리 스위치는 더 전문적으로는 '장거리 인핸서Enhancer'라고 부르는데 이에 대한 연구를 훌륭한 시리즈 논문에서 볼 수 있다. L. A. Lettice et al., "The Conserved Sonic hedgehog Limb Enhancer Consists of Discrete Functional Elements That Regulate Precise Spatial Expression," *Cell Reports* 20 (2017): 1396–408; L. A. Lettice et al., "A Long-Range Shh Enhancer Regulates Expression in the Developing Limb and Fin and Is Associated with Preaxial Polydactyly," *Human Molecular Genetics* 12 (2003): 1725–35; and R. Hill and L. A. Lettice, "Alterations to the Remote Control of Shh Gene Expression Cause Congenital Abnormalities," *Philosophical Transactions of the Royal Society*, B 368 (2013), http://doi.org/10.1098/rstb.2012.0357.

현재 많은 원거리 스위치들이 알려져 있다. 원거리 스위치의 일반적인 생리 기능과 발생 및 진화에 미치는 영향에 대해서는 다음 문헌을 보라. A. Visel et al., "Genomic Views of Distant-Acting Enhancers," *Nature* 461 (2009): 199–205; H. Chen et al., "Dynamic Interplay Between Enhancer-Promoter Topology and Gene Activity," *Nature Genetics* 50 (2018): 1296–303; and A.

Tsai and J. Crocker, "Visualizing Long-Range Enhancer-Promoter Interaction," *Nature Genetics* 50 (2018): 1205–6.

뱀의 사지 축소, 그리고 이와 관련이 있는 소닉 유전자의 원거리 인핸서 변화를 다룬 문헌은 다음과 같다. E. Z. Kvon et al., "Progressive Loss of Function in a Limb Enhancer During Snake Evolution," *Cell* 167 (2016): 633–42.

유전자 조절 요소(스위치)의 변화가 어떤 역할을 하는지에 대해서는 방대한 문헌이 있다. 다음을 보라. M. Rebeiz and M. Tsiantis, "Enhancer Evolution and the Origins of Morphological Novelty," *Current Opinion in Genetics and Development* 45 (2017): 115–23; and Sean B. Carroll, *Endless Forms Most Beautiful: The New Science of Evo Devo* (New York: Norton, 2006). 큰가시고기 사례에 대해서는 다음 자료를 보라. Y. F. Chan et al., "Adaptive Evolution of Pelvic Reduction in Sticklebacks by Recurrent Deletion of a Pitx1 Enhancer," *Science* 327 (2010): 302–5.

4. 아름다운 괴물: 변이는 어떻게 진화의 연료가 되는가

토마스 죄머링은 하늘을 나는 최초의 파충류 중 하나인 익룡에 대해 기술했고, 망원경을 설계했고, 백신을 개발했으며, 돌연변이체를 분석한 박식한 학자였다. 발생 이상에 대한 그의 고전적 연구는 S. T. von Sömmerring, *Abbildungen und Beschreibungen einiger Misgeburten die sich ehemals auf dem anatomischen Theater zu Cassel befanden* (Mainz: kurfürstl. privilegirte Universitätsbuchhandlung, 1791)이다.

괴물—발생 이상—이 얼마나 많은 정보를 제공할 수 있는지를 설명해 학계에 큰 영향을 끼친 논문은 다음과 같다. P. Alberch, "The Logic of Monsters: Evidence for Internal Constraint in Development and Evolution," *Geobios* 22 (1989): 21–57.

발생 이상과 기형이 어떻게 해석되어 왔는지를 알고 싶다면 다음을 보라. Dudley Wilson, *Signs and Portents: Monstrous Births from the Middle Ages to the Enlightenment* (New York: Routledge, 1993).

조프루아 생틸레르와 이시도르 생틸레르가 발생 이상에 기여한 바에 대해서는 A. Morin, "Teratology from Geoffroy Saint Hilaire to the Present," *Bulletin de l'Association des anatomistes* (Nancy) 80 (1996): 17–31 (in French)를 보라.

기형학 연구의 역사, 그리고 그 연구가 생물학과 의학에 미친 영향을 살펴볼 수 있는 유익한 웹사이트가 있다. "A New Era: The Birth of a Modern Definition of Teratology in the Early 19th Century," New York Academy of Medicine, https://nyam.org/library/collections-and-resources/digital-collections-exhibits/digital-telling-wonders/new-era-birth-modern-definition-teratology-early-19th-century/.

변이에 관한 윌리엄 베이트슨의 고전적 연구. *Materials for the Study of Variation Treated with Especial Regard to Discontinuity in the Origin of Species* (London: Macmillan, 1894).

T. H. 모건의 제자였고 본인도 저명한 과학자였던 알프레드 스터티번트A. H. Sturtevant는 국립과학아카데미에서 펴낸 추모 전기인 *Thomas Hunt Morgan, 1866–1945: A Biographical Memoir* (Washington, DC: National Academy of Sciences, 1959)를 썼다. 온라인에서 볼 수 있다. http://www.nasonline.org/publications/biographical-memoirs/memoir-pdfs/morgan-thomas-hunt.pdf.

캘빈 브리지스는 2014년 개봉한 전기 영화 〈The Fly Room〉의 주인공이었다. 이 영화의 리뷰 Ewen Callaway, "Genetics: Genius on the Fly," *Nature* 516 (December 11, 2014)을 온라인 https://www.nature.com/articles/516169a에서 볼 수 있다.

콜드스프링하버 연구소는 캘빈 브리지스의 전기 Calvin Blackman Bridges, Unconventional Geneticist (1889–1938)를 웹사이트에 공개하고 있다. http://library.cshl.edu/exhibits/bridges.

루이스와 브리지스가 실시한 연구의 역사에 대해서는 I. Duncan and G. Montgomery, "E. B. Lewis and the Bithorax Complex," pts. 1 and 2, *Genetics* 160 (2002): 1265–72, and 161 (2002): 1–10을 보라. 루이스는 원래 발생보다 유전자 중복에 더 관심이 있었다. 그래서 염색체의 이 부위에 관심을 가졌

던 것이다.

바이소락스와 여타 돌연변이체의 로드맵이 된 염색체의 띠무늬에 대해서는 다음 자료를 보라. C. B. Bridges, "Salivary Chromosome Maps: With a Key to the Banding of the Chromosomes of *Drosophila melanogaster*," *Journal of Heredity* 26 (1935): 60–64; and C. B. Bridges and T. H. Morgan, *The Third-Chromosome Group of Mutant Characters of Drosophila melanogaster* (Washington, DC: Carnegie Institution, 1923).

에드워드 루이스의 고전적 논문은 E. B. Lewis, "A Gene Complex Controlling Segmentation in Drosophila," *Nature* 276 (1978): 565–70이다.

호메오박스$_{\text{homeobox}}$는 맥기니스와 그 동료들, 그리고 매튜 스콧과 에이미 와이너에 의해 동시 발견되었다. W. McGinnis et al., "A Conserved DNA Sequence in Homoeotic Genes of the *Drosophila* Antennapedia and Bithorax Complexes," *Nature* 308 (1984): 428–33와 M. Scott and A. Weiner, "Structural Relationships Among Genes That Control Development: Sequence Homology Between the Antennapedia, Ultrabithorax, and Fushi Tarazu Loci of Drosophila," *Proceedings of the National Academy of Sciences* 81 (1984): 4115–19를 보라.

호메오박스의 발견과 그것이 진화에 갖는 함의에 대해서는 션 캐럴의 《이보디보, 생명의 블랙박스를 열다》에 참고 문헌과 함께 자세히 설명되어 있다. 에드 루이스는 E. B. Lewis, "Homeosis: The First 100 Years," *Trends in Genetics* 10 (1994): 341–43에서 그 문제를 회고적으로 검토했다.

파텔의 옆새우 연구에 대해서는 다음 자료를 보라. A. Martin et al., "CRISPR/Cas9 Mutagenesis Reveals Versatile Roles of Hox Genes in Crustacean Limb Specification and Evolution," *Current Biology* 26 (2016): 14–26; and J. Serano et al., "Comprehensive Analysis of Hox Gene Expression in the Amphipod Crustacean *Parhyale hawaiensis*," *Developmental Biology* 409 (2016): 297–309.

척추동물 발생에서 호메오박스 유전자군이 하는 역할에 대해서는 다음 자료를 보라. D. Wellik and M. Capecchi, "Hox10 and Hox11 Genes Are Required to Globally Pattern the Mammalian Skeleton," *Science* 301 (2003):

363–67; and D. Wellik, "Hox Patterning of the Vertebrate Axial Skeleton," *Developmental Dynamics* 236 (2007): 2454–63.

'손 유전자군'은 구체적으로 Hoxa-13과 Hoxd-13이다. 이 유전자들이 결실된 쥐 실험에 대해서는 다음 논문을 보라. C. Fromental- Ramain et al., "Hoxa-13 and Hoxd-13 Play a Crucial Role in the Patterning of the Limb Autopod," *Development* 122 (1996): 2997–3011이다.

지느러미가 발생할 때의 호메오박스 유전자군을 조사한 나카무라 테츠야와 앤드루 거키의 호메오박스 연구는 T. Nakamura et al., "Digits and Fin Rays Share Common Developmental Histories," *Nature* 537 (2016): 225–28에 담겨 있다. 칼 짐머도 그들의 연구를 소개했다. Carl Zimmer, "From Fins into Hands: Scientists Discover a Deep Evolutionary Link," *New York Times*, August 17, 2016.

5. 흉내쟁이: 표절과 도용은 유전적 발명의 어머니

비크다지르는 해부학 역사에서 저평가된 인물이다. 그는 형태의 유사성(예컨대 '상동')에 대해 리처드 오언이 본 것과 똑같은 것들을 다수 관찰했지만 그것을 일반화하지 않은 탓에 원작자로 널리 인정받지 못하고 있다. R. Mandressi, "The Past, Education and Science. Félix Vicq d'Azyr and the History of Medicine in the 18th Century," *Medicina nei secoli* 20 (2008): 183–212 (in French); and R. S. Tubbs et al., "Félix Vicq d'Azyr (1746–1794): Early Founder of Neuroanatomy and Royal French Physician," *Child's Nervous System* 27 (2011): 1031–34를 보라.

'연속 상동serial homology'이라고 부르는, 몸 안의 중복 기관에 대한 더 최근 견해는 Günter Wagner, *Homology, Genes, and Evolutionary Innovation* (Princeton, NJ: Princeton University Press, 2018)을 보라.

작은 눈 돌연변이를 최초로 기재한 문헌은 Sabra Colby Tice, *A New Sex-linked Character in Drosophila* (New York: Zoological Laboratory, Columbia University, 1913)이다.

브리지스가 유전자 중복을 밝히기 위해 염색체 지도를 어떻게 이용했는지는 "Calvin Bridges, "Salivary Chromosome Maps: With a Key to the Banding of the Chromosomes of *Drosophila melanogaster*," *Journal of Heredity* 26 (1935): 60–64에 나온다.

오노 스스무의 인생에 대해서는 다음 자료를 보라. U. Wolf, "Susumu Ohno," *Cytogenetics and Cell Genetics* 80 (1998): 8–11와 Ernest Beutler, "Susumu Ohno, 1928–2000" *Biographical Memoirs* 81 (2012), from the National Academy of Sciences, online at https://www.nap.edu/read/10470/chapter/14.

오노의 연구는 다수의 논문들과, 유전자 중복에 관한 그의 연구를 집대성한 한 권의 책에 담겨 있다. Susumu Ohno, "So Much 'Junk' DNA in Our Genome," 336–70, in H. H. Smith, ed., *Evolution of Genetic Systems* (New York: Gordon and Breach, 1972); Susumu Ohno, "Gene Duplication and the Uniqueness of Vertebrate Genomes Circa 1970–1999," *Seminars in Cell and Developmental Biology* 10 (1999): 517–22; and Susumu Ohno, *Evolution by Gene Duplication* (Amsterdam: Springer, 1970).

Yves Van de Peer, Eshchar Mizrachi, and Kathleen Marchal, "The Evolutionary Significance of Polyploidy," *Nature Reviews Genetics* 18 (2017): 411–24; and S. A. Rensing, "Gene Duplication as a Driver of Plant Morphogenetic Evolution," *Current Opinion in Plant Biology* 17 (2014): 43–48.

T. Ohta, "Evolution of Gene Families," *Gene* 259 (2000): 45–52; J. Thornton and R. DeSalle, "Gene Family Evolution and Homology: Genomics Meets Phylogenetics," *Annual Reviews of Genomics and Human Genetics* 1 (2000): 41–73; and J. Spring, "Genome Duplication Strikes Back," *Nature Genetics* 31 (2002): 128–29.

유전자군이 진화한 사례는 풍부하게 존재한다. 시각에 사용되는 옵신 유전자가 좋은 예다. R. M. Harris and H. A. Hoffman, "Seeing Is Believing: Dynamic Evolution of Gene Families," *Proceedings of the National Academy of Sciences* 112 (2015): 1252–53을 보라.

호메오박스 유전자군은 유전자 중복으로 생긴 유전자군의 또 다른 사례다. 중복 메커니즘과 중복의 영향에 대한 다양한 관점을 다음 문헌에서 볼 수 있다. P. W. H. Holland, "Did Homeobox Gene Duplications Contribute to the Cambrian Explosion?," *Zoological Letters* 1 (2015): 1–8; G. P. Wagner et al., "Hox Cluster Duplications and the Opportunity for Evolutionary Novelties," *Proceedings of the National Academy of Sciences* 100 (2003): 14603–6; and N. Soshnikova et al., "Duplications of Hox Gene Clusters and the Emergence of Vertebrates," *Developmental Biology* 378 (2013): 194–99.

뇌 진화에서의 Notch 신호 전달 체계와 유전자 중복에 대해서는 서로 독립적으로 발표된 두 논문에서 논의되었다. I. T. Fiddes et al., "Human-Specific NOTCH2NL Genes Affect Notch Signaling and Cortical Neurogenesis," *Cell* 173 (2018): 1356–69; and I. K. Suzuki et al., "Human-Specific NOTCH2NL Genes Expand Cortical Neurogenesis Through Delta/Notch Regulation," *Cell* 173 (2018): 1370–84.

로이 브리튼의 인생에 대해서는 그의 오래된 공동 연구자 에릭 데이비슨에게서 자세하게 들을 수 있다. Eric Davidson, "Roy J. Britten, 1919–2012: Our Early Years at Caltech," *Proceedings of the National Academy of Sciences* 109 (2012): 6358–59. 데이비슨과 브리튼이 공동으로 발표한, 반복 서열의 의미에 대한 사변적 논문은 시대를 한참 앞선 것으로, 한 세대 과학자들에게 연구의 실마리를 제공했다. R. J. Britten and E. H. Davidson, "Repetitive and Non-Repetitive DNA Sequences and a Speculation on the Origins of Evolutionary Novelty," *Quarterly Review of Biology* 46 (1971): 111–38.

반복 서열과 그런 서열을 찾기 위해 사용한 기법을 설명한 브리튼의 논문은 R. J. Britten and D. E. Kohne, "Repeated Sequences in DNA," *Science* 161 (1968): 529–40이다. 그 연구와 연구의 맥락을 더 쉽게 풀어 쓴 책이 R. Andrew Cameron, "On DNA Hybridization and Modern Genomics"이다. 웹사이트 https://onlinelibrary.wiley.com/doi/pdf/10.1002/mrd.22034에서 볼 수 있다.

만위안 롱의 연구 팀은 W. Zhang et al., "New Genes Drive the Evolution of Gene Interaction Networks in the Human and Mouse Genomes," *Genome Biology* 16 (2015): 202–26에서 새로운 유전자의 기원에 대한 자신들의 연구를 설명했다. 새로운 유전자의 기원은 활발한 연구 분야다. 많은 새로운 유

전자가 유전자 중복으로 생기지만 그렇지 않은 것도 있는데 이 메커니즘들에 대한 연구는 현재 진행 중이다. 참고 문헌이 실려 있는 대표적 논문인 L. Zhao et al., "Origin and Spread of De Novo Genes in *Drosophila melanogaster* Populations," *Science* 343 (2014): 769–72를 보라.

매클린톡이 발견한 점핑 유전자는 Barbara McClintock, "The Origin and Behavior of Mutable Loci in Maize," *Proceedings of the National Academy of Sciences* 36 (1950): 344–55에서 처음 기술되었다. 그 논문의 의미를 되돌아보며 설명하는 문헌으로는 S. Ravindran, "Barbara McClintock and the Discovery of Jumping Genes," *Proceedings of the National Academy of Sciences* 109 (2012): 20198–99를 보라.

점핑 유전자의 발견과 작동에 관해서는 L. Pray and K. Zhaurova, "Barbara McClintock and the Discovery of Jumping Genes (Transposons)," *Nature Education* 1 (2008): 169를 보라.

미국국립의학도서관은 매클린톡의 논문을 온라인으로 공개하고 있다. 이 책에서 인용한 매클린톡의 말과 국립과학훈장 시상식에서 한 닉슨의 말도 찾아볼 수 있다. https://profiles.nlm.nih.gov/ps/retrieve/Narrative/LL/p-nid/52.

6. 우리 안의 전쟁터: 다정한 것이 살아남는다는 착각

에른스트 마이어의 고전은 *Animal Species and Evolution* (Cambridge, MA: Harvard University Press, 1963)이다.

리처드 골트슈미트의 책은 *The Material Basis of Evolution* (New Haven, CT: Yale University Press, 1940)이다. 마이어를 분노에 휩싸이게 만든 논문은 Goldschmidt, "Evolution as Viewed by One Geneticist," *American Scientist* 40 (1952): 84–98이다.

골트슈미트의 인생에 대해서는 Curt Stern, *Richard Benedict Goldschmidt, 1878–1958: A Biographical Memoir* (Washington, DC: National Academy of Sciences, 1967), http://www.nasonline.org/publications/biographical-memoirs/memoir-pdfs/goldschmidt-richard.pdf를 보라.

마이어가 중요한 일을 했던 시대는 '진화적 종합'의 시대로 알려져 있다. 그 시대는 1940년대 말 절정에 이르렀으며, 유전학에서 이루어진 발견들이 분류학, 고생물학, 비교해부학 분야에 통합되었다. 나와 티타임을 가지는 동안 마이어는 1990년대인 지금 새로운 종합설이 탄생하고 있다고 말했다. 새로운 종합은 마이어 세대의 연구를 분자생물학과 발생유전학으로 확장하려는 움직임이라고 했다. 따라서 그는 자신의 대학원생 제자들에게 그 분야의 문헌을 읽어 두라고 권했다.

후세 연구자들에게 지대한 영향을 끼친 로널드 피셔의 책. *The Genetical Theory of Natural Selection* (London: Clarendon Press, 1930).

빈센트 린치의 논문. V. J. Lynch et al., "Ancient Transposable Elements Transformed the Uterine Regulatory Landscape and Transcriptome During the Evolution of Mammalian Pregnancy," *Cell Reports* 10 (2015): 551–61; and V. J. Lynch et al., "Transposon-Mediated Rewiring of Gene Regulatory Networks Contributed to the Evolution of Pregnancy in Mammals," *Nature Genetics* 43 (2011): 1154–58.

린치는 G. P. Wagner and V. J. Lynch, "The Gene Regulatory Logic of Transcription Factor Evolution," *Trends in Ecology and Evolution* 23 (2008): 377–85; and G. P. Wagner and V. J. Lynch, "Evolutionary Novelties," *Current Biology* 20 (2010): 48–52에서 유전자 조절에 대한 일반적 문제를 검토했다. 이 연구에 영감을 준 것은 B. McClintock, "The Origin and Behavior of Mutable Loci in Maize," *Proceedings of the National Academy of Sciences* 36 (1950): 344–55와 R. J. Britten과 E. H. Davidson의 중요한 논문 "Repetitive and Non-Repetitive DNA Sequences and a Speculation on the Origins of Evolutionary Novelty," *Quarterly Review of Biology* 46 (1971): 111–38이었다.

점핑 유전자가 게놈의 유용한 부분으로 변환되는 현상(이른바 '길들임domestication')은 요즘 활발한 연구 주제다. 관련 논문과 참고 문헌들은 다음과 같다. D. Jangam et al., "Transposable Element Domestication as an Adaptation to Evolutionary Conflicts," *Trends in Genetics* 33 (2017): 817–31; and E. B. Chuong et al., "Regulatory Activities of Transposable Elements: From Conflicts to Benefits," *Nature Reviews Genetics* 18 (2017): 71–86.

신사이틴의 기능에 대해서는 다음 문헌을 보라. C. Lavialle et al., "Paleovirology of 'Syncytins,' Retroviral env Genes Exapted for a Role in Placentation," *Philosophical Transactions of the Royal Society of London, B* 368 (2013): 20120507; and H. S. Malik, "Retroviruses Push the Envelope for Mammalian Placentation," *Proceedings of the National Academy of Sciences* 109 (2012): 2184–85. 신사이틴 발견에 대해서는 다음 문헌을 보라. S. Mi et al., "Syncytin Is a Captive Retroviral Envelope Protein Involved in Human Placental Morphogenesis" *Nature* 403 (2000): 785–89; J. Denner, "Expression and Function of Endogenous Retroviruses in the Placenta," *APMIS* 124 (2016): 31–43; A. Dupressoir et al., "Syncytin-A Knockout Mice Demonstrate the Critical Role in Placentation of a Fusogenic, Endogenous Retrovirus-Derived, Envelope Gene," *Proceedings of the National Academy of Sciences* 106 (2009): 12127–32; and A. Dupressoir et al., "A Pair of Co-Opted Retroviral Envelope Syncytin Genes Is Required for Formation of the Two-Layered Murine Placental Syncytiotrophoblast," *Proceedings of the National Academy of Sciences* 108 (2011): 1164–73.

태반의 진화에서 레트로바이러스가 한 역할을 일반적으로 검토한 논문. D. Haig, "Retroviruses and the Placenta," *Current Biology* 22 (2012): 609–13.

신사이틴은 태반과 유사한 구조를 가지고 있는 다른 종(도마뱀 등)에서도 발견되었다. G. Cornelis et al., "An Endogenous Retroviral Envelope Syncytin and Its Cognate Receptor Identified in the Viviparous Placental Mabuya Lizard," *Proceedings of the National Academy of Sciences* 114 (2017): E10991–E11000을 보라.

오래전에 불활성화되었거나 길들여진 바이러스를 찾으려는 시도는 그 자체로 '고바이러스학'이라는 하나의 학문 분야를 이루고 있다. 더 자세히 알고 싶다면 다음을 보라. M. R. Patel et al., "Paleovirology-Ghosts and Gifts of Viruses Past," *Current Opinion in Virology* 1 (2011): 304–9; and J. A. Frank and C. Feschotte, "Co-option of Endogenous Viral Sequences for Host Cell Function," *Current Opinion in Virology* 25 (2017): 81–89.

아크 유전자에 대한 제이슨 셰퍼드의 연구는 E. D. Pastuzyn et al., "The Neuronal Gene Arc Encodes a Repurposed Retrotransposon Gag Protein That Mediates Intercellular RNA Transfer," *Cell* 172 (2018): 275–88에 설명되어 있다. 에드 용Ed Yong은 "Brain Cells Share Information with Virus-Like Capsules," *Atlantic* (January 2018)에서 일반 대중을 위해 그 논문을 해설했다.

7. 조작된 주사위: 진화는 불확실한 도박이 아니다

굴드의 강의에서 탄생한 책은 Stephen Jay Gould, *Wonderful Life: The Burgess Shale and the Nature of History* (New York: Norton, 1989)이다.

진화에서의 퇴화와 다발성에 대한 레이 랭케스터의 연구에 대해서는 다음을 보라. E. R. Lankester, *Degeneration: A Chapter in Darwinism* (London: Macmillan, 1880)와 E. R. Lankester, "On the Use of the Term 'Homology' in Modern Zoology, and the Distinction Between Homogenetic and Homoplastic Agreements," *Annals and Magazine of Natural History* 6 (1870): 34–43.

수렴 진화와 평행 진화에 대해서는 Simon Conway Morris, *Life's Solution: Inevitable Humans in a Lonely Universe* (Cambridge, UK: Cambridge University Press, 2003)을 보라. 콘웨이 모리스는 모든 진화는 필연이라는 강경한 입장을 취한다. 반면에 조너선 로소스는 Jonathan Losos, *Improbable Destinies: Fate, Chance and the Future of Evolution* (New York: Riverhead, 2017)에서 우연과 필연의 관계에 대해 균형 잡힌 견해를 취한다.

도롱뇽의 혀 사출을 담은 훌륭한 영상은 https://www.youtube.com/watch?v=mRrIITcUeBM에서 볼 수 있다.

이 놀라운 기술을 가능하게 하는 해부학적 구조를 과학적으로 분석한 문헌. S. M. Deban et al., "Extremely High-Power Tongue Projection in Plethodontid Salamanders," *Journal of Experimental Biology* 210 (2007): 655–67.

발사체 혀에 관한 웨이크의 논문은 이 분야의 명저다. R. E. Lombard and D. B. Wake, "Tongue Evolution in the Lungless Salamanders, Family

Plethodontidae IV. Phylogeny of Plethodontid Salamanders and the Evolution of Feeding Dynamics," *Systematic Zoology* 35 (1986): 532–51.

발사체 혀의 놀라운 다발적 진화를 소개하는 문헌. D. B. Wake et al., "Transitions to Feeding on Land by Salamanders Feature Repetitive Convergent Evolution," 395–405, in K. Dial, N. Shubin, and E. L. Brainerd, eds., *Great Transformations in Vertebrate Evolution* (Chicago: University of Chicago Press, 2015).

동사한 도롱뇽에 대한 분석. N. H. Shubin et al., "Morphological Variation in the Limbs of *Taricha Granulosa* (Caudata: Salamandridae): Evolutionary and Phylogenetic Implications," *Evolution* 49 (1995): 874–84. 도롱뇽의 뼈 배열에 대한 진화학적 해석과 예측 가능성에 대해서는 다음 문헌을 보라. N. Shubin and D. B. Wake, "Morphological Variation, Development, and Evolution of the Limb Skeleton of Salamanders," 1782–808, in H. Heatwole, ed., *Amphibian Biology* (Sydney: Surrey Beatty, 2003); N. Shubin and P. Alberch, "A Morphogenetic Approach to the Origin and Basic Organization of the Tetrapod Limb," *Evolutionary Biology* 20 (1986): 319–87; N. B. Fröbisch and N. Shubin, "Salamander Limb Development: Integrating Genes, Morphology, and Fossils," *Developmental Dynamics* 240 (2011): 1087–99; N. Shubin and D. Wake, "Phylogeny, Variation and Morphological Integration," *American Zoologist* 36 (1996): 51–60; and N. Shubin, "The Origin of Evolutionary Novelty: Examples from Limbs," *Journal of Morphology* 252 (2002): 15–28.

웨이크는 다발적 진화가 드러내는 변화의 일반 메커니즘에 대해 몇 편의 일반적인 논문을 썼다. D. B. Wake et al., "Homoplasy: From Detecting Pattern to Determining Process and Mechanism of Evolution," *Science* 331 (2011): 1032–35; and D. B. Wake, "Homoplasy: The Result of Natural Selection, or Evidence of Design Limitations?," *American Naturalist* 138 (1991): 543–61.

다발적 진화에 대한 또 다른 학술적 검토. B. K. Hall, "Descent with Modification: The Unity Underlying Homology and Homoplasy as Seen

Through an Analysis of Development and Evolution," *Biological Reviews of the Cambridge Philosophical Society* 78 (2003): 409–33.

카리브해 지역의 도마뱀 연구에 대해서는 Jonathan Losos, *Improbable Destinies: Fate, Chance and the Future of Evolution* (New York: Riverhead, 2017)을 보라.

미시간주립대학교의 리처드 렌스키Richard Lenski 연구실은 1998년부터 박테리아 실험을 계속 실시해 왔다. 당시로서는 과감한 것이었던 이 시도 덕분에 다양한 종류의 진화적 변화를 직접 관찰할 수 있었고, 이런 현상을 실시간으로 볼 수 있는 수단을 얻었다. 다음 리뷰 논문은 진화에서의 필연성과 우발성의 복잡한 관계를 밝힌다. Z. Blount, R. Lenski, and J. Losos, "Contingency and Determinism in Evolution: Replaying Life's Tape," *Science* 362:6415 (2018): doi: 10.1126/scienceaam5979.

8. 인수 합병: 조립식 진화가 세상을 바꾼다

린 마굴리스의 원저 논문. L. [Margulis] Sagan, "On the Origin of Mitosing Cells," *Journal of Theoretical Biology* 14 (1967): 225–74. 자신의 이론을 광범위하게 논한 마굴리스의 저서. Lynn Margulis, *Symbiosis in Cell Evolution: Life and Its Environment on the Early Earth* (San Francisco: Freeman, 1981). 마굴리스가 자신의 인생을 돌아보면서 한 말은《디스커버리》와 했던 2011년 인터뷰에서 가져온 것으로, 인터뷰 내용은 http://discovermagazine.com/2011/apr/16-interview-lynn-margulis-not-controversial-right에서 볼 수 있다.

참고 문헌을 포함한 최근 관점에 대해서는 다음 자료를 보라. J. Archibald, *One Plus One Equals One: Symbiosis and the Evolution of Complex Life* (Oxford: Oxford University Press, 2014); L. Eme et al., "Archaea and the Origin of Eukaryotes," *Nature Reviews Microbiology* 15 (2017): 711–23; J. M. Archibald, "Endosymbiosis and Eukaryotic Cell Evolution," Current Biology 25 (2015): 911–21; and M. O'Malley, "Endosymbiosis and Its Implications for Evolutionary Theory," *Proceedings of the National Academy of Sciences* 112 (2015): 10270–77.

생명사 초기를 다룬 훌륭하고 유익한 책들. Andrew Knoll, *Life on a Young Planet: The First Three Billion Years of Evolution on Earth* (Princeton, NJ: Princeton University Press, 2004); Nick Lane, *The Vital Question: Energy, Evolution, and the Origins of Complex Life* (New York: Norton, 2015); and J. William Schopf, *Cradle of Life: The Discovery of Earth's Earliest Fossils* (Princeton, NJ: Princeton University Press, 1999).

탄소동위원소를 이용해 에이펙스 처트층을 분석한 쇼프의 공동 연구. J. W. Schopf et al., "SIMS Analyses of the Oldest Known Assemblage of Microfossils Document Their Taxon-Correlated Carbon Isotope Compositions," *Proceedings of the National Academy of Sciences* 115 (2018): 53–58.

얇지만 큰 영향을 미친, 개체성의 의미와 진화를 다룬 책. Leo Buss, *The Evolution of Individuality* (Princeton, NJ: Princeton University Press, 1988). 버스는 개체가 무엇인지에 초점을 맞추고, 새로운 개체와 선택 수준이 출현할 때 자연 선택이 어떻게 작동하는지 보여 준다.

새로운 개체 유형의 기원과 그 새로운 유형의 개체가 진화에 미치는 영향에 대한 연구법을 John Maynard-Smith and Eörs Szathmáry, *The Major Transitions in Evolution* (Oxford: Oxford University Press, 1998)에서 볼 수 있다.

니콜 킹의 훌륭한 강의 "깃편모충류와 동물의 다세포성의 기원Choanoflagellates and the Origin of Animal Multicellularity"을 온라인 https://www.ibiology.org/ecology/choanoflagellates/에서 볼 수 있다.

깃편모충류에 대한 연구. T. Brunet and N. King, "The Origin of Animal Multicellularity and Cell Differentiation," *Developmental Cell* 43 (2017): 124–40; S. R. Fairclough et al., "Multicellular Development in a Choanoflagellate," *Current Biology* 20 (2010): 875–76; R. A. Alegado and N. King, "Bacterial Influences on Animal Origins," *Cold Spring Harbor Perspectives in Biology* 6 (2014): 6:a016162; and D. J. Richter and N. King, "The Genomic and Cellular Foundations of Animal Origins," *Annual Review of Genetics* 47 (2013): 509–37.

크리스퍼-카스 게놈 편집과 그 역사에 관한 훌륭한 입문서. Jennifer

Doudna and Samuel Sternberg, *A Crack in Creation: Gene Editing and the Unthinkable Power to Control Evolution* (New York: Houghton Mifflin Harcourt, 2017).

에필로그

리치 산은 남극 대륙 빅토리아랜드에 있다. 우리는 미국 국립과학재단이 지원하는 미국 남극 프로그램 사업의 일환(보조금 번호: 1543367)으로 그곳에 머물고 있었다.

도판 출처

따로 밝히지 않은 도판은 저작권 없이 공개된 자료다.

31쪽 © 칼리오피 모노이오스.

33쪽 © 메트로폴리탄 미술관 허락을 받아 사용함.

45쪽 데이노니쿠스 © 폴 히스턴Paul Heaston, 허락을 받아 사용함. 실루엣 © 칼리오피 모노이오스.

47쪽 F. M. Smithwick, R. Nicholls, I. C. Cuthill, and J. Vinther(2017), "Countershading and Stripes in the Theropod Dinosaur Sinosauropteryx Reveal Heterogeneous Habitats in the Early Cretaceous Jehol Biota"(http://www.cell.com/currentbiology/fulltext/S0960-9822(17)31197-1), Current Biology. DOI: 10.1016/j.cub.2017.09.032(https://doi.org/10.1016/j.cub.2017.09.032), CC BY 4.0 International에 따라 사용함.

67쪽 Scott Polar Research Institute, University of Cambridge, 허락을 받아 사용함.

70쪽 월터 가스탱,《유생 형태와 동물에 얽힌 다른 시》.

73쪽 © 칼리오피 모노이오스.

77쪽 © 칼리오피 모노이오스.

89쪽 Stanford University's Hopkins Marine Station 제공.

119쪽 © 칼리오피 모노이오스.

121쪽 마크 애버렛Marc Averette의 사진, CC BY 3.0 Unported에 따라 사용함.

133쪽 © 칼리오피 모노이오스.

147쪽 © 칼리오피 모노이오스.

148쪽 © 2011 Wolfgang F. Wülker, from W. F. Wülker et al., "Karyotypes of Chironomus Meigen (Diptera: Chironomidae) Species from Africa," Comparative Cytogenetics 5(1): 23–46, https://doi.org/10.3897/compcytogen.v5i1.975, CC BY 3.0에 따라 사용함.

150쪽 Smithsonian Institution 기록 보관소, 허락을 받아 사용함.

152쪽 © 칼리오피 모노이오스.

154쪽 하워드 립시츠Howard Lipschitz의 사진, Springer Nature, The Netherlands의 허락을 받아 사용함.

159쪽 © 칼리오피 모노이오스.

169쪽 © 칼리오피 모노이오스.

170쪽 © 칼리오피 모노이오스.

172쪽 © 칼리오피 모노이오스.

178쪽 앤드루 거키와 나카무라 테츠야, 시카고대학교.

187쪽 시티 오브 호프 기록 보관소 제공, 허락을 받아 사용함.

205쪽 콜드스프링하버 연구소 바버라 매클린톡 컬렉션 제공, 허락을 받아 사용함.

220쪽 빈센트 린치 제공, 허락을 받아 사용함.

246쪽 Color lithograph after Sir L. Ward, Wellcome Library, London, CC BY 4.0에 따라 사용함.

250쪽 데이비드 웨이크 제공, 허락을 받아 사용함.

256쪽 © 칼리오피 모노이오스.

267쪽 가야니 세네비라트네, 시카고대학교, 허락을 받아 사용함.

269쪽 © 칼리오피 모노이오스.

277쪽 Boston University Photography 제공, 허락을 받아 사용함.

281쪽 © 칼리오피 모노이오스.

292쪽 니콜 킹 제공, 허락을 받아 사용함.

찾아보기

ㄹ

ㅁ

ㅂ

ㅅ

ㅇ

ㅈ

ㅊ

ㅋ

ㅌ